HEFT 1

FORTSCHRITTE DER WASSERCHEMIE

UND IHRER GRENZGEBIETE

Herausgegeben
im Auftrage der Chemischen Gesellschaft
in der Deutschen Demokratischen Republik
von J. KAEDING und G. SCHULZ

AKADEMIE-VERLAG · BERLIN
1964

Erschienen im Akademie-Verlag GmbH, Berlin W 8, Leipziger Straße 3—4

Lizenznummer: 202 · 100/451/64
Kartengenehmigung: Nr. 1190/63
Gesamtherstellung: VEB Druckerei „Thomas Müntzer" Bad Langensalza
Bestellnummer: 2123/64/1
ES 20 M 1/20 E 7/20 F 1 · Preis: DM 25,50

INHALTSVERZEICHNIS

IV. Originalmitteilungen

Ab Heft 2 werden Inhaltsverzeichnis und Zusammenfassungen der Beiträge mehrsprachig veröffentlicht.

VORWORT

Fast alle Zweige der reinen und angewandten Wissenschaften sowie der Technik beschäftigen sich in zunehmendem Maße mit Wasserfragen, soweit es zur Lösung ihrer speziellen Aufgaben erforderlich ist. Neben der Kenntnis der Beschaffenheit natürlicher Wässer, die direkt dem Wasserkreislauf auf der Erde unterliegen, und der sie verändernden Faktoren, gewinnen in immer stärkerem Umfange Aussagen über die Beschaffenheit und die Aufbereitung der vom Menschen genutzten Wässer an Bedeutung. In allen industrialisierten Ländern besteht die zwingende Notwendigkeit, die sich hierbei ergebenden Probleme zu beachten, da ohne deren Lösung eine ausreichende und rationelle Wassernutzung kaum noch durchführbar ist. Darüber hinaus wird bei einem zu geringen Wasserdargebot oder bei sehr starker Inanspruchnahme des Dargebotes das Wasser häufig zum Regulator der Produktion vieler Wirtschaftszweige.

Es ist daher wünschenswert, neue Erkenntnisse auf den Gebieten der reinen und angewandten Wasserchemie und ihrer Grenzgebiete durch Zusammenfassung der Ergebnisse aus Forschung und Praxis einem möglichst breiten Kreise von Interessenten zugänglich zu machen, um so — entsprechend der Bedeutung dieses Zweiges der Wissenschaft —zu seiner Förderung beizutragen und um den Forderungen der Praxis, die an dieses Fachgebiet gestellt werden, noch besser nachkommen zu können.

Neben Originalarbeiten ist die Veröffentlichung von Fortschrittsberichten, Originalmitteilungen und Tagungsberichten vorgesehen.

Der Chemischen Gesellschaft in der Deutschen Demokratischen Republik sei für die stete Förderung der Wasserchemie und dem Akademie-Verlag für die Herausgabe der Schriftenreihe gedankt.

Dem vorliegenden ersten Band wird in Fachkreisen eine gute Aufnahme gewünscht.

Berlin, im Frühjahr 1964 *Die Herausgeber*

P. Vogler
Wasserwirtschaftsdirektion Havel, Potsdam

Die Kaliumbestimmung in Gegenwart großer Mengen Fremdionen

Zusammenfassung: Die flammenfotometrische Kaliumbestimmung liefert nur dann einwandfreie Analysenergebnisse, wenn stets Substanzen gleicher oder sehr ähnlicher Zusammensetzung analysiert werden und die Eichung dieser Substanz angepaßt ist. Bei der Kaliumbestimmung in Substanzen wechselnder Zusammensetzung bietet die Bestimmung mit Hilfe des Natriumtetraphenylboranates wegen ihrer Unabhängigkeit von Fremdioneneinflüssen Vorteile. Es wird eine Analysenmethode angegeben, die mit einem mittleren Fehler von $\pm$ 0,03 mg K in Anwesenheit eines gegenüber der Kaliummenge 4000fach größeren Fremdionengemisches das Kalium zu bestimmen gestattet.

Die genaue Bestimmung geringer Mengen Kalium neben großen Mengen verschiedener Fremdionen hat in neuerer Zeit im Zusammenhang mit der Ermittlung des Radioaktivitätspegels der Gewässer, des Bodens sowie der tierischen und pflanzlichen Organismen besondere Bedeutung erlangt. Ein bedeutender Teil der bei Übersichtsmessungen summarisch ermittelten Gesamt-β- oder Gesamt-γ-Aktivität dieser Stoffe wird durch das im natürlichen Kalium stets zu rund 0,011% enthaltene Kaliumisotop K-40 verursacht. Eine Untersuchung mit dem Ziel, den Pegel der künstlichen, durch zivile oder militärische Anwendung kernenergetischer Prozesse erzeugten Radioaktivität in natürlichen Materialien festzustellen, ist daher ohne Kaliumbestimmung nahezu wertlos. Zur quantitativen Bestimmung des Kaliums kommen gegenwärtig hauptsächlich zwei Komplexe von Analysenmethoden in Frage. Es sind dies einerseits die verschiedenen Varianten der flammenfotometrischen Kaliumbestimmung und andererseits die Verfahren, die das Tetraphenylboranat verwenden. Während die Flammenfotometrie des Kaliums wegen ihres geringen Zeitbedarfes für Serienanalysen allgemein angewandt wird, hat sich eine Bestimmung mit Hilfe des Tetraphenylboranations wegen des höheren Zeitaufwandes und gewisser Schwierigkeiten bei der Anwendung dieser Methode nicht generell durchsetzen können. Mit vorliegender Arbeit konnte nachgewiesen werden, daß besonders für das genannte Anwendungsgebiet die Kaliumbestimmung mit Hilfe des Tetraphenylboranates gegenüber der Flammenfotometrie Vorteile — vor allem im Hinblick auf Analysengenauigkeit — besitzt.

Die Flammenfotometrie liefert nur dann einwandfreie Ergebnisse der Kaliumbestimmung, wenn die Fremdionenkonzentration stets gleich oder zumindest ähnlich und die Fremdionen auch bei der Eichung zugegen sind. Wenn jedoch die Kaliumbestimmung nebeneinander in Substanzen sehr unterschiedlicher Zusammensetzung, wie z. B. in Wasser, Boden, Pflanzenaschen, Tieraschen und Chemikalien ausgeführt werden soll — wie das bei dem genannten Anwendungsgebiet erforderlich ist — müssen bei der Verwendung eines Flammenfotometers erhebliche Analysenfehler in Kauf genommen werden. Bei Anwendung eines sogenannten „spektrochemischen Puffers", d. h. durch Zusatz großer und stets gleicher Mengen bestimmter Fremdionen zu den Eich- und den Untersuchungssubstanzen, können diese Fehler vermindert werden, was jedoch mit einem erheblichen Empfindlichkeitsverlust verbunden ist.

Es wurde ein Analysenverfahren ausgearbeitet, das mit gleichbleibender Genauigkeit in den unterschiedlichsten Substanzen das Kalium zu bestimmen gestattet. Dabei wurde eine bereits von Rüdorff und Zannier [1] angegebene Analysenmethode verwandt. Das Verfahren, wie es von den Autoren angegeben wurde, erwies sich für unsere Zwecke vor allem wegen des störenden Einflusses der dreiwertigen Kationen und der ungenügenden Erkennbarkeit des Titrationsendpunktes als nahezu unbrauchbar.

Im Gegensatz zu Rüdorff und Zannier wird die Fällung bei pH 1 vorgenommen. Der Niederschlag wird durch eine Glasfritte abgesaugt, von Fremdionen befreit und anschließend in Aceton gelöst. Nach Zugabe von Bromid wird argentometrisch unter Verwendung eines Mischindikators titriert. Der Titrationsendpunkt wird auch bei Verwendung von $\frac{n}{100}$ Ag^+ durch einen tropfenscharfen Farbwechsel von grün nach rot angezeigt. Nach der vorgeschlagenen Analysenmethode können Kaliumbestimmungen in Wasser mit Kaliumgehalten zwischen 2 und 2000 mg/*l*, in Abdampfrückständen von Wasser, in Böden, Pflanzen- und Tieraschen, Chemikalien und dergleichen mit einem mittleren Analysenfehler von $\pm$0,03 mg K ausgeführt werden. Die Anwesenheit einer gegenüber dem Kalium 4000fachen Menge eines in üblichen Analysen zu erwartenden Fremdionengemisches ist ohne Einfluß auf die Analysengenauigkeit. Von den häufigeren Ionen stört lediglich das NH_4^+, das jedoch auf einfache Weise zu entfernen ist. Die Analyse kann unmittelbar aus getrübten, schwebstoffhaltigen Lösungen erfolgen. Eine Bestimmung innerhalb einer Analysenreihe erfordert etwa 10 Minuten.

Es wurden Untersuchungen über den Einfluß wechselnder Fremdionenkonzentrationen auf die Analysenergebnisse der flammenfotometrischen und der vorgeschlagenen volumetrischen Kaliumbestimmung durchgeführt. Die flammenfotometrische Bestimmung wurde an einem Zeiss-Flammenfotometer mit dem Interferenzfilter K 77 vorgenommen. Als Eichsubstanzen wurden reine KCl-Lösungen ohne weitere Zusätze verwendet. Die Analysensubstanzen enthielten neben bekannten Mengen Kalium unterschiedliche Mengen verschiedener Fremdionengemische[1]). Die Untersuchungen erstreckten sich über einen Konzentrationsbereich von 10—300 μg/K m*l*.

[1]) Die Gemische bestanden im einzelnen aus

1. 40% Na^+, 35% Ca^{++}, 25% Mg^{++} (als Chloride),
2. 35% Na^+, 35% Ca^{++}, 20% Mg^{++}, 10% Fe^{+++} (als Chloride),
3. 20% Na^+, 2% H_3O^+, 35% Ca^{++}, 15% Mg^{++}, 10% Fe^{++}, 5% Fe^{+++}, 13% Al^{+++} (als Chloride, Nitrate, Sulfate und Phosphate).

Tabelle 1 gibt eine Gegenüberstellung von nach beiden Methoden aus denselben Substanzen erhaltenen Analysenergebnissen.

Tabelle 1

mg K vorgelegt	Verhältnis K : Fremdionen bzw. Fremdionenkonzentration	flammenfotometr. Bestimmung (mg K)	volumetr. Bestimmung (mg K)	Fehler der flammenfotometr. Bestimmung (mg K)	Fehler der volumetr. Bestimmung (mg K)
0	kein Zusatz	0	0	0	0
0	kein Zusatz	0	0	0	0
0	80 mg Fremdionen pro ml	0,10	0	+0,10	0
0	80 mg Fremdionen pro ml	0,10	0	+0,10	0
0,40	kein Zusatz	0,35	0,38	−0,05	−0,02
0,40	kein Zusatz	0,40	0,43	0	+0,03
0,42	1:5000	0,60	0,39	+0,18	−0,03
0,42	1:5000	0,70	0,39	+0,28	−0,03
0,40	1:4000	0,50	0,39	+0,10	−0,01
0,40	1:4000	0,60	0,37	+0,20	−0,03
1,40	kein Zusatz	1,40	1,39	0	−0,01
1,40	kein Zusatz	1,40	1,41	0	+0,01
1,40	1:1200	1,80	1,39	+0,40	−0,01
1,40	1:1200	1,85	1,41	+0,45	+0,01
1,40	1:600	1,52	1,39	+0,12	−0,01
1,40	1:600	1,52	1,38	+0,12	−0,02
4,20	kein Zusatz	4,30	4,23	+0,10	+0,03
4,20	kein Zusatz	4,20	4,18	0	−0,02
4,20	1:150	4,40	4,17	+0,20	−0,03
4,20	1:150	4,95	4,23	+0,75	+0,03
13,80	kein Zusatz	13,60	13,73	−0,20	−0,07
13,80	kein Zusatz	14,10	13,83	+0,30	+0,03
13,80	1:60	14,30	13,80	+0,50	0
13,80	1:60	15,00	13,84	+1,20	+0,04
13,82	1:25	13,45	13,70	−0,37	−0,12
13,82	1:25	13,75	13,81	−0,07	+0,01

Analysenverfahren zur volumetrischen Kaliumbestimmung

50 ml der Lösung der Analysensubstanz, die zwischen 0,1 bis 20 mg K enthalten können, werden mit einigen Tropfen HCl auf pH 1—2 gebracht. Die Fällung des Kaliums erfolgt bei Raumtemperatur mit einer 0,1 M Natriumtetraphenylboranat-Lösung in deutlichem Überschuß. Das Fällungsgefäß wird für 5—45 Minuten in kaltes Wasser eingestellt. Die Zeit von 45 Minuten sollte wegen der Zersetzlichkeit des Tetraphenylboranates im sauren Medium nicht wesentlich überschritten

werden. Der Niederschlag wird durch eine 1 G4-Fritte (VEB Saale-Glas Jena) abgesaugt und die Niederschlagsreste mit Waschflüssigkeit aus dem Fällungsgefäß gespült. Der Niederschlag wird 2 bis 3mal mit einigen *ml* Waschflüssigkeit gewaschen, wobei auf gründliches Spülen der Frittenwand zu achten ist. In gleicher Weise wird im Anschluß 1—2mal mit einer möglichst geringen Menge Aqua dest. gewaschen und danach auch der Frittenboden von unten mit Aqua dest. gespült. Ein weniger sorgfältiger Waschprozeß kann zur Verschleppung von Halogenid- oder Tetraphenylboranationen und damit zu Plusfehlern bei der Kaliumbestimmung führen.

Der Niederschlag wird durch Durchsaugen von rund 50 *ml* Aceton durch die Fritte in ein 200 *ml*-Titrationsgefäß gelöst. Das Aceton wird dabei in kleinen Portionen zugegeben, wobei nach dem Lösen des Niederschlages wieder auf gründliches Spülen der Frittenwand, des Frittenbodens und der Tulpe des Absaugegerätes zu achten ist. Zur Acetonlösung werden 10 *ml* einer 0,01 N KBr-Lösung sowie einige Tropfen Mischindikator gegeben. Mit 0,01 N $AgNO_3$-Lösung wird bis zum Farbumschlag von grün nach rotviolett titriert.

Vor jeder Analysenreihe wird die KBr-Lösung allein titriert und der gefundene Ag^+-Verbrauch von den Titrationswerten der Analysenreihe abgezogen. 1 *ml* 0,01 N $AgNO_3$ entspricht 0,3909 mg Kalium.

Reagentien

1. 0,1 M Natriumtetraphenylboranatlösung[1])

34 g Natriumtetraphenylboranat werden in 1000 *ml* Wasser gelöst. Einige Stunden nach Zugabe von 20 *ml* einer 10%igen $Al_2(SO_4)_3$-Lösung zu der Lösung wird durch Aluminiumoxidhydrat (reinst, alkalifrei) filtriert. Das Fällungsreagenz ist wochenlang unverändert haltbar.

2. Waschflüssigkeit

Zu 1000 *ml* Aqua dest. werden 30 ml 0,1 M Natriumtetraphenylboranatlösung und 10 *ml* Eisessig gegeben.

3. Indikator

300 mg Eosin[2]) und 5 mg p-Dimethylaminoazobenzol werden in 150 *ml* Aceton gelöst. Zur Acetonlösung wird unter Rühren die Lösung von 350 mg des käuflichen Lichtgrüns[3]) in 50 *ml* Wasser zugefügt.

---

[1]) Bewährt hat sich Natriumtetraphenylboranat des VEB Laborchemie Apolda, während polnische oder tschechoslowakische Fabrikate meist einen bedeutenden Anteil unlöslicher Stoffe enthielten und stark braun gefärbte Lösungen ergaben.

[2]) Da als „Eosin" verschiedene Produkte gehandelt werden, empfiehlt es sich, das Eosin auf einfache Weise durch Bromierung von Fluoreszein [2] selbst herzustellen. (Zur Herstellung des Indikators wird die freie Säure verwendet.)

[3]) „Lichtgrün" (Dinatriumsalz der Diäthyldibenzyldiaminotriphenylcarbinoltrisulfosäure; Coulor-Index 42095) wurde von der Firma Dr. K. Hollborn & Söhne, Leipzig, zur Verfügung gestellt. Die Farbstoffanalyse wurde freundlicherweise vom Institut für Faserstoff-Forschung, Teltow-Seehof, ausgeführt.

Einfluß der Fremdionen

Gegenüber der Kaliummenge 2000fach größere Mengen an Na^+, Ca^{++}, Mg^{++}, Mn^{++}, Zn^{++}, Cl^-, SO_4^{--} und 500- bis 1000fach größere Mengen Fe^{++}, Fe^{+++}, Cr^{+++}, NO_3^-, PO_4^{---} beeinflussen die Analysengenauigkeit nicht, wenn die Fällung des Kaliumtetraphenylboranates aus nicht zu konzentrierter Lösung (maximal 50 μg K/m*l*) erfolgt.

Es stören NH_4^+, Rb^+, Cs^+, Ag^+, Tl^+, Hg^{++}. Die Störung durch das NH_4^+ kann durch kurzes Glühen der Analysensubstanz bzw. durch Erhitzen der Substanzlösung mit wenig NaOH leicht beseitigt werden.

Vom Institut für landwirtschaftliches Versuchs- und Untersuchungswesen, Potsdam, wurde freundlicherweise ein Flammenfotometer für Vergleichsmessungen zur Verfügung gestellt.

Frl. Christa Moths, Herrn Jochim Albrecht und Herrn Chemieingenieur Wolfgang Schmahl wird für die exakte Ausführung der Analysen gedankt.

Literatur

[1] Rüdorff, W., H. Zannier, Z. anal. Chem. **137** (1952), 1
[2] Gattermann, L.: Die Praxis des organischen Chemikers, Berlin, 1961

H. Klapper
Wasserwirtschaftsdirektion Mittlere Elbe–Sude–Elde, Magdeburg

Die Wassergüte in den Seen des Großeinzugsgebietes Mittlere Elbe-Sude-Elde

Zusammenfassung: Die Hydrographie eines Sees ist entscheidend für sein physikalisches, chemisches und biologisches Verhalten, dafür, ob er im Sommer ständig, vorübergehend oder gar nicht geschichtet ist.

Als Kriterien für die organische Belastung eines Sees ist der $KMnO_4$-Verbrauch kaum verwendbar, da er vor allem die Huminsäuren anzeigt.

Die Härtebildner kommen, entsprechend dem geologischen Untergrund, oft bei benachbarten Seen in unterschiedlichen Konzentrationen vor.

Der Stoffkreislauf der Pflanzennährstoffe unterscheidet sich bei flachen und tiefen, ungeschichteten und geschichteten Seen.

Als Ergebnis fortgeschrittener Eutrophierung treten im Gebiet Nitrate häufiger als die Phosphate als Minimumstoffe auf.

Die thermische Schichtung führt zur Stratifikation aller am biologischen Geschehen im See beteiligten Komponenten.

Die verschiedenen Seetypen reagieren auf Abwassereinleitungen unterschiedlich. Am stärksten werden geschichtete Seen mit geringer Durchschnittstiefe durch Eutrophierungen geschädigt, da völliger Sauerstoffschwund im Hypolimnion Phosphate aus dem Sediment freisetzt und die bakterielle Sulfatreduktion fördert.

Topographie und Hydrographie der Seen des Gebietes

Die Eiszeiten hinterließen Gletscherrinnen, Becken, Toteislöcher und andere Oberflächenformen, die heutigen Seen. Sie liegen fast ausschließlich im Bereich der Hauptendmoränenzüge der jüngsten, der Weichselvereisung, das hier vorwiegend interessierende Müritz-Gebiet zwischen den Staffeln des Pommerschen Stadiums (s. Abb. 1). Die Gebiete der älteren Eiszeiten und noch frühere Erdepochen sind bereits stärker eingeebnet, die Seen verlandet. Erdgeschichtlich sind die Seen als ephemere Gebilde anzusehen. Der Mensch hat das Seine dazu getan, um durch meliorative Maßnahmen weitgehend verlandete Seen trocken zu legen bzw. durch Tieferlegen des Seeabflusses den Wasserspiegel zu senken. Trockengelegte Seen erkennen wir in großer Zahl in Mecklenburg. Heute stellen sie tischebene Wiesen in Talsenken dar, die noch die frühere Uferböschung erkennen lassen. Bei der Müritzabsenkung zum Zwecke der Schiffbarmachung tauchte ein großer Teil des heutigen Naturschutzgebietes „Ostufer der Müritz" auf. In der Stadt Waren ist noch deutlich das frühere Steilufer zu erkennen. Das heutige flache Ufervorland entspricht der ursprünglichen Uferbank (s. Abb. 2). Die Verlandung der Seen wird durch Sedimente aus natürlichen Zuflüssen wie auch durch ungeklärte Abwässer gefördert. Den Kanalauslässen von Waren z. B. sind deltaförmig umfangreiche Schlammbänke vorgelagert. Weit größer ist aber die Masse an organischen Sinkstoffen, die durch absterbendes Phyto- und Zooplankton gebildet wird. Die Algenentwicklung wird bereits durch relativ geringfügige Nährstoffzufuhr, z. B. auch aus gereinigten Abwässern, stimuliert. Der See lagert in seinem eutrophen Stadium so viel Algen am Grund ab, daß diese nicht mehr vollständig mineralisieren und schwarzen Faulschlamm entstehen lassen. Die Schlammablagerungen vermindern die Tiefe des Sees. Diese ist aber wiederum neben der entstehungsgeschichtlichen Beckengestaltung, der Größe, Uferneigung usw. das wesentlichste, hydrographische Charakteristikum des Sees, denn sie beeinflußt auch den Chemismus und den thermischen Schichtungstyp. Sehr steilufrig und tief sind viele Rinnenseen (Schaalsee, 71,5 m, Tiefer See 54 m; Drewitzer See 32 m . . .), wie auch die durch unterirdische Salzauslaugungen entstandenen

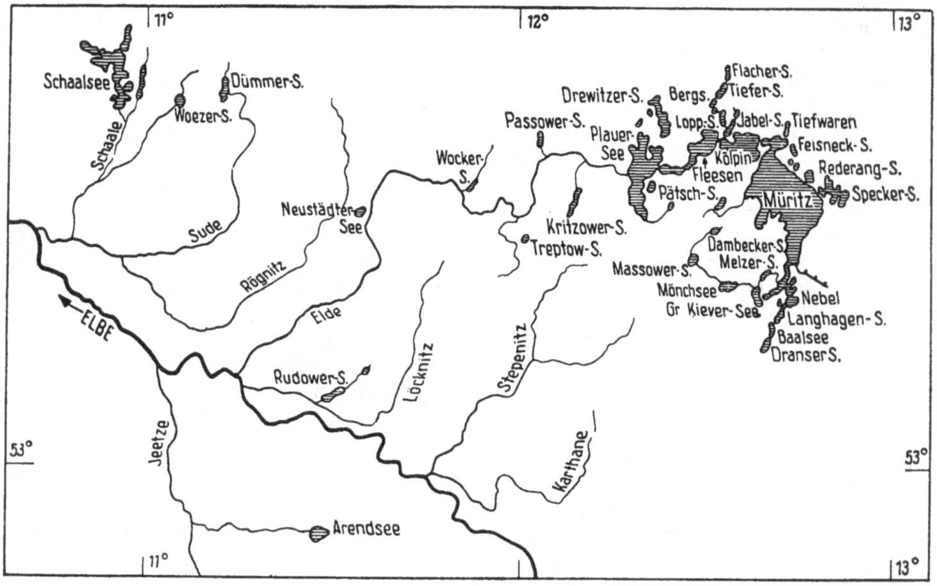

Abb. 1: Die Seen des Gebietes, geographische Lage

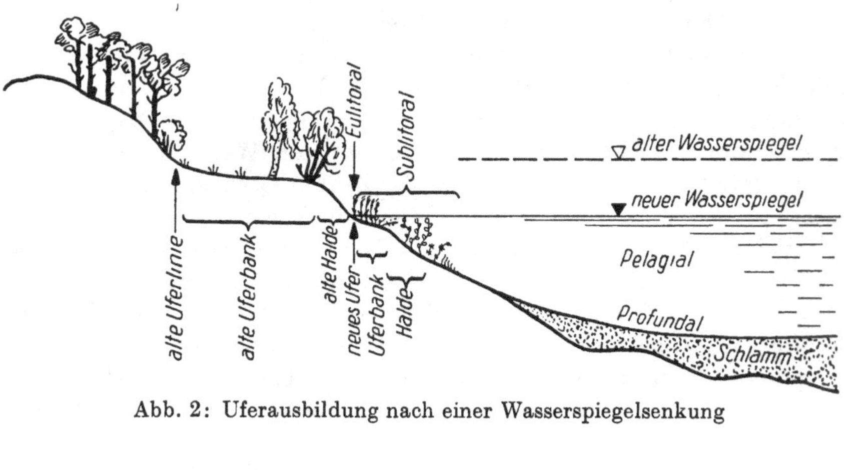

Abb. 2: Uferausbildung nach einer Wasserspiegelsenkung

Einbruchseen (Arendsee, 49,5 m; Neustädter See 31 m). Dagegen sind die Beckenseen meist flach, vor allem bezüglich der Durchschnittstiefe. Selbst die 11700 ha große Müritz besitzt trotz ihrer Maximaltiefe von 31 m nur eine Durchschnittstiefe von 6,4 m, ist also ebenso wie die anderen „Oberseen", der Kölpin-, Fleesen- und Plauer See, ein ausgesprochener Flachsee.

Das chemische und biologische Verhalten eines Sees hängt ganz wesentlich davon ab, ob er im Sommer eine stabile Schichtung ausbildet oder nicht. Tiefe, windgeschützte Seen sind geschichtet, flache windexponierte Seen nicht. Regeln können nicht aufgestellt werden. Der in NS-Richtung gelegene Passower See ist gegen den Hauptwindeinfall im Westen durch einen waldbestandenen Höhenzug geschützt und bei nur 6 m Tiefe stabil geschichtet, während in der Müritz in 30 m Tiefe (Boje Sietow) die gleichen Wassertemperaturen wie an der Oberfläche gemessen wurden. Eine Zwischenstellung nehmen jene Seen ein, die bei ruhigem Wetter Schichtungen ausbilden, welche aber von stärkeren Winden wieder zerstört werden (s. Abb. 6, Plauer See). Die Bedeutung der Schichtung wird noch erläutert.

Die chemische Zusammensetzung der Seewässer

Im folgenden wird die Wassergüte von 38 Seen des Großeinzugsgebietes Mittlere Elbe–Sude–Elde vergleichend untersucht. Dabei gehen wir zunächst von der Oberflächenwasserbeschaffenheit aus und im darauffolgenden Kapitel wird die Schichtung mit ihren Auswirkungen auf den Wasserchemismus behandelt. Die organische Belastung eines Gewässers wird gemeinhin nach dem Sauerstoffdefizit, dem BSB_5 oder dem $KMnO_4$-Verbrauch beurteilt. Bei Seen, zumal wenn wir nur das Oberflächenwasser untersuchen, versagen diese Beurteilungsprinzipien bzw. sie haben einen ganz anderen Aussagewert. Der Sauerstoffgehalt liegt selbst in abwasserbelasteten Seen bei starker Insolation über der Sättigung, da die Algen bei der Assimilation Sauerstoff produzieren. Der BSB_5 ist auch bei Seen, die wir als übermäßig belastet bezeichnen, niedrig. Die organische Belastung der Seen mit sauerstoffzehrenden Stoffen wirkt sich vor allem auf die Beschaffenheit des Tiefenwassers aus. Ein Teil der organischen Substanz liegt im Seewasser geformt als Plankton vor. Bei BSB_5-Ansätzen bei Licht findet oft gar keine O_2-Zehrung sondern sogar eine O_2-Vermehrung statt. Die in manchen Seen stärker vorhandenen Huminsäuren sind biologisch schwer abbaubar und ergeben daher kaum meßbare BSB-Werte.

Der $KMnO_4$-Verbrauch (PV) liegt bei 28 von 38 untersuchten Seen des Gebietes zwischen 20 und 50 mg/l. Bei 4 Seen liegt er zwischen 10 und 20 mg/l, bei 5 Seen über 50 mg/l. Die Seen mit niedrigem PV (Rudower-, Drewitzer-, Pätsch- und Dranser See) haben das eine gemein, daß sie jeweils am Beginn eines Einzugsgebietes liegen und kaum oder gar nicht durchflossen werden. Im Ursprungsgebiet ihrer Zuflüsse liegen keine größeren Moore. Der PV in den Oberseen ist aus Tabelle 1 ersichtlich.

Eine signifikante PV-Erhöhung durch Abwässer ist nicht feststellbar. Die durch Abwässer der Stadt Waren stark belastete Binnenmüritz läßt zwar eine geringfügige PV-Zunahme erkennen, gleichzeitig liegen die Verhältnisse unterhalb von Malchow (Tuchfabrik, häusliche Abwässer ...) im Petersdorfer und Plauer See eher umgekehrt. Der PV in den Seen ist im wesentlichen als Maß für die im Wasser gelösten Huminsäuren anzusehen. Es kann sogar der Fall eintreten, daß ein ursprünglich huminreicher See mit hohem PV infolge fortschreitender Eutrophierung einen gewissen Huminsäureabbau und PV-Rückgang aufweist. Der Rückgang schreitet aber nicht bis zu den niedrigen PV-Werten der primär huminarmen und wenig eutrophierter Seen, wie sie oben aufgeführt wurden, fort.

Tabelle 1

$KMnO_4$-Verbrauch im Oberflächenwasser der Obersee n (Mittel aus je 5 Untersuchungen)

Außenmüritz	29 mg/l
Binnenmüritz	34 mg/l
Kölpin-See	33 mg/l
Fleesen-See	30 mg/l
Petersdorfer See	30 mg/l
Plauer See	26 mg/l

Die höchsten PV-Werte finden wir in Seen, die in starker Verlandung begriffen sind (rd. 60 mg/l beim Mönch-See, Gr. Kiever-See und Warnker See). Der Warnker See erhält Zufluß aus dem fast verlandeten Moor-See, dessen ablaufendes, gelbes Wasser einen PV von 160 mg/l aufweist. Hier haben edaphische Faktoren schon weitgehend die Oberhand, der Moor-See wird schon in wenigen Jahrzehnten ein Niederungsmoor darstellen.

Bei eutrophen, geschichteten Seen (Binnenmüritz, Passower See . . .) finden wir unter anaeroben Verhältnissen im Hypolimnion eine deutliche PV-Erhöhung (s. Abb. 3). Die Ursache kann wiederum in einem höheren Huminsäureanteil liegen, da unter anaeroben Bedingungen der Eisen–Phosphor–Humus–Komplex

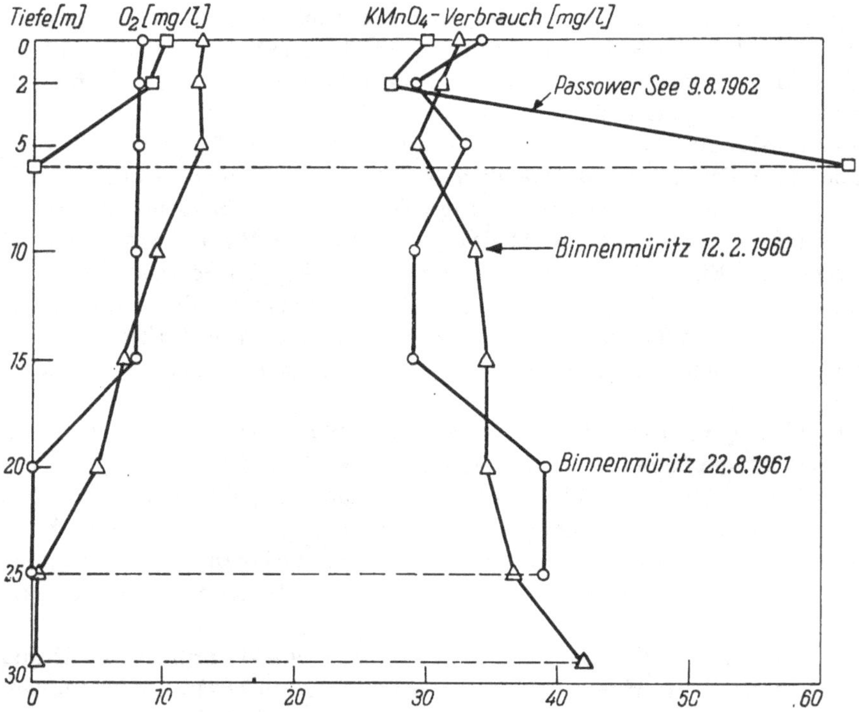

Abb. 3: Erhöhung des $KMnO_4$-Verbrauches im anaeroben Tiefenwasser

zerfällt. Beim Passower See lag daneben eine bakterielle Belastung vor. Das Tiefenwasser war durch rote Schwefelbakterien deutlich gefärbt.

Die beschriebenen Verhältnisse machen verständlich, daß an Hand von Oberflächenproben und den üblichen Kriterien wenig über die organische Belastung eines Sees ausgesagt werden kann. Hierfür sind Schichtungsuntersuchungen unerläßlich. Die anorganischen Wasserinhaltsstoffe sind den Gesetzmäßigkeiten der Schichtung weniger unterworfen:

Der Chloridgehalt liegt in den untersuchten Seen zwischen 14 mg/*l* (Krog-See) und 45 mg/*l* (Arendsee). Nur im Arendsee liegt der Sulfatgehalt (40 mg/*l*) etwas unter dem Chloridgehalt, sonst liegt er stets höher, meist etwa doppelt so hoch wie der Chloridgehalt. Die Skala reicht von 24 bzw. 26 mg/*l* beim Moor- und Berg-See bis 87 mg/*l* beim Dümmer- und Wocker See.

Tabelle 2

Verteilung der Härte bei 38 Seen des Gebietes

Gesamthärte	Zahl der Seen
4··· 8° (weich)	5
8···12° (mittelhart)	26
12···18° (etwas hart)	7

Bezüglich der Gesamthärte überwiegt mittelhartes Wasser (s. Tabelle 2). Das Calcium übertrifft stets die Summe der anderen Kationen. Es beträgt im Neustädter- und Drewitzer See weniger als 30 mg/*l*, im Dambecker- und Moor See über 80 mg/*l*, in 34 Seen zwischen 30 und 80 mg/*l*. Auffällig ist, daß Unterschiede im Calciumgehalt und in der Gesamthärte von oft 100% bei unmittelbar benachbarten Seen auftreten können. Dieser krasse Wechsel hat seine geologische Ursache in der wechselnden Zusammensetzung der Böden im Endmoränengebiet. Auch biologische und hydrochemische Einflüsse auf den Ionenhaushalt sind denkbar, z. B. Ca-Fällung als Ca-Humat, biogene Entkalkung, SO_4-reiche Zuflüsse aus trockengelegten Mooren, Salzquellen u. a. (s. auch OHLE). Als Beispiel für eine typische Kationenzusammensetzung wird eine Analyse der Außenmüritz angeführt (s. Tabelle 3).

Tabelle 3

Kationenzusammensetzung (mg/*l*)

Außenmüritz (Boje Sietow, Oberfläche, 22. 8. 1961)

Ca	Mg	Na	K	Fe ges.	Mn	NH_4
50	9	16	4	0,25	< 0,05	0,08

Der Eisengehalt liegt in den zufließenden Bächen im allgemeinen höher als in den Seen. Die Seen bewirken eine Eisenfällung.

Die Ionenzusammensetzung der Seen des Gebietes zeigt große Ähnlichkeit mit der der Holsteinischen Seen (OHLE). Hier wie dort wird gegenüber der Standardionenzusammensetzung sämtlicher Binnengewässer (RODHE) ein relativ hoher Cl^-- und Na^+-Gehalt gegenüber HCO_3^- und Ca^{++} festgestellt.

Die Karbonathärten liegen in den untersuchten Seen zwischen 2,8 und 9,2 °dH. Fischereilich handelt es sich um Seen mittleren bis sehr fruchtbaren Wassers (Salzsäurebindungsvermögen SBV = 1 . . . 3,3). Die Seen mit den höchsten Karbonathärten (Gr.-Kiever-See, Mönch-See, Massower See, Melzer See) sind flach und stellen bei gleichzeitig hoher Fruchtbarkeit den Typ der künftigen Karpfenintensivgewässer dar. Damit ist natürlich nicht gesagt, daß in weniger produktiven Gewässern, wie etwa im Drewitzer See, nicht auch gute Erträge erzielt werden könnten. Das Schwergewicht in den oligotrophen Seen liegt auf dem Fang von Edelfischen, die auf dem Markt gute Preise erzielen.

Nitrate und Phosphate sind in den Seen als produktionsbegrenzende Minimumstoffe für das Algenwachstum von großer Bedeutung. Im Verlauf des Sommers werden die Pflanzennährstoffe von den Algen verbraucht und sinken mit ihnen in die Tiefenschichten. Das Oberflächenwasser verarmt an Nährsalzen, das Tiefenwasser reichert sie an, bzw. es findet eine Phosphatbindung an das Sediment statt. Extrem hohe Werte treten vor allem unter anaeroben Bedingungen im Hypolimnion auf. In oligotrophen Seen kann Phosphat als alleiniger Minimumstoff angesehen werden. Durch Abwässer werden aber relativ mehr Phosphate in die Seen eingeleitet, so daß beim Aufbrauch der Nährstoffe im Laufe des Sommers das Nitrat zuerst zur Neige geht und damit in eutrophen Seen oft zum Minimumfaktor wird (Gessner, 1935; Thomas, 1953).

Unter den tiefsten Seen im Gebiet sind nur der Schaalsee und der Tiefe See gleichzeitig sehr nährstoffarm und im sommerlichen Oberflächenwasser sind die Phosphate fast restlos aufgebraucht. Die Werte liegen in allen Proben des Epilimnions beim Schaalsee unter 10 Gamma pro Liter und beim Tiefen See unter 30 Gamma. Über dem Grund wurden bei den gleichen Tiefenserien 360 bzw. 230 Gamma PO_4 ermittelt. Beim Arendsee, der den genannten Seen an Tiefe fast gleich kommt und sie bezüglich der Durchschnittstiefe (29,7 m) weit übertrifft, werden spätsommerliche PO_4-Werte von 270 Gamma pro Liter an der Oberfläche und 840 Gamma pro Liter über dem Grund gefunden. Der Arendsee ist bereits stark eutrophiert, seine guten O_2-Verhältnisse (s. Abb. 6) in der Tiefe sind lediglich auf besonders günstige hydrographische Beckengestaltung zurückzuführen.

In der Binnenmüritz wurden ebenfalls PO_4-Werte von stets über 100 Gamma gefunden, wobei die hypolimnischen Werte unter anaeroben Bedingungen etwa 2000 Gamma pro Liter erreichen! In diesem durch Abwässer stark eutrophierten Seeteil werden die Phosphate nie ganz aufgebraucht, als produktionsbegrenzender Faktor tritt nur Nitrat auf.

In den anderen Oberseen übertreffen die sommerlichen PO_4-Werte in keiner Schicht 100 Gamma und sind mitunter als Minimumstoff anzusprechen. Die Nitratwerte liegen aber auch hier oft unter der Nachweisgrenze. Ausgesprochen reichlich ist die Nährstoffversorgung in den kleineren, ungeschichteten Flachseen. Die PO_4- und NO_3-Konzentrationen ermöglichen hier eine ununterbrochen starke Algenentwicklung. Entsprechend werden nur geringe Sichttiefen von meist weniger als 1 m gemessen. Absterbende Algen geben ihre inkarnierten Stoffe unmittelbar wieder in den limnischen Stoffkreis ab, so daß ein schneller Stoffumsatz (turnover) eine hohe Primärproduktion ermöglicht. Fischereilich werden hier die größten Hektarerträge erzielt.

Zum Nitratgehalt in den Seen des Gebietes ist zu sagen, daß die Werte fast durchweg niedriger liegen als etwa in den Alpenseen (Thomas), in Erzgebirgs-

oder Harztalsperren (BEUSCHOLD, HEDLICH). Liegen die NO_3-Werte dort bei einem bis einigen Milligrammen, so finden wir bei den 38 untersuchten Seen nie mehr als 0,7 mg/l NO_3 im sommerlichen Epilimnion. In produktionsarmen Zeiten, etwa nach langer Eisbedeckung, finden sich auch höhere NO_3-Gehalte (Arendsee 12. 3. 1963 in allen Schichten zwischen 1,5 und 2 mg/l).

Bezüglich der Nährstoffverhältnisse in den Seen des Gebietes wurde nur der sommerliche Aspekt beschrieben. Die jetzt gefundenen Werte sind aber nur als eine Momentaufnahme aus dem Jahresgang aufzufassen, die gewissermaßen das Ergebnis der zurückliegenden Vegetationsperiode darstellt. Die Werte sagen nichts aus über die Menge an organisch gebundenem Phosphor wie auch über den Ausgangspunkt der Produktion etwa zu Beginn des Frühjahrsmaximums der Algenentwicklung. Dennoch haben auch die Ergebnisse der Sommeruntersuchungen einen Aussagewert. Für unsere Seen lassen sich folgende Verallgemeinerungen treffen:

1. Regionale Gebiete guter und schlechter Nährstoffversorgungen lassen sich nur schwer abgrenzen.
2. Die Nährstoffversorgung in einem See wird ganz wesentlich durch seine Hydrographie bestimmt.
   Wir unterscheiden:
   a) ungeschichtete Flachseen mit einer Maximaltiefe unter 4 m und ständig guter Nährstoffversorgung;
   b) ungeschichtete große Seen mit einer Durchschnittstiefe über 4 m, deren Nährstoffe am Sommerende weitgehend aufgebraucht sind.
   c) geschichtete Seen mit anaerobem, phosphatreichem Hypolimnion. Von den geschichteten Seen gehören hierher die stark eutrophierten, die flachen fast durchweg;
   d) geschichtete Seen mit aeroben Hypolimnion. Phosphate sind im Sediment festgelegt und gehen im Epilimnion ins Minimum. Hierzu zählen die tiefsten Seen bzw. wenn sie flacher als 30 m sind, so sind sie sehr nährstoffarm.

Die thermische Schichtung und ihre Auswirkungen auf Chemismus und Lebewelt der Seen

Wie eingangs erwähnt, sind die Seen den Gesetzmäßigkeiten der thermischen Schichtung unterworfen. Bei ausreichender Tiefe und windgeschützter Lage wird im Frühjahr das 4° warme Tiefenwasser, bedingt durch seine große Dichte, nicht weiter erwärmt, so daß während der Sommerstagnation das warme Wasser des Epilimnions auf dem kalten Tiefenwasser des Hypolimnions ruht. Der Jahresgang der Schichtung mit Frühjahrszirkulation, Sommerstagnation, Herbstzirkulation und inverser Winterschichtung wirkt sich vor allem auf den Gashaushalt im See aus. Nur im Frühjahr und Herbst kann der Gasaustausch an der Wasseroberfläche sich dem ganzen Wasserkörper mitteilen. Die Vollzirkulationen sind die „großen Atemzüge" des Sees. Zu Beginn der Stagnation wird die Stoffmenge festgelegt, mit der im Hypolimnion mehrere Monate hindurch alle Lebensvorgänge zu bestreiten sind. Dabei hängt es ganz wesentlich von der Tiefe des Sees bzw. der Größe des Hypolimnions ab, ob der Sauerstoffvorrat im Verlauf des Sommers nur teilweise oder völlig aufgebraucht wird. Die im Epilimnion produzierten Planktonorganismen unterliegen, wenn sie abgestorben ins Hypolimnion absinken, dem bakteriellen Abbau. Von 2 Seen gleicher Hydrographie wird also derjenige die stärkere O_2-Zehrung im Hypolimnion aufweisen, der infolge nährstoffreichen (eutrophen) Oberflächenwassers die höhere Algenproduktion besitzt. Die Sauerstoffzehrung im Tiefenwasser löst eine Kette weiterer Reaktionen aus. Fast alle Wasserinhaltsstoffe, die stärker am biologischen Geschehen beteiligt sind, zeigen charakteristische Schichtungsbilder. Dies sei am Beispiel der Müritz näher erläutert.

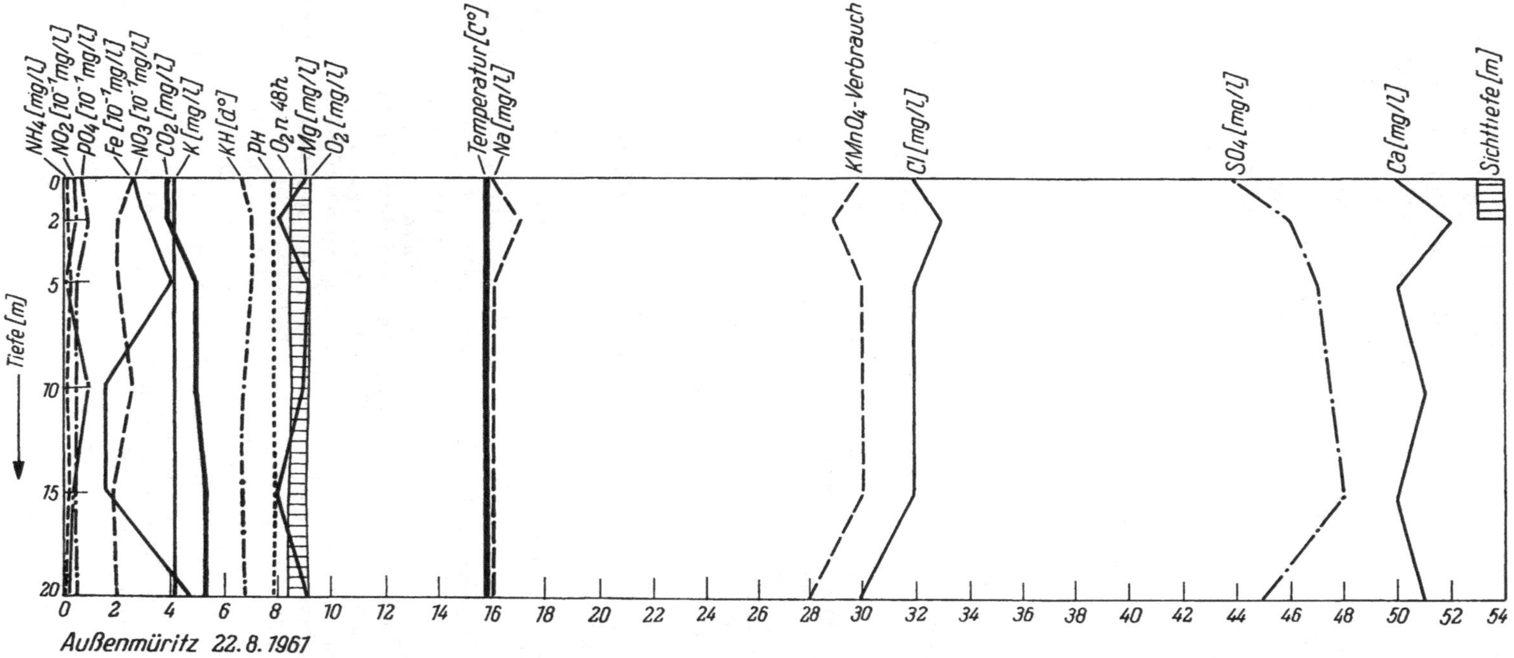

Abb. 4: Sommerliche Stratifikation der Außenmüritz

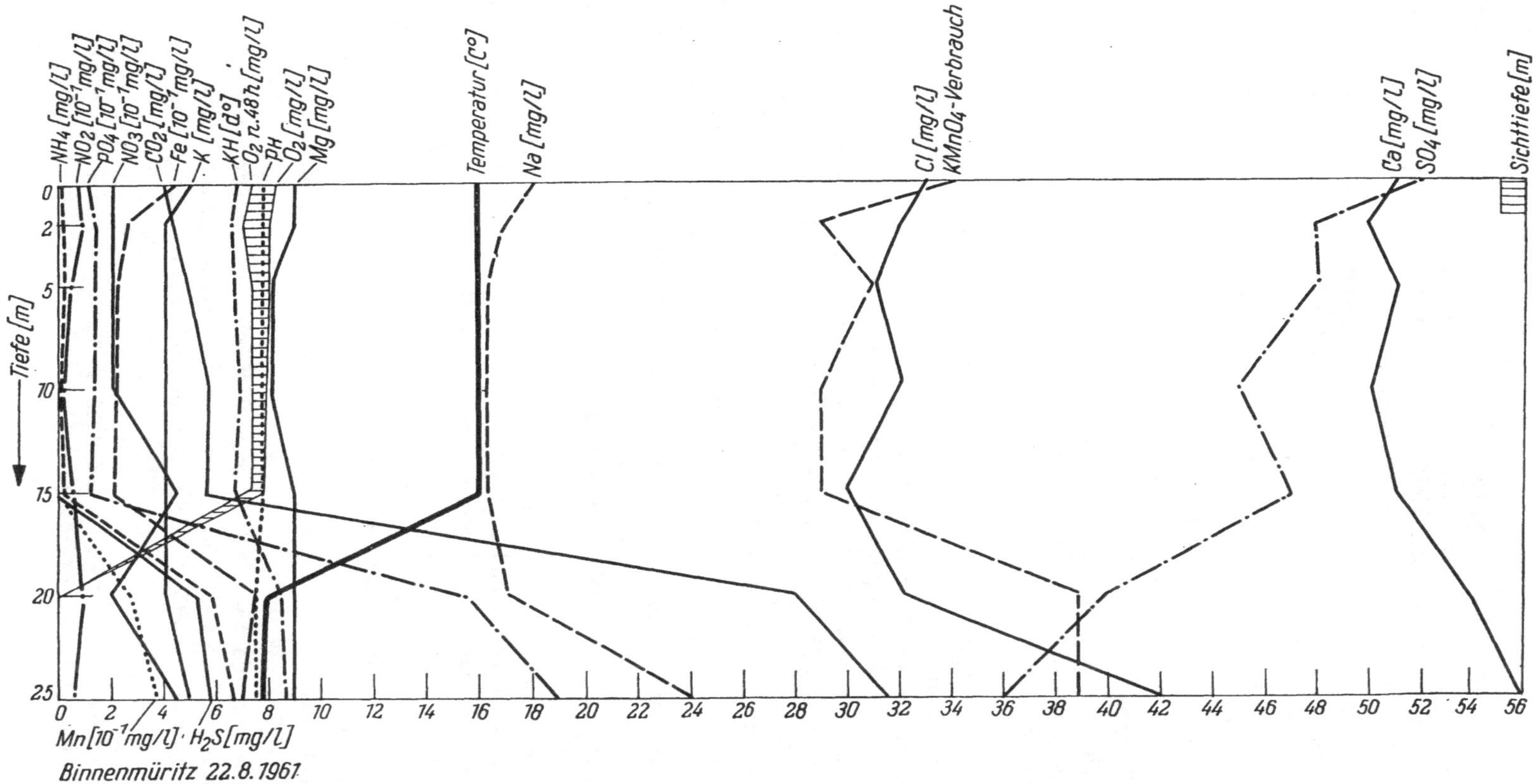

Abb. 5: Sommerliche Stratifikation der Binnenmüritz

Die Außenmüritz (s. Abb. 4) ist im Sommer wegen ihrer guten Windexposition bis zum Grund umgewälzt. (Im Winter unter Eis ist sie invers geschichtet!) Die Temperatur ist in allen Tiefen gleich, ebenso der Sauerstoffgehalt und im wesentlichen auch alle anderen Wasserinhaltsstoffe.

Ganz anders verhält sich die Binnenmüritz. Der maximal 31 m tiefe Nordzipfel der Müritz verkörpert, obgleich mit der Außenmüritz durch den 12 m tiefen „Hals" verbunden, einen völlig anderen Seetypus. Durch die windgeschützte Lage kommt es hier im Sommer zu stabiler Schichtung. Ihre Folgen treten hier durch die Abwassereinleitungen durch die Stadt Waren noch verstärkt in Erscheinung (neben häuslichen Abwässern werden die eines Schlachthofes, eines Milchverarbeitungswerkes, einer Gaserei und einiger Kleinbetriebe ungereinigt in den See eingeleitet.)

Die Thermokline liegt am Ende des Sommers zwischen 15 und 20 m (s. Abb. 5). Das Hypolimnion ist völlig sauerstoffleer. Neben dem Sauerstoffverbrauch ist vor allem die freie Kohlensäure ein gutes Maß für die im Tiefenwasser abgelaufenen Verbrennungsvorgänge. Sie steigt bis 31 mg/l an. Dem Kohlensäureanstieg entspricht ein pH-Abfall in der Tiefe. Bei der Assimilation werden CO_2 und Bicarbonate im Epilimnion verbraucht. Durch den Rückgang der Gleichgewichtskohlensäure zerfällt Calciumbicarbonat, wobei unlösliches Calciumcarbonat ausfällt. Diese biogene Entkalkung ist an den Submersen, z. B. den Laichkräutern zu beobachten, deren Blätter im Spätsommer mit ausgefälltem Kalk bedeckt sind. Im Hypolimnion sind durch den hohen CO_2-Gehalt Bedingungen gegeben, die ein Wiederauflösen des gefällten Kalkes begünstigen (Ca und KH-Anstieg!). Als Endprodukte des anaeroben Abbaues sind im Hypolimnion NH_4 und H_2S angereichert. Der Schwefelwasserstoff stammt aber offenbar nicht nur aus der bakteriellen Eiweißzersetzung, sondern auch aus einer Sulfatreduktion, die durch Vibrio desulfuricans unter anaeroben Bedingungen vollzogen wird. Diese SO_4-Abnahme in der Tiefe wird fast immer beobachtet, wenn höhere H_2S-Konzentrationen vorliegen.[1]) Die anaeroben Verhältnisse im Tiefenwasser führen weiterhin zu einer Auflösung des Ferriphosphates. Das Eisen geht als Ferrobicarbonat in Lösung bzw. wird mit fortschreitender H_2S-Bildung wieder sulfidisch gefällt (Abnahme über dem Grund!). Ähnlich dem Eisen geht das Mangan als Manganobicarbonat in Lösung. Die Phosphate erreichen im Hypolimnion der Binnenmüritz außerordentlich hohe Werte. Daran ist nicht zuletzt die starke Eutrophierung durch die Abwässer der Stadt Waren schuld. Als Folge der reichlichen Nährstoffversorgung zeigt die Binnenmüritz das ganze Jahr hindurch starke Planktonentwicklung. Entsprechend niedrig, nämlich stets unter 2 m liegen die sommerlichen Sichttiefen. Für die Besiedlung mit Fischnährtieren entfallen die H_2S-reichen Schichten des Profundals.

Abb. 6 zeigt die Temperatur-, Sauerstoff- und Kohlensäureschichtungen von 19 Seen des Gebietes. Von den Seen ohne ausgesprochene Stratifikation wurden nur die großen „Oberseen", nicht aber die Vielzahl der kleinen Flachseen dargestellt.

---

[1]) Im Passower See wurden am 9. 8. 1962 in 6 m Tiefe 30 mg/l H_2S gefunden. Der Sulfatgehalt sinkt von 87 bzw. 78 mg/l in 0 und 2 m auf 45 mg/l in 6 m Tiefe ab.

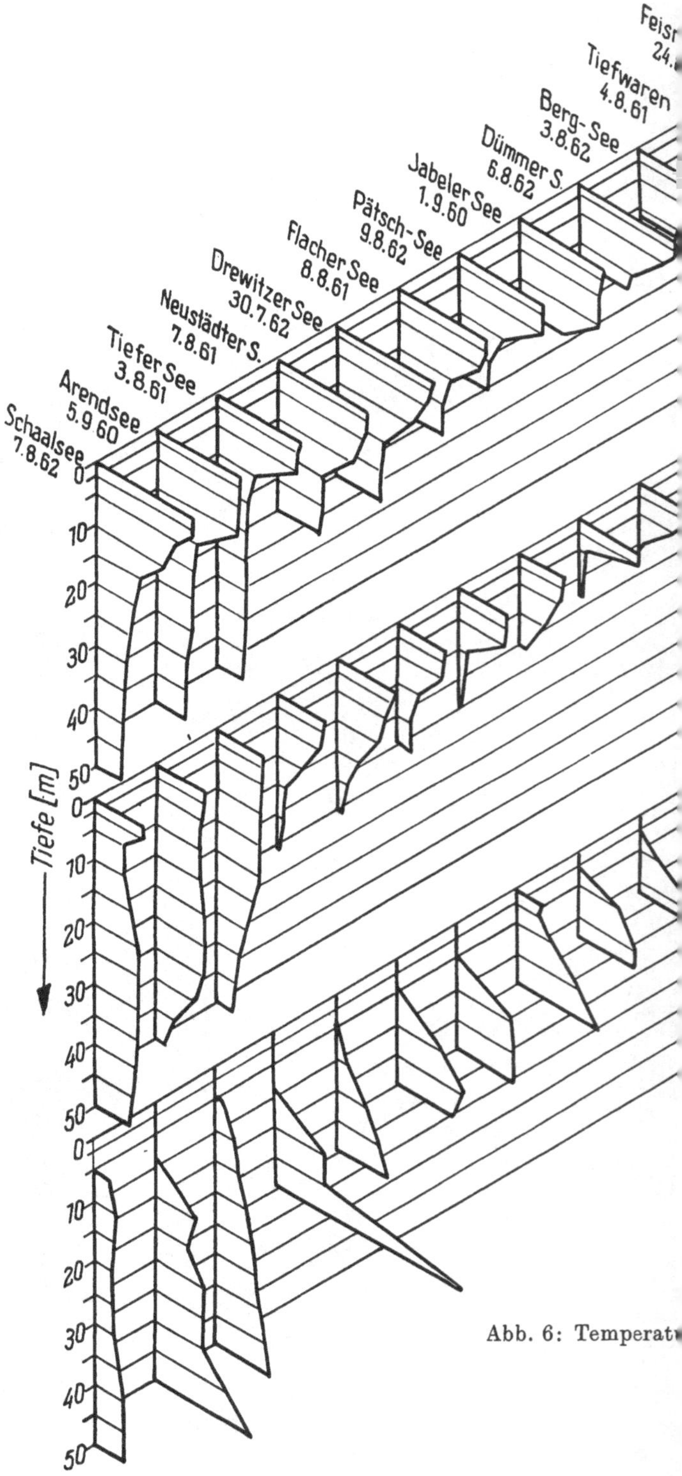

Abb. 6: Temperat

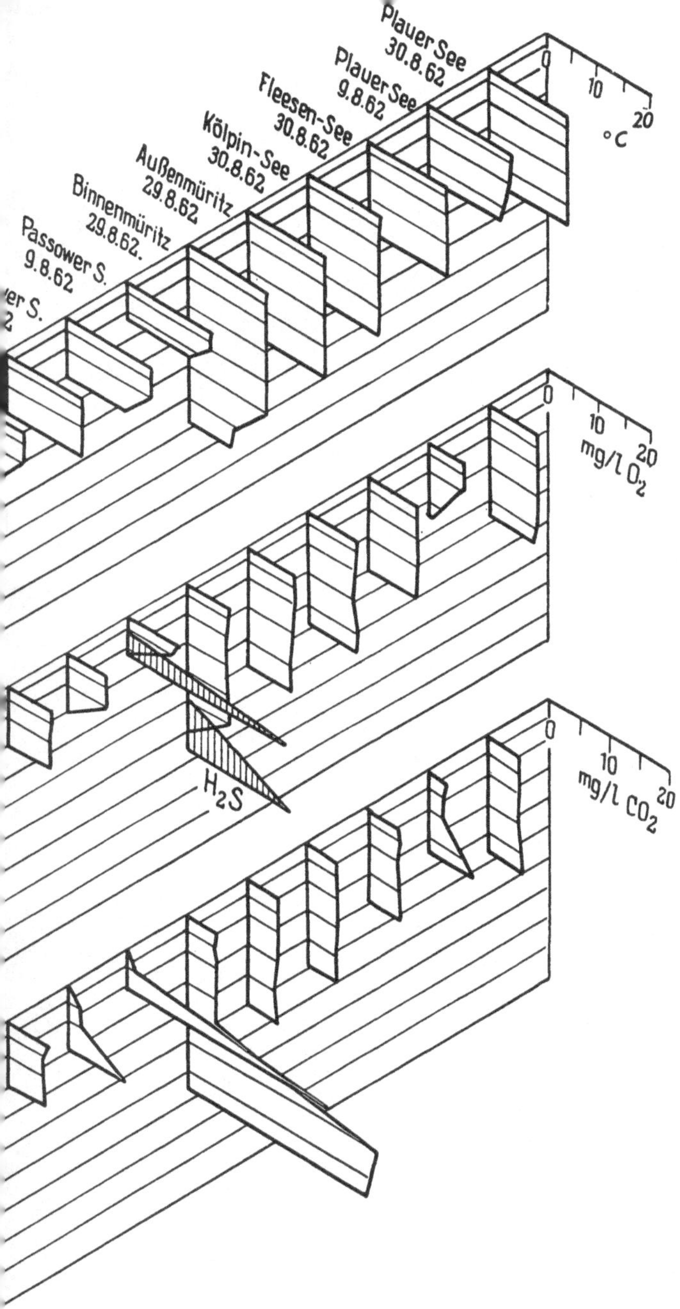

erstoff- und Kohlensäureschichtungen in 19 Seen des Gebietes

Die Lage der Thermokline ergibt sich aus der Windexposition des betreffenden Sees. Tiefer See, Flacher See, Berg-See, Dümmer See und Passower See sind in NS-Richtung verlaufende Rinnenseen und deshalb durch geringe Tiefe der Sprungschicht ausgezeichnet. In den Oberseen tritt nur bei ruhigem Wetter gelegentlich eine kurzzeitige Schichtung ein (Plauer See, 9. 8. 1962). Die starke Sauerstoffzehrung schon während einer solchen vorübergehenden Stagnation weist auch für die Oberseen eutrophe Verhältnisse aus.

Wesentlich aufschlußreicher sind die O_2-Verhältnisse im Tiefenwasser bei dauernd geschichteten Seen. Generell wird der große Sauerstoffvorrat im Hypolimnion eines tiefen Sees nicht so weit aufgebraucht wie der eines flachen Sees. Die O_2-Kurve verläuft im Schaalsee, Arendsee und Tiefen See fast geradlinig oder orthograd, lediglich in Grundnähe tritt bei den beiden letztgenannten ein größeres Defizit auf. Tiefer See und Arendsee sind bei etwa gleicher Tiefe gut miteinander vergleichbar. Die Unterschiede in der Sauerstoffkurve sind nur geringfügig, aber an Hand der CO_2-Kurven läßt sich doch aussagen, daß im Hypolimnion des Arendsees intensivere Verbrennungsvorgänge abgelaufen sind. Das wird durch die stets geringere Sichttiefe im Arendsee bestätigt. Der Arendsee ist bereits weitgehend eutrophiert und nur dank der äußerst günstigen Beckengestaltung ist es noch nicht zum Umschlagen in anaerobe Verhältnisse gekommen. Vergleichen wir weitere Seen gleicher Tiefe, so erweist sich der Drewitzer See gegenüber dem Neustädter See als sauerstoffreicher und kohlensäureärmer. Ersterer neigt mehr zur Oligotrophie. Der Flache See ist weniger eutrophiert als der Pätsch-See. Schließlich kommen wir zu den Seen mit kritischer Tiefe, mit einer Tiefe unter 20 m. Selbst wenn solche Seen im Nährstoffstandard in der Oligostufe liegen wie z. B. der Berg-See, führen die Zehrungen in ihrem kleinen Hypolimnion fast stets bis zu völligem O_2-Schwund. Das Extrem unter diesen Seen stellt bei uns der Passower See dar, dessen Tiefenwasser 30 mg/l H_2S aufweist. Eine derart starke H_2S-Entwicklung bei einem nur 6 m tiefen See stellt eine latente Gefahr für den ganzen Wasserkörper dar. An einem künstlichen See bei Glöthe haben sich ähnliche Verhältnisse durch Abwasser-Eutrophierung so weit entwickelt, daß alljährlich mit Einsetzen der Herbstvollzirkulation völliger Sauerstoffschwund auch im Epilimnion auftritt und dadurch ein Teil des Fischbestandes erstickt.

Die ungeschichteten Seen haben bis zum Grund gesunde Sauerstoffverhältnisse und sind dadurch gegenüber Abwassereinleitungen relativ unempfindlich. Selbstverständlich sind Folgen der Eutrophierung auch hier zu beobachten, denn grundsätzlich führt jede Eutrophierung zu steigender Algenproduktion und zu einer Schmälerung der Nutzbarkeit für Trink-, Brauch- und Badewasserzwecke. Gegenüber Abwassereinleitungen sind Seen wesentlich empfindlicher als Fließgewässer. Dies nicht zuletzt darum, weil die dem See zugeführten Nährstoffe in dessen Stoffkreislauf aufgenommen, aber nur zu einem Bruchteil wieder durch den Seeablauf abgegeben werden.

Literatur

[1] Beuschold, E.: Chemische und biologische Verhältnisse in den Talsperren des Bodewerkes und ihren Zuflüssen sowie Schutzmaßnahmen gegen Verunreinigungen. Wasserwirtsch. Wassertechn. **9** (1959), 475–479

[2] Beuschold, E.: Limnologische Untersuchungen am Hauptbecken der Saidenbachtalsperre. Int. Revue ges. Hydrobiol. **46** (1961), 18–42

[3] Gessner, F.: Phosphat und Nitrat als Produktionsfaktoren der Gewässer. Verh. Intern Ver. f. Limnologie **7** (1935), 525

[4] Hedlich, R.: Über den Einfluß von Kahlschlägen auf den Trophiegrad einer Trinkwassertalsperre. Dipl.-Arbeit der Math.-nat. Fakultät der Universität zu Leipzig, 1959

[5] Ohle, W.: Die Seen Schleswig-Holsteins, ein Überblick nach regionalen, zivilisatorischen und produktionsbiologischen Gesichtspunkten. Vom Wasser **26** (1959), 16–41

[6] Rodhe, W.: The ionic composition of lake waters. Verh. intern. Ver. Limnologie **10** (1949), 377–386

[7] Thomas, E. A.: Zur Bekämpfung der See-Eutrophierung; empirische und experimentelle Untersuchungen zur Kenntnis der Minimumstoffe in 46 Seen der Schweiz und angrenzender Gebiete. Monatsbulletin d. Schweiz. Ver. v. Gas- u. Wasserfachmännern **35** (1953), 119–129

Ch. Siegert
VEB(K) Wasserwirtschaft der Stadt Dresden

Das Chlordioxydverfahren bei der Bekämpfung von Geruch und Geschmack im Trinkwasser sowie die Bestimmung von Cl_2, ClO_2 und $NaClO_2$ nebeneinander

Zusammenfassung: Das Chlordioxydverfahren ist seit etwa 2 Jahrzehnten in den USA bekannt, in der DDR wurde es 1959 erstmalig in Dresden eingeführt.

Es werden die chemischen und physikalischen Eigenschaften des Ausgangsmaterials (Natriumchlorit) und des Chlordioxyds besprochen und Hinweise für den Arbeitsschutz gegeben. Die apparative Durchführung des Verfahrens wird gezeigt.

Ferner wird ein titrimetrisches Verfahren der Bestimmung von Cl_2, ClO_2 und $NaClO_2$ nebeneinander im Reaktionsgemisch zur Kontrolle der besten Ausbeute an Chlordioxyd beschrieben.

Die Erfahrungen bei der Beseitigung des unangenehmen Geschmacks im Dresdner Trinkwasser werden ausgewertet.

Zum Schluß wird eine für die Praxis ausreichend genaue Bestimmung des Chlors und des Chlordioxyds nebeneinander im behandelten Trinkwasser angegeben.

Die Beseitigung von Geruchs- und Geschmacksstoffen, die im Wasser in äußerst geringer Konzentration vorhanden sind, bedeutet für den Wasser-Ingenieur ein äußerst schwer lösbares Problem, denn so verschiedenartig Geruch und Geschmack im Wasser auftreten können, so verschiedenartig sind die Ursachen ihres Entstehens und so individuell muß das Behandlungsverfahren oder eine Kombination mehrerer Verfahren — nach entsprechenden Vorversuchen — ausgewählt werden. Durch Oxydation lassen sich einige Geruchs- und Geschmacksstoffe in durch Geruch und Geschmack nicht mehr wahrnehmbare Verbindungen überführen, so werden z. B. Chlorphenole in geschmacklich nicht wahrnehmbare Chinone übergeführt.

Je größer die Oxydationskraft des Oxydationsmittels ist, desto sicherer wird die Umwandlung der Geruchs- und Geschmacksstoffe erreicht. Da das Chlordioxyd eine 2½mal so große Oxydationswirkung wie das Chlor aufweist, besitzen wir im Chlordioxydverfahren ein Mittel, den bei der einfachen Chlorung entstehenden arzneiähnlichen Geschmack zu verhindern, und zwar vor allem dort, wo die Geschmacksbeeinträchtigung durch Phenole und Chlorphenole hervorgerufen wird.

Das Chlordioxydverfahren ist in den Ländern, die mangels Grundwasser schon seit langem gezwungen sind, oft stark verschmutzte, geschmacksbeeinträchtigte Flußwässer aufzubereiten, schon seit etwa 2 Jahrzehnten bekannt und wird in den USA in vielen Wasserwerken mit gutem Erfolg angewendet. In der DDR wurde es erstmalig 1959 von den Dresdner Wasserwerken — anläßlich eines Chlorphenoleinbruches durch die Elbe in die uferfiltrierten Grundwässer — eingeführt. Im

April 1960 wurde von uns ein Erfahrungsaustausch in Dresden durchgeführt, auf dem 19 Wasserwerken, deren gechlortes Reinwasser zeitweise einen arzneiähnlichen Geschmack aufweist, Versuche mit Chlordioxyd empfohlen wurden. Die Solvay-Werke wurden für die Herstellung von Chlordioxydanlagen interessiert. Chlordioxyd ist ein grün-gelblich bis rötlich-braunes Gas, das unangenehm riecht und reizend auf die Schleimhäute wirkt. Bei Zimmertemperatur lösen sich bis zu 80 g im Liter Wasser, bei erhöhter Temperatur ist das gasförmige Chlordioxyd explosiv. In seiner Dissertation beschäftigt sich Göbel [1] mit der Feststellung der Explosionsgrenze, das ist der Selbstzerfall des ClO_2 ohne Zündung in Abhängigkeit vom ClO_2-Gas-Druck und der in der Apparatur herrschenden Temperatur.

Das Gas kann nicht wie Chlor in Flaschen oder in Fässer gefüllt und in diesen transportiert werden, sondern es muß am Ort des Verbrauches erst hergestellt werden. In den Wasserwerken, die über eine Chloranlage verfügen, geschieht dies am besten in der gefahrlosen flüssigen Phase aus Natriumchlorit und Chlor [2] nach folgender Gleichung:

$$2\,NaClO_2 + Cl_2 \rightarrow 2\,ClO_2 + 2\,NaCl\,. \qquad (1)$$

Natriumchlorit ist ein weißes, kristallines, leicht wasserlösliches Salz, das zur Erhaltung seiner Stabilität je nach Herstellerfirma wechselnde Mengen von Soda, etwas Ätznatron und Kochsalz enthält. Unsere Untersuchungen zeigten folgende Werte:

Tabelle 1

Lieferfirma	Natriumchlorit	Soda	Ätznatron	Kochsalz
Degussa/Frankfurt	79,7	5,0	0,6	12,6
Schweizerische Sodafabrik Zürich	79,4	3,7	0,7	12,8
Höchst/Main	56,0	—	—	—
VEB Kombinat Bitterfeld	61,7	—	—	—

Da auch Natriumchlorit bei Gegenwart von organischen Stoffen bei Schlag und Stoß explosiv ist, sind beim Umgang mit Natriumchlorit Vorsichtsmaßnahmen zu treffen. So muß ein gesonderter, trockener Lagerraum aus nicht brennbarem Material mit Betonfußboden, ohne direkte Sonneneinstrahlung, mit Wasseranschluß und direktem Abfluß vorhanden sein. Es dürfen weder Säuren, organische Stoffe noch andere Einsatzstoffe mit Emballagen aus brennbarem Material im gleichen Raum gelagert werden, da organische Stoffe die Explosionsgrenze stark herabsetzen. Aus diesen Gründen sollen auch die Werkzeuge für die Handhabung und das Abwägen aus Steingut, Prozellan oder Metall sein. Gummihandschuhe sind nicht angebracht. Hartgummiteile einer Leitung wurden z. B. von einer 10%igen Natriumchloritlösung in einem unserer Werke stark angegriffen, so daß sie gegen Vinidur ausgewechselt werden mußten. Verschüttetes Natriumchlorit ist mit viel Wasser wegzuschwemmen.

Die zur Herstellung des Chlordioxyds (Abb. 1) nach obiger Gleichung zur Chloranlage zusätzlich erforderliche Apparatur ist denkbar einfach und besteht im

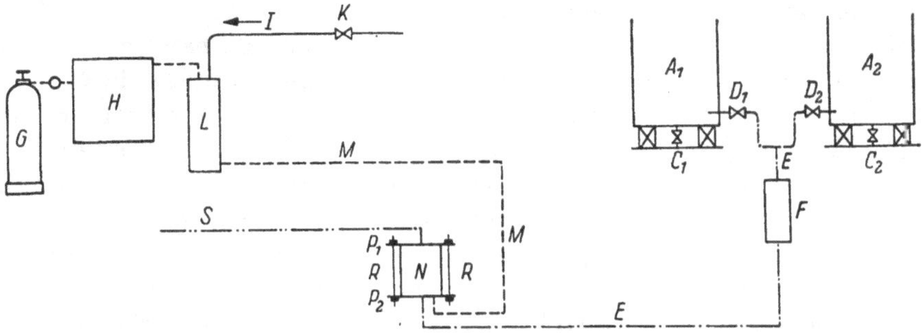

Abb. 1: Schemazeichnung Trinkwasserbehandlung mit Chlordioxyd in Wasserwerken mit Chloranlage

A_1, A_2 — Lösebehälter für $NaClO_2$; C_1, C_2 — Entleerungsstutzen; D_1, D_2 — Ablaufhähne; E — Ablaufleitung für $NaClO_2$; F — Mengenmesser (Düse); G — Chlorbehälter; H — Dosiergerät für Cl_2; I — Wasserzuleitung; K — Regelventil; L — Mischgefäß; N — Reaktionskammer (Glaszylinder); P_1, P_2 — Schrauben; R — Stehbolzen; S — Ablaufleitung für H_2O mit ClO_2 in die Hauptleitung; M — Leitung für gechlortes Wasser

wesentlichen nur aus einem Lösungsbehälter für das Natriumchlorit, dem Dosiergefäß für die Natriumchloritlösung und dem zylindrischen Reaktionsgefäß, in dem aus Chlorwasser und Natriumchloritlösung die wäßrige Lösung des Chlordioxyds — kenntlich an der intensiv gelblich-grünen Farbe — entsteht.

Die Erfahrungen haben gezeigt, daß es für die Ausbeute an Chlordioxyd sehr wichtig ist, in welchem Mengenverhältnis die Komponenten Chlor und Natriumchlorit gemischt werden. Es dürfen keinesfalls die Mengen des stöchiometrischen Verhältnisses

$$Cl_2 : NaClO_2 = 1 : 2{,}55$$

angewendet werden, sondern es muß mit einem erheblichen Chlorüberschuß und zwar im Verhältnis

$$Cl_2 : NaClO_2 = 1 : 1$$

gearbeitet werden. Unsere Ausbeuten an ClO_2 bei verschiedenen Mengenverhältnissen sind in Tab. 2 dargestellt:

Tabelle 2

Ausbeute an ClO_2 bei verschiedenem Mengenverhältnis von Cl_2:$NaClO_2$

	Verhältnis Cl_2:$NaClO_2$	Ausbeute an ClO_2 in %
Versuch I	1:1,5	77
	1:1	97
	1:0,6	82
Versuch II	1:1,5	88
	1:1	98
	1:0,6	80

Um eine vollständige Zersetzung des Natriumchlorits im Mischgefäß zu erreichen, muß der pH-Wert unter 3 liegen. Eine 5%ige Natriumchloritlösung zeigte nach unseren Messungen einen pH-Wert von 11,4. Da keine Säure zusätzlich zugesetzt wird, muß das Chlorwasser sehr konzentriert sein, damit der niedrige pH-Wert erreicht wird. Die Konzentration muß mindestens 500 mg/*l* betragen, wobei der Verbrauch durch Karbonathärtebildner des Lösewassers berücksichtigt werden muß. Wir arbeiten mit einer Konzentration von 2—3 g/*l* Cl_2. Die Natriumchloritlösung soll 2—20%ig sein. Die Konzentration des gelieferten Salzes an reinem $NaClO_2$ ist bei dem Ansatz zu berücksichtigen. In Dresden hat sich eine 5 bzw. 10%ige Lösung bewährt, wobei allerdings gelegentlich eine Verstopfung der Dosierdüsen oder an den Krümmungen der zu klein dimensionierten Leitung eintrat. Durch den Anteil an Soda im Natriumchlorit fallen die Härtebildner des etwa 6—7° karbonatharten Lösewassers aus, so daß die Lösung durch Feststoffe getrübt ist. Diesem Übelstand wurde abgeholfen, indem das Lösewasser (etwa 250 bis 750 *l*/d) vorher durch Wofatit F auf ca. 0,1 °d Resthärte enthärtet wird.

Bei der beschriebenen Verfahrensweise entsteht immer neben Chlordioxyd auch überschüssiges Chlor, was in verschiedener Hinsicht von Vorteil ist. Der Chlordioxydbedarf wird z. B. durch Vorhandensein von Chlor herabgesetzt, da die Chlorzehrung nach unseren Feststellungen stärker am freien Chlor erfolgt. Die vom Gasinstitut Karlsruhe durchgeführten Versuche ergaben, daß nach 24 Std. 68—85% Cl_2 und nur 30—35% ClO_2 der jeweiligen Zugabemenge verbraucht wurden. Nach amerikanischen Versuchen ist Chlor reaktionsfähiger gegenüber Ammoniak, Pepton und verschiedenen anderen organischen Substanzen [3].

Chlordioxyd kann dort, wo keine Chloranlage vorhanden ist, aus Natriumchloritlösung und Mineralsäure hergestellt werden, und zwar gelten die Gleichungen

$$5\,NaClO_2 + 4\,HCl = 4\,ClO_2 + 5\,NaCl + 2\,H_2O \qquad (2)$$

$$5\,NaClO_2 + 2\,H_2SO_4 = 4\,ClO_2 + 2\,Na_2S_4O_4 + NaCl + 2\,H_2O\,. \qquad (3)$$

Bei diesem Verfahren läßt man das Gas ebenfalls aus Sicherheitsgründen im Wasser entstehen und arbeitet entspr. der Abb. 2.

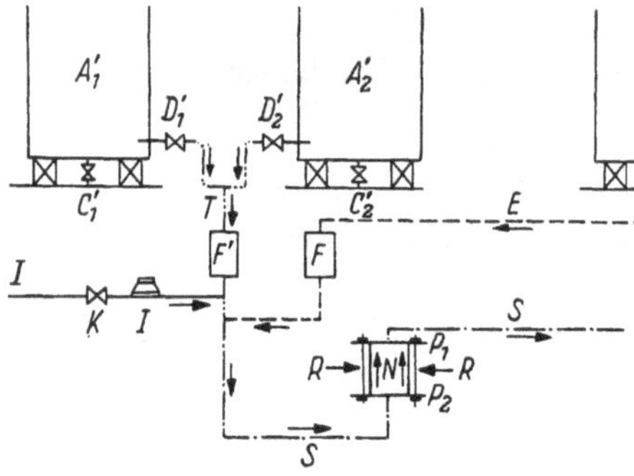

Abb. 2: Schemazeichnung der Trinkwasserbehandlung mit Chlordioxyd in Wasserwerken ohne Chloranlage

A_1, A_2 — Lösebehälter für $NaClO_2$; C_1, C_2 — Entleerungshähne; D_1, D_2 — Ablaufhähne; E — Zulaufleitung für $NaClO_2$; F — Mengenmesser für $NaCl_2$-Lösung; A'_1, A'_2 — Vorratsbehälter für HCl; C'_1, C'_2 — Entleerungsstutzen; D'_1, D'_2 — Ablaufhähne; T — Ablaufleitung für HCl; F — Mengenmesser für HCl; K — Regelventil; I — Wassermesser; N — Reaktionsgefäß (Glaszylinder); P_1, P_2 — Halteschrauben; R — Stehbolzen; S — Ablaufleitung zur Versorgungsleitung

Man erhält fast chlorfreies, reines Chlordioxyd. Die Stadt Basel verwendet eine 39%ige $NaClO_2$-Lösung des 60%igen Salzes und eine 30%ige Schwefelsäure [4]

Die Herstellung aus Natriumchlorit und Schwefelsäure ist nach W. FRÖHLER [5] unwirtschaftlich, da nach seinen Erwägungen die Reaktion nicht nach der unter 2 angegebenen Gleichung verläuft und infolgedessen nur eine Ausbeute von 66% zu erwarten ist.

Auch bei unseren Versuchen mit einer Apparatur der Solvay-Werke, bei der Chlordioxyd aus Natriumchlorit und Schwefelsäure in gasförmiger Phase entsteht — ein nicht ganz ungefährliches Verfahren — stellten wir nur eine Ausbeute an ClO_2 von 68% bzw. 55% fest.

Bei Verwendung von Salzsäure ist nach Fröhler die Ausbeute besser. Eigene Versuche mit Natriumchlorit und Salzsäure liegen nicht vor.

Da in den Wasserwerken der DDR die Desinfektion fast ausschließlich mit Chlor vorgenommen wird, wird wohl stets das Verfahren, bei dem ClO_2 aus $NaClO_2$ und Cl_2 hergestellt wird, gewählt werden.

Die Mengen an Chlordioxyd, die zur Geruchs- und Geschmacksbeseitigung eines Wassers benötigt werden, müssen experimentell ermittelt werden. Sie bewegen sich etwa zwischen 0,4—1,0 g/m^3 ClO_2, d. h., es müssen dementsprechend ungefähr 0,6—1,5 g/m^3 reines Natriumchlorit und entspr. Chlor im Verhältnis 1 : 1 angewandt werden. Auch höhere Dosen an ClO_2 sind geschmacklich nicht wahrnehmbar. In unserem Laboratorium wurde analog den Untersuchungen des Rheinwassers durch HOLLUTA [6] eine Anreicherung der Geschmacksstoffe auf Aktivkohle und auf Wofatit E vorgenommen und die Ätherextrakte in eine Neutralfraktion, eine Phenol- und eine saure Fraktion aufgetrennt. Hierbei zeigte sich, daß die Neutralstoffe, die terpentinähnlich und nach anderen Lösungsmitteln rochen, das 5—7fache und die sauren Verbindungen, die einen muffig-dumpfigen, widerlich sauren Geruch aufwiesen, über das doppelte der phenolartigen Verbindungen betrugen.

Im Uferfiltrat lagen die Verhältnisse ähnlich. Durch diese Untersuchungen erklärt sich, warum wir mit dem Chlordioxydverfahren allein noch kein geschmackfreies Wasser erzielen konnten. Die schwer oxydierbaren Neutralstoffe und sauren Verbindungen müssen durch ein Fällungs- oder Adsorptionsverfahren beseitigt werden. Durch das Kalküberschußverfahren in unserem Wasserwerk Tolkewitz wurde ein Teil der Geschmacksstoffe ausgefällt. Für den muffig-dumpfigen Geschmack kam pulv. A-Kohle in Anwendung.

In den Reinwässern unserer drei Werke, die vorwiegend Elbuferfiltrate fördern und in denen das Chlordioxydverfahren angewandt wird, konnte — abgesehen von einem leicht dumpfigen „elbischen" Geschmack, der mit nur 5 g/m^3 pulv. A-Kohlezusatz[1]) nicht zu beseitigen war — von verschiedenen Prüfern keinerlei „Medizin- oder Chlorphenolgeschmack" festgestellt werden. Das beim Verbraucher ankommende Wasser zeigt aber leider trotzdem oftmals, besonders am Morgen, einen chlorigen, medizinartigen Geruch und Geschmack. Es ist zu vermuten, daß im Rohrnetz bei längerer Stagnation eine Reduktion der oxydierten phenolartigen Substanzen erfolgt. Bei kurzen Rohrnetzstrecken und raschem Verbrauch des

1) (infolge zu geringer Schnellfilterzahl konnte nicht mehr Kohle zugesetzt werden).

mit Chlordioxyd behandelten Wassers ist diese Rückbildung in geschmacklich wahrnehmbare Stoffe nicht zu befürchten.

Der Chlorphenolgeschmack, der 1960 bereits im ungechlorten Rohwasser auftrat, wurde durch Chlordioxyd sehr sicher beseitigt. Ein Betriebsversuch, durch eine Vorchlorung vor der Chlordioxydbehandlung die Rückbildung im Netz u. U. zu verhindern, steht noch aus.

Halbtechnische Versuche zeigten keinen Unterschied in der Geschmacksverbesserung zwischen der Behandlung mit reinem ClO_2 und einem Gemisch von ClO_2 und Cl_2.

Die in der Literatur erwähnte erhöhte bakterizide Wirksamkeit des Chlordioxyds können wir durch unsere praktischen Erfahrungen bestätigen. Nur mit Hilfe des Chlordioxydverfahrens war es möglich, zwei Werke, die Uferfiltrat fördern, im Winter 1962/63 in Betrieb zu halten.

Der bakteriologische Befund der Rohwässer wies zeitweise Colititer 0,1 und Gelatinekeimzahlen bis zu 7000/m*l* auf.

Ohne Chlordioxyd hätte — bei gleichzeitigem Wegfall des Ammoniakzusatzes — eine solche Erhöhung der Chlordosis erfolgen müssen, daß wir ein außerordentlich stark nach Chlor schmeckendes, dem Verbraucher kaum zumutbares Wasser erhalten hätten. Das Chlordioxydverfahren ist also überall dort zu empfehlen, wo ein durch phenolartige Stoffe geschmacklich beeinflußtes Wasser oder ein Rohwasser von sehr schlechter bakteriologischer Beschaffenheit vorliegt.

Im Chlordioxyd-behandelten Wasser wurden bei unserer täglichen Kontrolle stets Keimzahlen unter 10 und Colititer über 200 festgestellt.

Zur Kontrolle der restlosen Zersetzung des $NaClO_2$ bzw. zur Bestimmung der Ausbeute an ClO_2 muß die Lösung aus dem Mischgefäß auf ihren Gehalt an Cl_2, ClO_2 und $NaClO_2$ untersucht werden. Nach der Vorschrift von Berndt [7] werden 3 verschiedene Titrationen mit n/10 Natriumthiosulfatlösung durchgeführt.

Titration A

10 m*l* Reaktionslösung werden in 90 m*l* dest. Wasser, die mit 0,5 m*l* neutralem Puffer[1]) auf pH = 7,0 eingestellt und mit ca. 1 g Kaliumjodid versetzt sind, pipettiert. Nach Zugabe von Stärkelösung wird mit n/10 Thiosulfat bis zum Farbumschlag titriert.
Erfaßt werden $^1/_5\ ClO_2 + Cl_2$.

Titration B

Die unter *A* austitrierte Lösung wird mit 5 m*l* H_2SO_4 (1:3) angesäuert und nach 5 min Reaktionszeit wiederum mit n/10 Thiosulfatlösung bis zum Farbumschlag titriert.
Erfaßt werden $^4/_5\ ClO_2 + NaClO_2$.

Titration *C*

10 m*l* Reaktionsgemisch + 90 m*l* dest. Wasser werden gleichzeitig mit dem Ansatz *A* mit 5 m*l* 5 n NaOH versetzt und so lange dem Tageslicht ausgesetzt, bis die gelbe Farbe des ClO_2 verschwunden ist. Dabei disproportioniert ClO_2 nach folgender Gleichung:

$$2\ ClO_2 + 2\ NaOH \rightarrow NaClO_2 + NaClO_3 + H_2O\ . \qquad (4)$$

Aus 2 ClO_2 mit $2 \times 5 = 10$ Oxydationsäquivalenten entsteht $NaClO_2$ mit 4 titrierbaren Oxydationsäquivalenten.

[1]) Herstellung des neutralen Puffers: 113 g $NaH_2PO_4 \cdot 2\ H_2O$ + 400 g $Na_2HPO_4 \cdot 12\ H_2O$ zu 1 *l* mit destilliert. Wasser im Wasserbad gelöst. Einstellung auf pH = 7,2—7,4.

Nach Zugabe von 20 Tropfen 10%iger KCN-Lösung wird Cl_2 in Chlorcyan (ClCN) übergeführt, das mit Kaliumjodid nicht reagiert. Nach 10 min Wartezeit wird Kaliumjodid zugegeben, mit 20 m*l* 25%iger Phosphorsäure angesäuert und nach weiteren 5 min Wartezeit mit n/10 Natriumthiosulfatlösung unter Stärkezusatz bis zum Farbumschlag titriert.
Erfaßt werden 2/5 $ClO_2 + NaClO_2$.
Aus diesen Titrationen errechnen sich:

$$\text{mg } ClO_2 = \frac{B - C}{2} \times 5 \times 1{,}35,$$

$$\text{mg } NaClO_2 = C - (B - C) \times 2{,}27\ ,$$

$$\text{mg } Cl_2 = A - \frac{B - C}{2} \times 3{,}55\ .$$

Diese Methode wurde von uns mit reinen Testlösungen eines Gemisches von ClO_2[1]), Chlor und Natriumchlorit und in den Lösungen aus den Mischgefäßen der Chlordioxydanlagen nachgeprüft.

Aus zahlreichen Bestimmungen wurden folgende Erkenntnisse gewonnen:

1. Bei reinen Chlordioxydlösungen wurden genau den Formeln entspr. bei *A* 1/5 und bei *B* 4/5 n/10 Thiosulfatlösung verbraucht. Es ist aber besser, man setzt die Stärkelösung erst bei *B* gegen Ende der Titration zu, geübte Laboranten erkennen den Umschlag bei Titration *A* auch ohne Stärke.
2. In einem Gemisch aus reinen Chloridoxydlösungen und Chlorwasser ergaben die Titrationen *A* und *B* ebenfalls exakte Resultate.
3. In einem Gemisch von Chlor, Chlordioxyd und Natriumchlorit wurde bei *C* stets zu wenig (weniger als die Hälfte von *B*) verbraucht.

Tabelle 3

Beispiel zur Titration von Cl_2, ClO_2 und $NaClO_2$ nach Berndt *in Reaktionsgemischen von Chlordioxydanlagen*

10 m*l* Untersuchungslösung verbrauchten m*l* n/10 $Na_2S_2O_3$			
I	Titr. *A* 3,65	Titr. *B* 7,20	Titr. *C* 2,80
$NaClO_2 = C - (B - C) = -1{,}6$ m*l* n/10 $Na_2S_2O_3$			
II	Titr. *A* 4,55	Titr. *B* 5,65	Titr. *C* 2,40
$NaClO_2 = C - (B - C) = -0{,}85$ m*l* n/10 $Na_2S_2O_3$			

Auf Grund dieser unstimmigen Resultate — selbst bei Abwesenheit von Natriumchlorit hätte bei *C* die Hälfte von *B* gefunden werden müssen — wurde an einer reinen Chlordioxydlösung die Disproportionierung von ClO_2 nachgeprüft und dabei festgestellt, daß sie nach obiger Gleichung verläuft ($C = \frac{1}{2} B$), wenn die von Berndt angegebene Menge Natronlauge, und zwar 1 g/100 m*l* Titrationsflüssigkeit, angewandt wird, bei zu wenig Natronlauge, wie z. B. nach Haller [9] oder dem Degussa-Prospekt [10], wurde bei *C* bis zu 50% zu wenig titriert.

Die Disproportionierung des ClO_2 wurde alsdann bei Gegenwart von Natriumchlorit durchgeführt, wobei ebenfalls exakte Werte für *C* erhalten wurden, des-

[1]) Herstellung von reinem ClO_2 aus Ammonpersulfat und Natriumchlorit nach Heitche [8].

gleichen bei der Disproportionierung von ClO_2 neben Cl_2. Bei einer Mischung aller 3 Komponenten betrug *C* wiederum weniger als die Hälfte von *B*. Auf Grund der Vermutung, daß durch den Zusatz von KCN sich ein Teil des Chlordioxyds der Titration bei *C* entzieht, wurde die Methode dahingehend modifiziert, daß das freie Chlor nicht mit KCN in Chlorcyan übergeführt wird. Neben den Titrationen *A* und *B* wurden die Titrationen *D* und *E* eingeführt.

Titration *D*

10 m*l* der Reaktionslösung + 90 m*l* dest. Wasser werden nach Zugabe von 1 g KJ mit 5 m*l* konz. Phosphorsäure versetzt und mit n/10 Thiosulfatlösung — unter Zugabe von Stärkelösung gegen Ende der Titration — bis zum Umschlagspunkt titriert.
Erfaßt werden $^5/_5\ ClO_2 + NaClO_2 + Cl_2$.

Titration *E*

10 m*l* Reaktionslösung + 90 m*l* dest. Wasser werden mit 1 g NaOH (= 3,3 m*l* 30%ige NaOH) versetzt und dem Tageslicht so lange ausgesetzt, bis die gelbe Farbe des ClO_2 verschwunden ist.

Nach Zugabe von 1 g KJ wird mit 5 m*l* konz. Phosphorsäure angesäuert und — unter Zufügen von Stärkelösung gegen Ende der Titration — mit n/10 Thiosulfat bis zum Umschlag titriert.
Erfaßt werden $^2/_5\ ClO_2 + Cl_2 + NaClO_2$.

Die Titration *D* stellt eine Wiederholung der Titrationen *A* und *B* und somit für *B* eine Kontrollbestimmung dar, der Wert *A* + *B* liegt jedoch in der Regel auf Grund der doppelten Titration 0,1—0,2 m*l* höher als der Wert für *D*.

Verzichtet man auf die Titration *B*, so errechnet sich $B = D - A$.

Berechnung:

$$ClO_2 = 5\left(\frac{D - E}{3}\right)$$

$$NaClO_2 = B - 4\left(\frac{D - E}{3}\right)$$

$$Cl_2 = A - \frac{D - E}{3}$$

Diese modifizierte Methode wurde mit reinen Testlösungen durchgeführt und nach ihr exakte Werte für die einzelnen Komponenten gefunden. Auch bei den verschiedenen Untersuchungen der Lösungen aus den Mischgefäßen der Chlordioxydanlage konnte nunmehr genau der Gehalt des Reaktionsgemisches an ClO_2, Cl_2 und $NaClO_2$ berechnet werden; durch entsprechende Multiplikation mit der Wassermenge, die das Mischgefäß passiert, erhält man die Mengen in g/h.

Zum Schluß sei noch eine Methode der Bestimmung von Chlordioxyd und Chlor im behandelten Wasser angegeben, die für die Praxis hinreichend genaue Resultate ergibt.

Probe I

50 m*l* Untersuchungswasser oder bei höherem Gehalt 25 m*l* Untersuchungswasser und 25 m*l* dest. Wasser werden mit 1 m*l* o-Tolidinlösung[1]) versetzt und nach genau 10 min mit den bekannten Chlorvergleichslösungen verglichen.

Erfaßt werden Cl_2 (Chloramin, Unterchlorige Säure, Hypochlorit) + ClO_2.

Probe II

50 m*l* Untersuchungswasser werden mit 1 m*l* gesättigter Oxalsäurelösung versetzt, genau (!) nach ½ min Einwirkungszeit 1 m*l* o-Tolidin zugegeben und nach 10 min mit den bekannten Chlorvergleichslösungen verglichen.
Erfaßt wird ClO_2.

---

[1]) 1 g o-Tolidin wird in 900 m*l* siedendes dest. Wasser + 100 m*l* konz. HCl gegeben, nach kurzem Aufkochen wird abgekühlt und auf 1000 m*l* aufgefüllt.

Tabelle 4

Beispiel zur modifizierten Methode der Bestimmung von Cl_2, ClO_2 und $NaClO_2$

I. Testgemisch aus
ClO_2 entspr. 4,52 *ml* n/10 $Na_2S_2O_3$
$NaClO_2$ entspr. 1,50 *ml* n/10 $Na_2S_2O_3$
Cl_2 entspr. 1,92 *ml* n/10 $Na_2S_2O_3$

Titr. *A*	Titr. *B*	Titr. *D*	Titr. *E*
2,8	4,9	7,7	5,1

Berechnung:

$$ClO_2 = 5\left(\frac{D - E}{3}\right) = 4{,}33\ ml\ n/10\ Na_2S_2O_3$$

$$NaClO_2 = B - 4\left(\frac{D - E}{3}\right) = 1{,}44\ ml\ n/10\ Na_2S_2O_3$$

$$Cl_2 = A - \frac{D - E}{3} = 1{,}92\ ml\ n/10\ Na_2S_2O_3$$

II. Aus dem Mischgefäß einer Chlordioxydanlage 10 m*l* Untersuchungslösung verbrauchten m*l* n/10 $Na_2S_2O_3$

Titr. *A*	Titr. *B*	Titr. *D*	Titr. *E*
4,05	8,60	12,55	6,70

Berechnung:

ClO_2 = 9,75 m*l* = 1316 mg/*l*

$NaClO_2$ = 0,80 m*l* = 181 mg/*l*

Cl_2 = 2,10 m*l* = 745 mg/*l*

Die Zeiten müssen genau eingehalten werden. Eisen und Nitrit sowie organische Stoffe in größeren Mengen stören die Bestimmung in dem Maße, wie sie auch bei der Chlorbestimmung stören. Natriumchlorit wird nicht erfaßt.

Tabelle 5

Bestimmung von ClO_2- sowie Cl_2 und ClO_2 nebeneinander — in zehrungsfreiem Leitungswasser mit dem Tolidin- und dem Oxalsäuretolidintest

	zugesetzte Menge mg/*l*	gefundene Menge mg/*l*
ClO_2	0,20	0,18
ClO_2	0,27	0,27
ClO_2	0,30	0,28
Cl_2	0,12	0,11
+ ClO_2	0,14	0,12
Cl_2	0,25	0,22
+ ClO_2	0,27	0,26
Cl_2	0,36	0,40
+ ClO_2	0,41	0,40

Tabelle 5 gibt einen Überblick über die Nachprüfungen der Methoden mit reinen Testlösungen bzw. Testgemischen, die zu Wasser, das praktisch keine Chlorzehrung mehr besaß, gegeben wurden.

Tabelle 6

Bestimmung von ClO_2 in Wässern mit verschiedenen pH-Werten

zugesetzte Menge mg/*l* ClO_2	gefundene Menge mg/*l* ClO_2 im Wasser mit pH = 5,8 mg/*l* ClO_2	gefundene Menge mg/*l* ClO_2 im Wasser mit pH = 8,5 mg/*l* ClO_2
0,09	0,10	0,09
0,19	0,19	0,17
0,29	0,24	0,20
0,38	0,29	0,29
nach 44 Std. bestimmt:	0,26	0,22
nach 10 Tagen bestimmt:	0,24	0,20

In Tabelle 6 ist der Einfluß des pH-Wertes des Leitungswassers auf die ClO_2-Stabilität gezeigt. Es sollte bei diesen Bestimmungen festgestellt werden, ob in alkalisierten Leitungswässern eine Umwandlung des Chlordioxyds in Natriumchlorit, das nach unseren Nachprüfungen mit o-Tolidin keine Färbung ergibt, erfolgt. Wie aus den Untersuchungen hervorgeht, ist der Unterschied des ClO_2-Wertes des Wassers mit pH 5,8 zu den Werten im Wasser mit pH 8,5 gering. In unseren mit 0,5—1,0 mg/*l* Chlordioxyd behandelten Reinwässern wurden ca. 5 Std. nach der Probeentnahme im Werk noch 0,02—0,19 mg/*l* Cl_2 und 0,08 bis 0,15 mg/*l* ClO_2 festgestellt.

Literatur

[1] Göbel, F.: Die Explosionsfähigkeit gasförmigen Chlordioxyds unter besonderer Berücksichtigung seiner technischen Handhabung. Dissertation der TU zu Dresden, 1961

[2] Patentschrift Nr. 881779: (BR) (1950), Verfahren zum Verbessern des Geschmacks und Geruchs von verunreinigtem, insbesondere gechlortem Wasser

[3] Jaegers, K.: Chlordioxyd in der Wasserbehandlung, eine Materialsammlung. Städtehygiene **5** (1953), S. 131

[4] Widemann, O.: 4 Jahre praktische Erfahrung mit Chlordioxyd. Jb. Vom Wasser, Weinheim, **24** (1957), S. 50

[5] Fröhler: Für die Wasserreinigung: Herstellung von Chlordioxyd aus Natriumchlorit. Teil I: Wasser, Luft u. Betrieb (1961), H. 8, S. 332, Teil II: Wasser, Luft u. Betrieb (1961), H. 9, S. 380

[6] Hollùta, J. und J. Talsky: Über die chromatographische Bestimmung organischer Inhaltsstoffe natürlicher Wasser. Jb. Vom Wasser, Weinheim, **22** (1955), S. 212

[7] Berndt, H.: Untersuchungsmethoden zur Bestimmung von ClO_2, $NaClO_2$ und Cl_2. Städtehygiene **11** (1960), S. 224

[8] Hettche, H. O.: Die Bestimmung von Chlordioxyd im Wasser. Z. Hyg. Inf.-Kr. **138** (1953, S. 94

[9] Haller, J. F. und S. S. Listek: Determination of Chlorine Dioxide and Other Active Chlorine Compunds in Water. Anal. Chem. **20** (1948), H. 7, S. 639

[10] Natriumchlorit zur Trinkwasserbehandlung, Degussa-Prospekt

V. Komendová, B. Drábek

Wasserwirtschaftliches Forschungsinstitut, Brno

Physikalisch-chemische Eigenschaften der Schlämme

Zusammenfassung: Die Bestimmung der physikalisch-chemischen Schlammeigenschaften, besonders die Größe der Änderungen und die Zeitdauer der einzelnen Erscheinungen ist bei jedem Schlamm (insbesondere in der Klärtechnik) sehr verschieden und es ist nicht möglich, sie praktisch durch irgendeine einfache Gesetzmäßigkeit in Zusammenhang zu binden. Dies gilt besonders bei jenen Suspensionen, die zu den viskos-plastischen Bingham-Flüssigkeiten gehören, die sich zuerst wie thixotrope Stoffe benehmen, dann wie rheopexive Stoffe. Diese Änderungen werden durch ungleichförmiges Verhalten bei Strömung hervorgerufen, deren Feststellung zwar schwierig, aber sehr wichtig zur Beurteilung der endgültigen Bearbeitungsmöglichkeit des gegebenen Schlamms ist.

Wenn man die gemessenen rheologischen, kolloidalen und physikalisch-chemischen Werte bei beiden Schlammarten (organischer und anorganischer) vergleicht, kann man voraussetzen, daß durch Ausarbeitung und Vertiefung des Studiums dieser Eigenschaften wichtige Kriterien gefunden werden, denen nach es möglich sein wird, auf Grund einer einheitlichen Methodik, die einzelnen Schlammarten mit Hinblick auf ihre weitere Verarbeitung (z. B. bei der Wahl geeigneter Pumpen, Absetzbecken usw.) zu beurteilen. Der gegenseitige Zusammenhang zwischen den angeführten Einflüssen bei der Feststellung der Schlammeigenschaften wird vor allem der Gegenstand unserer weiteren Forschung sein.

Die Feststellung physikalisch-chemischer Eigenschaften von Schlämmen ist neben der mechanischen Bearbeitung auch von großer Bedeutung für den Transport, für die Strömung und Mischung der Schlammes. In der ČSSR existieren vom chemischen und physikalischen Standpunkt aus bisher keine laufend angewendeten analytischen Einheitsmethoden für die Schlammanalyse.

Ein wichtiger Faktor, der auf die Fließeigenschaften der Schlämme einen Einfluß hat, ist die im Schlamm enthaltene Wassermenge. Wenn der Wassergehalt im Schlamm etwa 75% beträgt, sprechen wir vom Fließschlamm, der getrocknete Schlamm enthält noch immer 55—60 Gewichts% Wasser, das sich nahezu nicht mehr aus dem Schlamm entfernen läßt. Das ist das sogenannte „gebundene Wasser", dessen Verhältnis zum freien Wasser ein weiteres wichtiges Kriterium für die Schlammeigenschaften und ihre Bearbeitungsmöglichkeit ist. Dieses Verhältnis ist bei jedem Schlamm anders. Am meisten binden Wasser lyophile Kolloide (z. B. Eiweißstoffe) und zwar in den Kapillaren der Kolloidpartikeln. Je größer die Menge dieses gebundenen Wassers im Verhältnis zum freien Wasser ist, um so schlechter fließt der Schlamm, was auch direkt mit dem Gehalt der im Schlamm enthaltenen feinen Kolloidpartikeln zusammenhängt.

Der Gehalt an Stoffen feiner und grober Struktur im Schlamm beeinflußt ferner sein spezifisches Gewicht, das ein weiteres Kriterium bei der Schlammbewertung darstellt. Dieser Wert bewegt sich beim Schlamm im Bereich von 1,02 – 1,05 g/cm³ (für 80 – 90 Gewichts% Wassergehalt im Klärschlamm).

Die Möglichkeit der Schlammbewertung vom physikalisch-chemischen Gesichtspunkt wird besonders durch die theoretische Rheologie gegeben, die aus den Grundeigenschaften der Masse, z. B. der Elastizität, Plastizität, Viskosität oder Geschmeidigkeit hervorgeht. Indem diese Eigenschaften kombiniert werden, werden die Beziehungen zwischen der inneren Reibung, Viskosität oder Deformation einer bestimmten Suspension bewertet.

Die Viskosität ist bei der Flüssigkeitsströmung dem gesamten inneren Widerstand proportional und wird bei normalen Flüssigkeiten durch das Newtonsche Gesetz definiert

$$\tau = -\eta \frac{dv}{dn}, \qquad (1)$$

Der innere Reibungswert τ ist immer dem Geschwindigkeitsgradienten proportional Wir sprechen dann von NEWTONschen Flüssigkeiten, die schon bei der geringsten Vorschubspannung (Schubspannung) zu fließen beginnen. Die Strömung dieser Flüssigkeiten ist stetig; es ist ein klassisches Beispiel praktischer Rheologie.

Einen speziellen Fall der praktischen Rheologie bildet jene Flüssigkeitsgruppe, in deren Strömungskontinuierlichkeit bestimmte Sprünge auftreten. Wir nennen sie allgemein nicht-NEWTONsche Flüssigkeiten, bei denen die Abhängigkeit der inneren Reibung nicht proportional zu dem Geschwindigkeitsgradienten, sondern durch eine komplizierte Funktion gegeben ist. In der praktischen Rheologie zeichnen sie sich dadurch aus, daß sie eine bestimmte Stärke benötigen, um in Bewegung gesetzt zu werden und diese Stärke wird durch einen bestimmten Wert, die sogenannte Schubspannung bestimmt. Die Abhängigkeit ihrer inneren Spannung wird durch die BINGHAMsche Gleichung

$$\tau = -\eta \frac{dv}{dn} + \vartheta \qquad (2)$$

ausgedrückt. Flüssigkeiten, die dieser Gleichung entsprechen, nennen wir viskosplastische Binghamstoffe.

Zwei wichtige Faktoren der praktischen Rheologie sind: innere Reibung und Viskosität der Suspensionen. Die Größe dieser beiden Faktoren und ihre gegenseitige Beziehung werden bestimmt durch

1. die Menge und Größe der Feststoffe in der Suspension, ihre Dispersion, Form und Oberflächenrauheit
2. Die Wassermenge in der Suspension
3. den Hydratations- und Hydrolysen-Grad der in der Suspension enthaltenen Salze
4. die Temperatur
5. den Gehalt an Expansivbestandteilen (Lehme)

Einige viskos-plastische Binghamstoffe haben Eigenschaften, die sie zu den speziellen Fällen der praktischen Rheologie reihen Diese Eigenschaften sind

a) Thixotropie – Die Suspension ist im Ruhestand kohäsiv, in Bewegung flüssig;
b) Dilatation – Die Suspension hat im Ruhestand einen flüssigen Charakter und bei Bewegung erstarrt sie;
c) Rheopexie – Die Suspensionspartikeln lagern sich besser bei Bewegung in die feste Masse ein als im Ruhestand.

Die thixotropen Eigenschaften der Schlämme sind hauptsächlich durch die innere Änderung des Zustandes der Kolloidsysteme bedingt; sie sind daher direkt abhängig von dem Kolloidgehalt, hauptsächlich von den lyophilen Stoffen, die immer in allen Schlammarten enthalten sind. Bei diesen Schlämmen erhalten wir immer höhere Viskositätswerte bei geringeren Fließgeschwindigkeiten. Die Viskosität nennen wir Struktur-Viskosität im Gegensatz zum normalen Schlamm, bei dem die Viskosität um so kleiner ist, je größer die Fließgeschwindigkeit ist (je größer der Überdruck ist). Struktur-Viskosität weisen jene Sole auf, deren Bestandteile länglich sind und sich leicht deformieren, z. B. beim Schütteln, Schöpfen oder anderen mechanischen Eingriffen. Die ursprünglichen Schlammeigenschaften ändern sich durch die Strukturänderung der Kolloide nicht. (Übergang von Sol auf Gel.)

Die Fähigkeit, die gestörte Innenstruktur (Thiotropie) zu erneuern, ist wahrscheinlich durch Anziehungskräfte zwischen den einzelnen Partikeln gegeben. Durch einen mechanischen Eingriff wird eine bestimmte Arbeit gegen die erwähnten Anziehungskräfte ausgeführt, wodurch ihre Innenstruktur gestört wird. Darum ist diese Eigenschaft der Schlämme sehr entscheidend im Hinblick auf die Möglichkeiten ihrer weiteren Bearbeitung. Beim Transport dieser Schlämme, beziehungsweise bei ihrer Mischung ist mehr Arbeit nötig, die zu der aufgewandten Energie proportional ist. Diese Eigenschaft haben Fe_2O_3-Hydrosole, ferner alle gallertartigen und breiartigen Formen (auch grobe Strukturen), wie Erdsuspensionen (Schlämme aus Erzaufbereitung usä.), von organischen Stoffen sind es Gelatine, Eiweißstoffe (organische Schlämme eiweißartigen Charakters z. B. Schlachthausschlämme), ferner Woll- und Baumwollfasern, die fähig sind, Wasser zurück zu nehmen.

Ein Beispiel der spontanen inneren Änderungen der Kolloidsysteme dieser Schlämme ist das Sedimentationsgleichgewicht, das Altern der Schlämme (Syneresis), bei dem der Dispersionsgrad der Kolloidpartikel direkt proportional zur Verminderung der Totaloberfläche kleiner wird. Bei diesen Vorgängen ändern sich auch die Viskositätswerte, die chemische Zusammensetzung des Flüssigkeitsmilieus usä., (im Schlamm zeigen sich größere Mengen von freiem Wasser).

Ein nicht weniger wichtiger Faktor, der die physikalischen Schlammeigenschaften, besonders ihre Viskosität beeinflußt, ist die Temperatur. Erhöhung der Temperatur erniedrigt die Viskosität der Schlämme und der Schlamm wird flüssiger. (Bei Erhitzung von 5 auf 30 °C sinkt die Viskosität der Schlämme beiläufig um die Hälfte.)

Es scheint, daß auf die Fließeigenschaften der Schlämme auch der pH-Wert eine Wirkung ausübt. Aus Erfahrung ist bekannt, daß sauer-faulender Schlamm weniger flüssig wird. Die Ursache hierfür ist wahrscheinlich die Fähigkeit des Schlammes Wasser im sauren Milieu zu binden.

Die Methodik der Messung physikalisch-chemischer Schlammeigenschaften

Beim Studium der physikalisch-chemischen Schlammeigenschaften verfolgten wir vor allem rheologische und kolloidale Schlammeigenschaften.

a) Viskositätsbestimmung

Um eine geeignete Methodik zur Messung vorschlagen zu können, gingen wir von der Voraussetzung aus, daß die Schlämme (besonders Klärschlämme) den in der Binghamschen Gleichung ausgedrückten Gesetzmäßigkeiten unterliegen, d. h. daß sie in ihrem Charakter den Fließeigenschaften der viskosplastischen Bingham-Flüssigkeiten entsprechen werden. Hier ist es nötig zu erläutern, daß bei Flüssigkeiten dieser Art ihre Rheologie nicht durch eine Konstante (wie es der Fall bei Newtonschen Flüssigkeiten ist), sondern durch zwei Konstanten ausgedrückt werden muß. Für die Meßmethodik ist notwendig sich klar zu machen, daß in der Absicht diese Lösungen nur durch eine Konstante auszudrücken, der gemessene Wert nur eine bestimmte Funktion der beiden Konstanten und abhängig von der Art der Messung wäre. Z. B. bei der Bestimmung der Viskosität der Suspensionen mittels eines Durchfluß-Viskosimeters ist es nicht möglich, genaue Werte bei konstanter und definierter Schubspannung zu erzielen; das gemessene Ergebnis ist hier ein Integral über eine ganze Reihe von Tangentialspannungswerten von Null bis zu einem gewissen Maximum. Korrekte Ergebnisse zeigen diese Viskosimetertypen nur bei Newtonschen Flüssigkeiten oder bei solchen, die den Newtonschen Flüssigkeiten genügend ähnlich sind. Einen so bei nicht-Newtonschen Flüssigkeiten bestimmten Wert können wir nur als „scheinbare Viskosität" bezeichnen und zum gegenseitigen Vergleich müssen wir nur auf gleiche Art und auf gleichen Geräten unter konstanter definierter Tangentialspannung erhaltene Werte benützen.

Für eine genauere Bestimmung eignen sich besser Rotations-Viskosimeter. Die Messung führten wir mit einem Rotation-Viskosimeter der Marke EMILA durch, bei dem die Reibungsgröße, beziehungsweise die Schubspannung der Schlämme, im zylinderförmigen Hohlraum zwischen der rotierenden Walze und dem Walzenmantel des Durchfluß-Thermostats entsteht. Die Viskosität bestimmen wir in Poise ausgedrückt in $g \cdot cm^{-1} \cdot sec^{-1}$. Es ist die sogenannte dynamische Viskosität. In der Praxis verwenden wir 100× kleinere Einheiten, sogenannte Centipoise, *cP*.

b) Schubspannung-Bestimmung

Die Schubspannung charakterisiert die Größe der inneren Reibung, die überwunden werden muß, damit die Strömung der plastischen Flüssigkeit entstehen kann. Sie repräsentiert eigentlich den konstanten Bestandteil der inneren Reibung der plastischen Flüssigkeit bei ihrer Bewegung. Sie wird in g/cm^2 oder in mg/cm^2 angegeben.

Das Prinzip der Schubspannungsmessung besteht in der Bestimmung der Größe des Torsionsmomentes des Hängdrahtes, das zu dem Spannungswert der von der Schlammsuspension geführten Walze proportional ist. Die Messung wurde mit einem SNS-2 Gerätetyp durchgeführt. Dies ist ein Rotationsviskosimeter mit langsamen Umdrehungen, der die Bestimmung der Schubspannung mittels einer statischen Methode ermöglicht.

c) Thixotropie-Bestimmung

Die Thixotropie haben wir mit einem SNS-2 Viskosimeter gemessen, der bei der Bestimmung der Schubspannung beschrieben wurde. Ihren Wert haben wir durch zweifache Messung der Schubspannung bestimmt und zwar vorläufig im Intervall von einer und 10 Minuten. Der Unterschied der Meßwerte gab die Größe der Thixotropie in mg/cm^2 an.

d) Bestimmung der rheologischen Kurven

Die rheologischen Kurven haben wir mit einem ARV Rotations-Viskosimeter bestimmt. Dieses Gerät wurde in der Abteilung für Bohr- und Spültechnik in der Anstalt für Naphtaforschung in Brno entwickelt. Es dient zur Bestimmung der Charakteristik rheologischer Kurven und der Hysteresis von Dispersionssystemen. Es ermöglicht die Messung der Viskosität und Schubspannung von Newtonschen, strukturalen und Binghamschen Flüssigkeiten mit wachsender Anzahl von Umdrehungen der Rotationswalze von 0 bis 600 U/min. Das Prinzip dieses Gerätes besteht darin, daß das Torsionsmoment des Meßgefäßes, das von der rotierenden Walze mitgerissen wird, bei laufend veränderlichen Umdrehungen von 0 bis 600 U/min, mittels des elektrischen Stromes im Rotor des kurzgeschlossenen Induktionsmotors gemessen wird, wobei die Spannung des elektrischen Stromes proportional zu den Umdrehungen des Triebmotors ist. Bei dieser Messung erhält man gleichzeitig ein Rheogramm, d. i. die Aufzeichnung der Schubspannung der gemessenen Schlammsuspension in bezug auf den Geschwindigkeitsgradient.

e) Bestimmung der Kolloideigenschaften des Schlammes

Diese Bestimmung ist neben den rheologischen Eigenschaften ein sehr wichtiges Kriterium für die Schlammbeurteilung. Die Kolloideigenschaften des Schlammes werden hauptsächlich durch den Dispergationsgrad der Suspensionsstoffe gegeben. Bei der Wahl einer geeigneten Messung muß man vom Prinzip eines solchen Verfahrens ausgehen, das für jedwede Art von Schlamm geeignet wäre und gegenseitig vergleichbare Werte angeben könnte.

Als sehr geeignetes Verfahren scheint die Messung des abgefilterten Wassers in der Suspension, das durch Überdruck oder Vakuum in Einheitszeit freigegeben wird.

Die freigegebene Wassermenge ist um so größer, je höher das spezifische Gewicht ist, je weniger Kolloidpartikeln enthalten sind und je größer die Mineralsalzkonzentration ist.

Bei dieser Bestimmung der Kolloideigenschaften der Schlämme auf Grund der gefilterten Wassermenge bewährte sich das VM-6 Filtergerät, das aus einer Druckwalze, einem Filterkolben und einer Kammer besteht. Die Filterwalze hat einen Maßstab in dem die freigegebene Wassermenge aus der Suspension in Einheitszeit in ml abgelesen werden kann.

f) Bestimmung der Sedimentationsfähigkeit

Eine weitere wichtige Bestimmung ist die Feststellung der Sedimentationsfähigkeit der Schlämme. Das bisher verwendete Verfahren der Feststellung der Sedimentationskurven nach Imhoff eignet sich nicht, besonders bei Schlammsuspensionen mit sehr feiner Struktur oder beim kolloiden Zustand der Suspension. Der Sedimentationsfähigkeit nach ist es ferner möglich, die Thixotropie einiger Schlammarten zu beurteilen. Die Thixotropie hemmt das Absetzen sogar grob dispersierter Partikel. Thixotroper Schlamm sedimentiert nicht oder nur sehr schwer. Daraus geht hervor, daß bei weiterer Schlammverarbeitung in der Klärtechnik, z. B. beim Entwurf von Sedimentationsbecken, die ermittelte Thixotropie, beziehungsweise die genaue Feststellung der Sedimentationsfähigkeit ein sehr wichtiger Faktor ist. Grobe Dispersionspartikel von Schlammsuspensionen sinken rasch zum Boden, wenn die Schlammsuspension eine niedere oder Null-Thixotropie aufweist. Daraus folgt die offenbare Möglichkeit einer einheitlichen Beurteilung der Schlammeigenschaften ohne Rücksicht auf ihren Charakter (organischer Schlamm, anorganischer Schlamm).

Wichtig ist auch die Rolle der nicht sedimentierenden Partikel, dessen Feststellung der Gegenstand eines weiteren Studiums für die einheitliche Bestimmungsmethodik dieser wichtigen Schlammeigenschaften sein sollte.

Von weiteren Verfahren der Bestimmung von Schlammeigenschaften käme in Frage die Feststellung des Sandgehaltes (z. B. im Lysenkov-Zylinder), was ein weiteres Kriterium zum Entwurf von geeigneten Pumpen wäre. Ferner das spezifische Gewicht, der pH-Wert, neben der Bestimmung des Ausfaulungsgrades (besonders bei organischem Schlamm).

Experimenteller Teil — rheologische und kolloide Eigenschaften des organischen und anorganischen Schlammes

Zum experimentellen Studium der angeführten Eigenschaften verwendeten wir die soeben beschriebene Methodik. Es wurden Klärschlammproben aus Kanalisationskläranlagen, aus Schlachthöfen und anorganische Schlammproben (typisch thixotroper Lehm) in Arbeit genommen.

Die bei den Bestimmungen rheologischer, kolloider und physikalisch-chemischer Schlammeigenschaften erzielten Werte sind in der Tabelle angeführt. Den in Intervallen von 1 und 10 Minuten gemessenen Schubspannungswerten nach wurde auf die thixotropen Eigenschaften geschlossen, was auch der Verlauf der in den Rheogrammen angeführten rheologischen Kurven bestätigt (Abb. 1 bis 5).

Auf Rheogramm Nr. 1 ist der Verlauf der rheologischen Eigenschaften des Rohschlammes, der keine thixotropen Eigenschaften aufweist (der gemessene Thixotropiewert = 0) und zu viskos-plastischen Flüssigkeiten gehört, eingezeichnet.

Rheogram Nr. 2 zeigt den Verlauf der rheologischen Kurve teilweise ausgefaulten Schlammes, der den Charakter eines viskos-plastischen Bingham-Stoffes mit großen thixotropen Eigenschaften hat. Dieser Schlamm war sehr dicht (Wassergehalt 81,2 Gewichts%) und schwer schöpfbar. Der gemessene Thixotropiewert war hoch und zwar 15,98 mg/cm^2

Tabelle 1

Nr.	Entnahmestelle	Schlammart	spez. Gew. g/cm³	Sand in Vol. %	Wassergehalt in %	Viskosität cP (EMILA)	Schubspannung mg/cm²		Thixotrope mg/cm	Druckfiltration in ml
							ϑ_1	ϑ_{10}		
	Organische Schlämme									
1	Roztoky bei Prag	roh (aus Dorr)	1,0	1,0	97,1	6,0	6,39	6,39	0	9,0
2	Lískovec bei Brno	teilweise ausgefault	—	6,0	81,2	44,0	166,24	182,22	15,98	7,0
3	Modřice-Kläranlage	ausgefault	—	1,0	97,4	9,0	25,57	31,97	6,40	19,0
4	dettoв	ausgefault	—	3,0	92,3	6,0	9,59	9,59	0	44,0
5	Teplice-Schlachthaus	ausgefault	1,0	2,5	96,6	4,0	3,19	6,39	3,20	15,0
	Anorganische Schlämme									
6	Braňany-er Bentonit	Suspension 5%	1,03	—	—	4,0	0	9,59	9,59	10,0
7	detto	Suspension 10%	1,07	—	—	10,0	38,36	60,74	22,38	8,0
8	detto	Suspension 15%	1,10	—	—	15,0	111,89	147,00	35,11	5,0

Abb. A: Automatisches Rotations-Viskosimeter

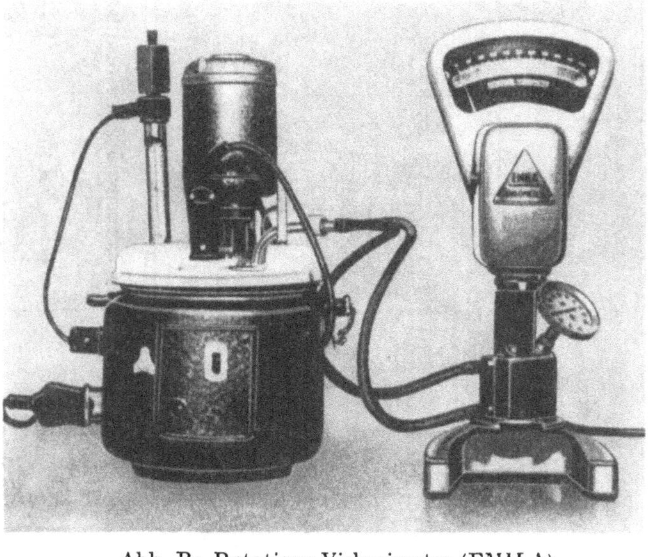

Abb. B: Rotations-Viskosimeter (EMILA)

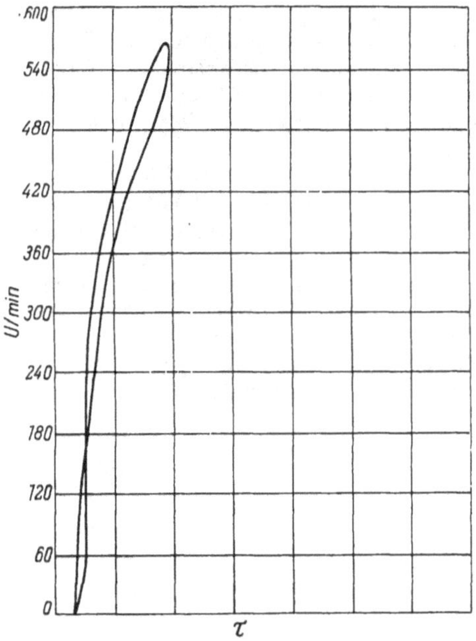

Abb. 1: Rheologische Eigenschaften des Rohschlammes
(Thixotropie = 0 mg/cm²)

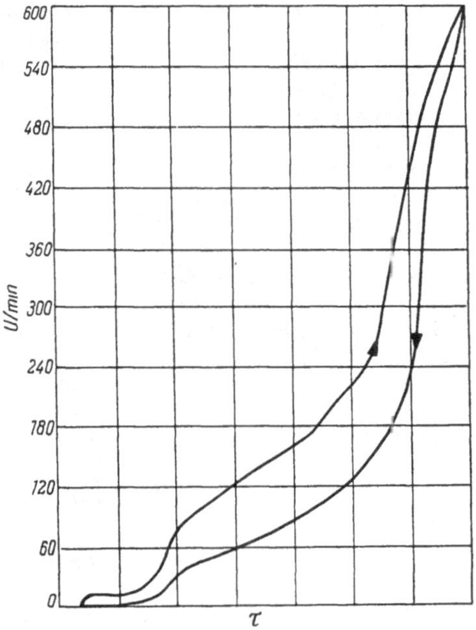

Abb. 2: Rheologische Kurve teilweise ausgefaulten Schlammes
(Thixotropie = 15,98 mg/cm²)

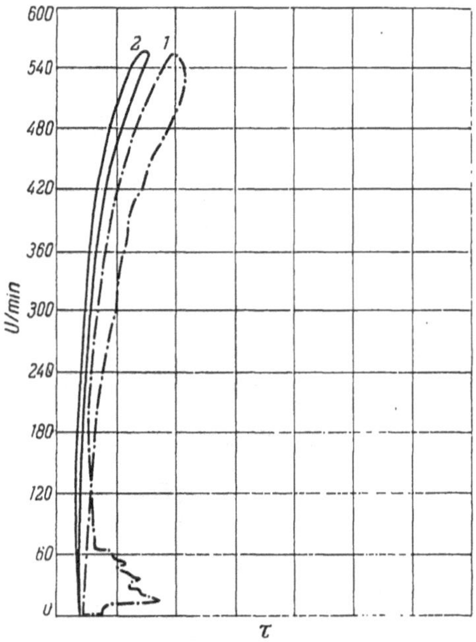

Abb. 3: Rheologische Kurve ausgefaulten Schlammes
1 — (Thixotropie = 6,40 mg/cm²)
2 — (Thixotropie = 0 mg/cm²)

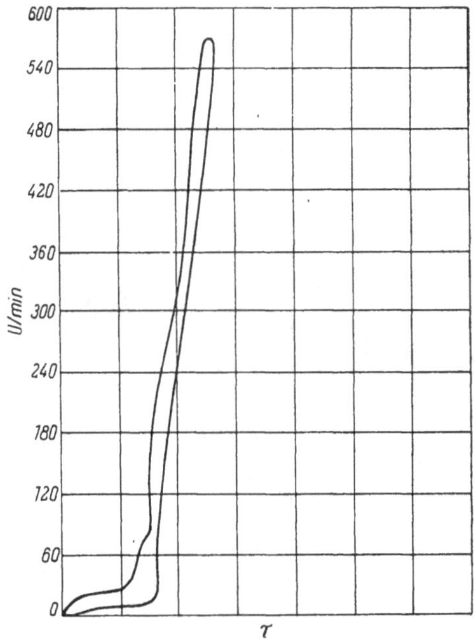

Abb. 4: Eiweißstoff-Schlamm aus Schlachthof-Kläranlagen
(Thixotropie = 3,20 mg/cm²)

Auf Rheogramm Nr. 3 sind die rheologischen Kurven des ausgefaulten Schlamms angeführt, wobei die Kurve 1 den Schlamm mit thixotropen Eigenschaften (gemessener Thixotropiewert 6,40 mg/cm²) repräsentiert, Kurve 2 ist Schlamm ohne thixotropische Eigenschaften (Thixotropie 0 mg/cm²). Die Wassermenge bei der Druckfiltration war beim Schlamm ohne thixotrope Eigenschaften 44,0 m*l*, beim Schlamm mit Thixotropie nur 19,0 m*l*.

Auf Rheogramm Nr. 4 wird der Eiweißstoff-Schlamm aus Schlachthof-Kläranlagen (Wassergehalt 96,6%) mit thixotropen Eigenschaften (Thixotropie 3,20 mg/cm²) gezeigt.

Rheogramm Nr. 5 (Kurven 1, 2, 3) zeigt anorganische Schlämme, typisch thixotrope Lehme.

Allen diesen Schlammarten können Eigenschaften viskoplastischer Bingham-Flüssigkeiten zugeschrieben werden; aus den in der Meßmethodik beschriebenen und bei den einzelnen Schlammproben gemessenen viskometrischen Werten gingen weiterhin die grundsätzlichen Abhängigkeiten von dem Wassergehalt hervor. Besonders ihre thixotropischen Eigenschaften machen sich mit wachsender Dichte der Schlämme bemerkbar.

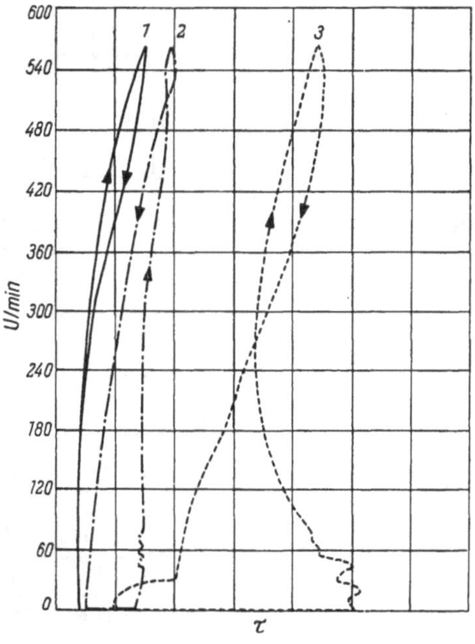

Abb. 5: Thixotroper Lehm

1 – Lehm – 5 Gew.% (Thixotropie = 9,59 mg/cm²)
2 – Lehm – 10 Gew.% (Thixotropie = 22,38 mg/cm²)
3 – Lehm – 15 Gew.% (Thixotropie = 35,11 mg/cm²)

R. Tümmler, P. G. Reitnauer

Forschungsinstitut Manfred von Ardenne, Dresden — Weißer Hirsch

Ein Gerät zur elektro-chemischen Sauerstoffmessung in Flüssigkeiten und Gasen mit membranbedeckten Elektroden

Zusammenfassung: Membranbedeckte Elektroden haben den Vorteil, daß sie nicht direkt mit der Meßlösung in Berührung kommen. Dadurch werden Störungen vermieden, die besonders bei Messungen in kolloidalen oder stark verunreinigten Lösungen auftreten können. Mit einer solchen Anordnung kann sowohl in Flüssigkeiten als auch in Gasen gemessen werden. Zur Sauerstoffmessung werden in diesem Falle modifizierte „Clark-Elektroden" verwendet. Die Einflüsse der verschiedenen Parameter auf den Meßwert wurden untersucht und die Ergebnisse zum Bau eines Sauerstoffanalysators verwertet. Das Gerät kann mit Makro- und Mikromeßkette betrieben werden und ist für den Temperaturbereich von 0—45 °C mit einer manuellen Temperaturkompensation ausgerüstet. Im Meßbereich von 0—1500 Torr Sauerstoffpartialdruck verlaufen die Eichkurven linear. Die Meßkette arbeitet über mehrere Monate wartungsfrei. Die Meßgenauigkeit liegt bei $\pm 2\%$.

Einleitung

Auf den verschiedensten Gebieten in Wissenschaft und Technik besteht das Problem der O_2-Messung. Entsprechend groß ist die Zahl der Veröffentlichungen, die sich mit diesem Thema befassen. Aus der Vielzahl der Arbeiten können nur einige angegeben werden [1—8]. Beim Studium der Literatur stellt man — wie auch auf anderen Gebieten der Analytik — die immer häufigere Anwendung elektrochemischer Analysen-Methoden fest. Bei allen diesen Verfahren muß die Messung in wäßriger Lösung vorgenommen werden. Die verwendeten Elektrodensysteme — zumindest die Indikatorelektroden — tauchen dabei direkt in die Lösung ein, deren O_2-Gehalt bestimmt werden soll. Diese Meßverfahren werden gestört oder versagen ganz, sobald in kolloiden Lösungen gemessen werden muß bzw. bei Anwesenheit von Stoffen, die elektrochemisch an der Elektrode wirksam werden.

Wir standen vor der Aufgabe, den O_2-Gehalt im Blut in vivo, kontinuierlich über größere Zeiträume, unter physiologisch einwandfreien Bedingungen zu messen. Da auch in Verbindung mit einer HL-Maschine bei Hypothermie-Operationen gearbeitet werden sollte, ergab sich die Notwendigkeit, den Temperaturbereich 0—40 °C zu erfassen.

Eine genaue Überprüfung sämtlicher prinzipiell möglicher Meßverfahren führte zu dem Ergebnis, daß nur eine membranbedeckte Elektrodenanordnung, wie sie zuerst 1953 von Clark beschrieben wurde [9], die geforderten Bedingungen in vollem Umfang erfüllt. Das Grundprinzip besteht darin, daß es Kunststoff-Folien gibt, die eine recht gute O_2-Durchlässigkeit besitzen [10]. Eine solche Membran, zwischen die zu untersuchende Lösung und das Elektrodensystem mit dem Leitelektrolyt gebracht, trennt beide — bis auf die Gasdurchlässigkeit — vollständig ab. Weder Lösungsmittel noch gelöste Stoffe können an die Indikatorelektrode gelangen und Störungen hervorrufen. Die trennende Membran ermöglicht auch die Messung in Gasen.

Das von uns entwickelte O_2-Meßgerät mit Makro- und Mikromeßkette läßt sich bei Temperaturen von 0—40 °C über einen weiten Konzentrationsbereich verwenden.

Meßprinzip und Aufbau der Meßkette

Die Meßkette besteht aus einer polarisierbaren Indikator-Elektrode und einer nicht polarisierbaren Gegenelektrode. An diese Elektroden wird eine geeignete Polarisationsspannung angelegt, die so gewählt werden muß, daß sie nicht zur elektrolytischen Zersetzung des Leitelektrolyten, wohl aber zur kathodischen Reduktion des O_2 ausreicht, d. h. in der Meßkette fließt erst dann ein Strom, wenn O_2 zugegen ist. CLARK hatte ursprünglich nur die Indikatorelektrode durch eine Membran von der Meßlösung abgetrennt. Später ging man dazu über, auch die Gegenelektrode mit hinter der Membran unterzubringen. Bei geeigneter Wahl von Gegenelektrode und Leitelektrolyt läßt sich das Meßsystem sehr einfach als Stabmeßkette konstruieren. An der Stirnseite eines Plexiglasstabes ist die Pt-Kathode von 7 mm Durchmesser mit Epoxyharz eingekittet. Einige mm oberhalb der Kathode verringert sich der Durchmesser des Stabes über eine Länge von 30 mm. In diesem Teil sitzt die zylindrische Ag/Ag_2O-Anode. Der Elektrodenstab wird in eine Hülse eingeschraubt, die als Elektrolyt 25%ige Kalilauge enthält, und die unten mit der Membran verschlossen ist. Das Ganze wird durch eine V2A-Hülse gegen mechanische und chemische Einflüsse weitgehend geschützt.

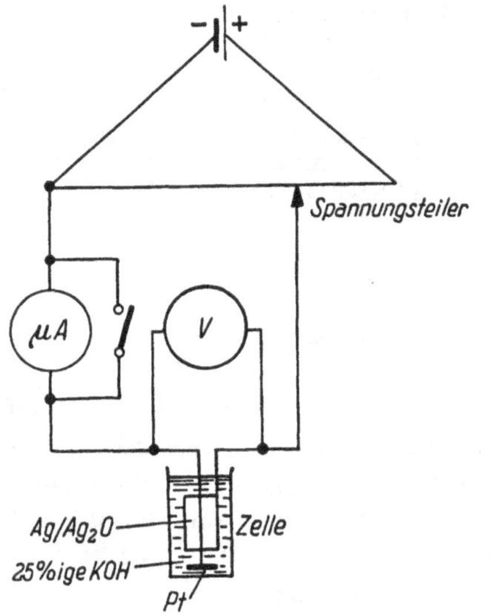

Abb. 1: Prinzipschaltbild der O_2-Membranmeßkette

Fast alle Kunststoffmembranen sind bis zu einem gewissen Grad für O_2 durchlässig. Eine besonders hohe Gasdurchlässigkeit weisen Teflon und HD-Polyäthlyen ($\varrho = 0{,}92$) auf. Im vorliegenden Falle wurde nur Polyäthylenfolie verwendet. Gleichstarke Folien verschiedener Hersteller zeigten keine wesentlichen Einflüsse auf den Meßwert. Die Dicke der Folien liegt zwischen 20—50 μm. Bei geringerer Stärke sind sie mechanisch nicht mehr fest genug und bei zu großen Stärken wird der Meßwert reduziert und die Ansprechzeit der Meßkette vergrößert.

Die von TÖDT [1] zur O_2-Messung in großem Umfang verwendeten „Korrosionselemente" stellen Elektrodenkombinationen dar, die auf Grund ihrer EMK keine

Hilfsspannung benötigen. Eine solche Kombination wurde als Membranmeßkette ausgeführt (Au-Kathode, Zn-Anode, NH_4Cl-Lösung) und konnte erfolgreich erprobt werden. Inzwischen wurde von WEISBART und RUKA über eine ähnliche Meßkette berichtet, die in USA zum Patent angemeldet ist und bereits produziert wird. Eine solche Anordnung besticht durch ihre Einfachheit, denn sie besteht nur aus Meßkette und Meßinstrument.

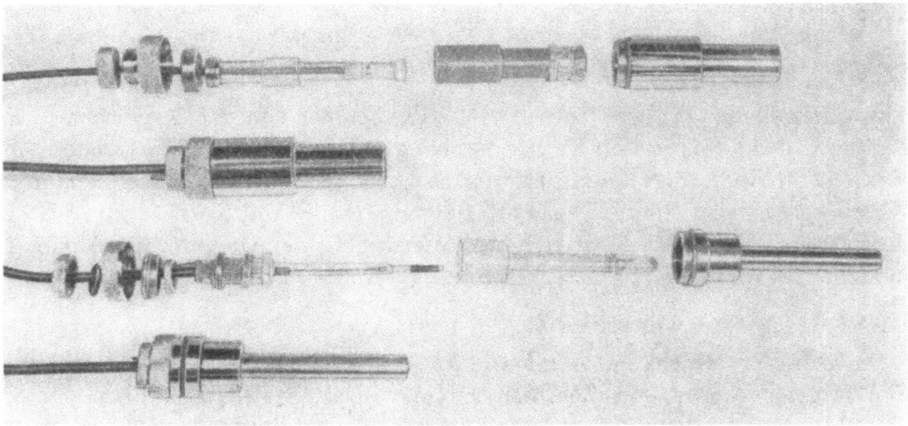

Abb. 2: Aufbau der Makro- und Mikromeßkette

Der Meßvorgang

Zum besseren Verständnis der Eigenschaften vorliegender Meßkette sei auf die Vorgänge hingewiesen, die sich bei der O_2-Messung mit membranbedeckten Elektroden abspielen, welche Größe dabei gemessen wird und welcher Zusammenhang zwischen Meßwert und O_2-Konzentration besteht.

Im Prinzip wird der Diffusionsgrenzstrom des O_2 in der Elektrolytschicht hinter der Membran gemessen. Aus thermodynamischen Gründen entspricht die O_2-Konzentration c_{O_2}, die sich im stationären Gleichgewicht in der Elektrolytschicht einstellt, dem Partialdruck p_{O_2}, mit dem die Meßlösung im Gleichgewicht steht. Die Löslichkeit des O_2 in der Meßlösung geht nicht in den Meßwert ein. Daraus ergibt sich die wichtige Schlußfolgerung:

Bei gleichem p_{O_2} ergibt sich für alle Meßlösungen, unabhängig von deren O_2-Löslichkeit, mit der Membran-Meßkette stets der gleiche Meßwert. Man erfaßt also nicht die Konzentration direkt, sondern den ihr nach dem HENRYschen Gesetz proportionalen Partialdruck p_{O_2}. Wenn für das jeweilige Meßmedium ein Wertepaar $p_{O_2} - c_{O_2}$ unter den vorliegenden Versuchsbedingungen bekannt ist, kann die Abszisse der Eichkurve in das Konzentrationsmaß übertragen werden.

Einflüsse auf den Diffusionsgrenzstrom

Für die Entwicklung des O_2-Meßgerätes, das aus Meßkette und Bedienungsteil besteht, war es erforderlich, die wesentlichen Einflüsse auf den Diffusionsgrenzstrom i_D zu erfassen und beim Bau zu berücksichtigen. Man kann i_D angenähert durch die Beziehung

$$i_D = n F D q c_{O_2} \frac{1}{\delta} \qquad (1)$$

wiedergeben, wobei nF = überführte elektrische Ladung, D = Diffusionskoeffizient, q = Elektrodenfläche, c_{O_2} = O_2-Konzentration in der Lösung, δ = Dicke der Diffusionsschicht.

Größe der Pt-Kathode

Aus Beziehung (1) ist zu entnehmen, daß i_D außer von der O_2-Konzentration auch von der Größe q der Kathode abhängt. Der Elektrodendurchmesser der Makroelektrode beträgt 7 mm. Er wurde so groß gewählt, damit man auch ohne Verstärker messen kann. Bei Luftsättigung (p_{O_2} = 159 Torr) und 25 °C ist $i_D \approx 10\,\mu A$. Der Diffusionsstrom der Mikroelektrode, Durchmesser 1 mm, ist so klein, daß sie nur mit Verstärker betrieben werden kann.

Dicke der Diffusionsschicht

Die Diffusionsschicht mit der Dicke δ wird von dem Elektrolytfilm zwischen Elektrodenoberfläche und Membran gebildet. Der Wert δ muß klein sein, da $i_D \approx \frac{1}{\delta}$ ist. Bei der Messung in Flüssigkeiten ist zu berücksichtigen, daß die Diffusionsschicht jenseits der Membran in die Meßlösung hineinreicht. Durch intensive Bewegung (Rühren, Strömen) muß dieser Teil der Schicht so klein gehalten werden, daß er den Meßwert nicht merklich beeinflußt. Mit zunehmender Bewegung der Meßlösung steigt i_D zunächst stark an und nähert sich einem Grenzwert. Im Bereich dieses Grenzwertes hat die an der Membran adhärierende Diffusionsschicht der Meßlösung einen konstanten Minimalwert erreicht.

Viskosität

Die Größe des Minimalwertes der adhärierenden Diffusionsschicht in der Meßlösung ist von der Viskosität η abhängig, weil der Diffusionskoeffizient $D \approx \frac{1}{\eta}$ ist. Werden Lösungen mit großen Viskositätsunterschieden (z. B. H_2O, Blut, Glyzerin) untersucht, dann berücksichtigt man diesen Einfluß, indem man die Eichkurve in dem betreffenden Meßmedium aufnimmt.

Diffusionskoeffizient

Für den Diffusionskoeffizienten D gilt die Beziehung

$$D = \frac{T}{6 \pi \eta r N_L} \qquad (2)$$

wobei T = absol. Temperatur, η = Viskosität, r = Molekülradius des O_2 und $N_L = 6{,}02 \cdot 10^{23}$. Außer der Viskosität wird i_D in starkem Maße von der Temperatur beeinflußt. Einmal ist $D \approx T$ und zusätzlich ist $\eta \approx \frac{1}{T}$ d. h. $D \approx \frac{1}{\eta} \approx T$, wodurch der T-Einfluß verstärkt wird. Trägt man i_D über T auf, so erhält man die T-Abhängigkeit des Meßwertes. Der Temperatur-Einfluß beträgt ca. 5% pro

°C und muß bei der Messung berücksichtigt werden. Im einfachsten Fall wird man bei T = konst. messen. Wenn das in der Praxis nicht möglich ist, so muß die Temperatur an der O_2-Meßkette berücksichtigt werden. Das kann dadurch geschehen, daß man eine Eichkurve für die verschiedenen Temperaturen aufstellt und den O_2-Wert aus der jeweiligen Kurve abliest. Automatische Temperaturkompensationen mit geeigneten Thermistor-Kombinationen sind für den großen Temperaturbereich von 0—40 °C wenig geeignet. Im vorliegenden Gerät wird die Temperatur mit einem geeichten Halbleiterwiderstand in Brückenschaltung gemessen und angezeigt. Von Hand wird dieser Wert auf einer Kompensationsskala eingestellt und der Temperatureinfluß durch Steuerung des Verstärkers eliminiert.

Membran

Über die verwendeten Polyäthylenfolien waren bereits Angaben gemacht worden. Hervorgehoben seien nochmals die chemische Beständigkeit und die physiologischen Eigenschaften. Nachteilig wirken sich die geringe mechanische und thermische Stabilität aus. Etwa 90% aller Ausfälle der O_2-Meßketten waren auf mechanische Beschädigung der Membran zurückzuführen.

In der Literatur wird gelegentlich davon gesprochen, daß die Membranmeßkette druckabhängig sei. Ein solcher Einfluß konnte bei der vorliegenden Meßkette trotz extremer Versuchsbedingungen nicht festgestellt werden. Wird der Druck geändert, mit dem die Membran gegen die Pt-Kathode gepreßt wird, so führt das zu einer vorübergehenden Diffusionsstromänderung, es stellt sich jedoch innerhalb kurzer Zeit wieder der Ausgangswert ein.

Im Dauerbetrieb über mehrere Monate zeigt die Membran keine Veränderungen.

Fremdgase

Die Membran ist nicht nur für O_2, sondern auch für andere Gase durchlässig. Störende Einflüsse von Fremdgasen konnten jedoch nicht beobachtet werden. Speziell geprüft wurde das Verhalten von CO_2 und H_2S.

Eichkurven

Die Eichung kann in Flüssigkeiten und Gasen erfolgen. Wenn man über dem gesamten Meßbereich von 0—1500 Torr einwandfreie Eichkurven erhalten will, muß vor allem die i — U-

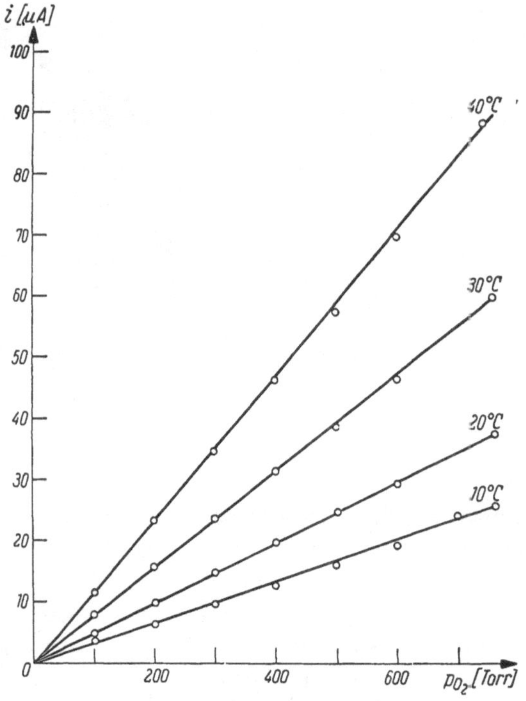

Abb. 3: Eichkurven der O_2-Meßkette für verschiedene Temperaturen

Kurve ein gut ausgebildetes Plateau besitzen. Bei der Makro-Meßkette erstreckt sich dieses Plateau über ca. 450 mV.

Die Eichkurven werden im Labor stets bei $T =$ konst. aufgenommen. Im einfachsten Fall genügt der bei Luft- oder O_2-Sättigung gemessene Wert als Eichpunkt, denn unter Berücksichtigung des Reststromes kann damit die Eichgerade gezogen werden. Für genaue Messungen nimmt man Zwischenwerte bei verschiedenen Partialdrucken auf, wobei Barometerstand und Wasserdampfpartialdruck berücksichtigt werden. Soll an Stelle des Partialdruckes die Konzentration (z. B. mg/l) bestimmt werden, so kann man umeichen, wenn ein $p_{O_2} - c_{O_2}$-Wertepaar bekannt ist.

Meßanordnungen

Entsprechend dem Prinzipschaltbild kann man mit der O_2-Meßkette bereits mit einer sehr einfachen Laborschaltung messen. Als Zwischenstufe wurde von uns für die Makroelektrode ein transportables Gerät ohne Verstärker mit Anschluß für einen Kompensationsbandschreiber gebaut.

Die endgültige Ausführung des aus Meßkette und Bedienungsteil bestehenden O_2-Messers arbeitet mit einem Regelverstärker, der mit 220 V betrieben wird. Der

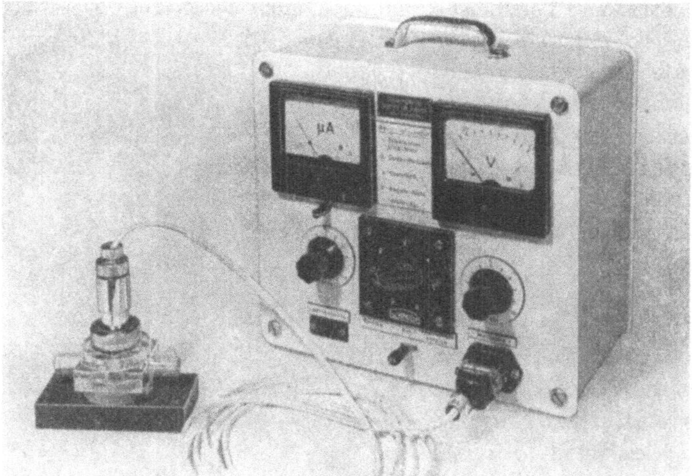

Abb. 4: Transportables O_2-Meßgerät mit Durchflußzelle

geregelte Verstärker erfordert zwar einen gewissen Aufwand, gewährleistet jedoch bei entsprechender Auslegung höchste Nullpunkt-Konstanz und gute Linearität. Die Polarisationsspannung, die von 0—1,5 V stetig regelbar ist, wird ebenfalls dem Netz entnommen und mit einer Zenerdiode konstant gehalten. Im Elektrodenstromkreis liegt ein geeichter regelbarer Shunt zur Temperatur-Kompensation und parallel dazu ein hochohmiger Spannungsteiler, der zum Ausgleich geringer Meßwert-Unterschiede zwischen den einzelnen Meßketten dient. Die Temperatur-Messung besteht aus einer Brückenschaltung, die als veränderlichen Widerstand

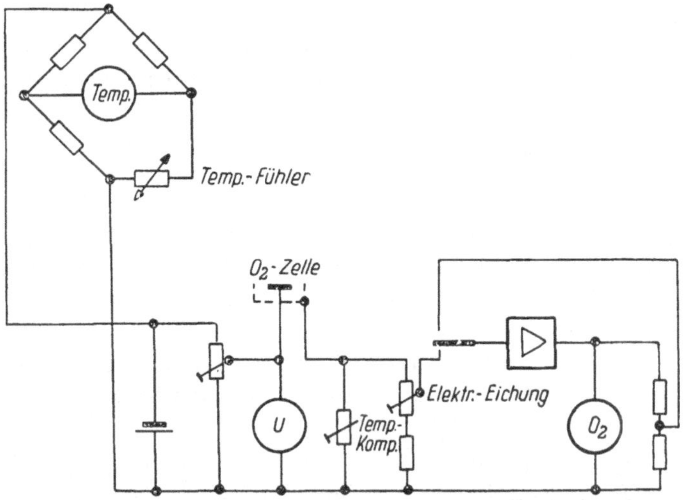

Abb. 5: Bedienungsteil des O_2-Meßgerätes mit Regelverstärker

den zur Temperatur-Messung benutzten Halbleiterwiderstand besitzt. Die Brükkenspannung wird durch einen Glimmstabilisator konstant gehalten.

Mit dem Gerät können gleichzeitig zwei Meßketten mit je einem Thermofühler getrennt betrieben werden. Bei der Betriebnahme werden zunächst mittels des Drucktastensatzes die Arbeitsbedingungen eingestellt. Dazu gehören Polarisationsspannung, Temperaturbereich (0—20 oder 20—40 °C) und Meßbereich. Die Anzeige erfolgt an einem in A, % O_2-Sättigung und Torr O_2 geeichten Spannbandinstrument. Der gesamte Meßbereich ist in drei Bereiche unterteilt, entsprechend

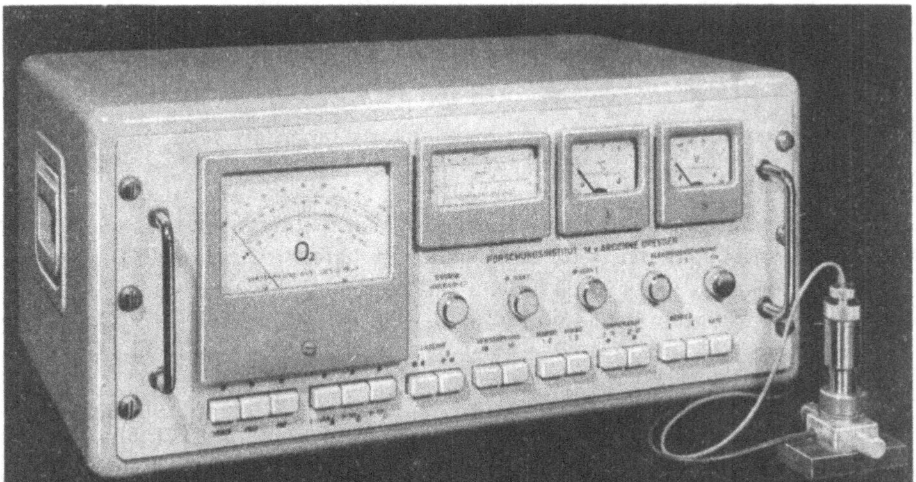

Abb. 6: Prinzipschaltbild des O_2-Meßgerätes mit Regelverstärker

0—159 Torr (Luftsättigung), 0—760 Torr und 0—1500 Torr p_{O_2}. Zusätzlich besteht die Anschlußmöglichkeit eines Kompensationsbandschreibers zur fortlaufenden Registrierung. Es kann wahlweise die Meßkette I oder II zur Anzeige kommen.

Eigenschaften des O_2-Meßgerätes

Meßgenauigkeit

Die Meßgenauigkeit wird im wesentlichen von der Temperaturkonstanz bzw. von der Genauigkeit der Temperaturmessung und -Kompensation begrenzt. Versuchsreihen über 5 Tage in luftgesättigtem Wasser, bei 25,0 ± 0,1 °C ergeben eine Streuung der Werte um 9,50 ± 0,05 μA, d. h. ± 0,5%. Mit Verstärker und Benutzung der manuellen Temperatur-Kompensation beträgt die Meßgenauigkeit der Anordnung ± 3%, wie aus folgender Fehlerabschätzung hervorgeht:

1. Konstanz der Meßkette	± 0,1%
2. Temperatur-Messung und Kompensation	± 2,0%
3. Verstärkerfehler	± 0,5%
	± 2,6%

Einstellzeit

Für bestimmte Anwendungszwecke ist eine schnelle Einstellzeit der Meßkette erforderlich. Das ist die Zeit, in der sich der Meßwert bei einer Konzentrationsänderung zu 90, 95 bzw. 98% auf den neuen Endwert eingestellt hat. Für die Makromeßkette ergeben sich unabhängig vom absoluten Betrag der Konzentrationsänderung folgende Zeiten:

Endwert %	Einstellzeit sec
85—90	20
90—95	30
95—99	60

Bei Konzentrationsänderung spricht die Meßkette innerhalb 1—2 sec an.

Lebensdauer

Bei sachgemäßer Behandlung ist unter normalen Bedingungen bei Dauerbetrieb mit einer Betriebszeit der Meßkette von 10 Monaten zu rechnen. Die weitaus häufigste Störung ist eine mechanische Beschädigung der Membran. Alterungserscheinungen konnten nicht festgestellt werden.

Anwendungsgebiete

Das Gerät kann zur kontinuierlichen O_2-Messung und für Einzelproben bis herab zu 0,5 *ml* in Flüssigkeiten und Gasen beliebiger Zusammensetzung verwendet werden. Es arbeitet mit manueller Temperaturkompensation im Bereich 0—40 °C. Sein Meßbereich erstreckt sich von 0—1500 Torr O_2. Bisher wurde es vorwiegend auf medizinischem Gebiet erprobt. Mit einer Durchflußzelle im extrakorporalen Kreislauf (Herz-Lungen-Maschine) in Blut und Blutersatz kontinuierlich über Zeiträume von jeweils 6—8 Stunden gemessen. Versuchsweise wurde die Meßkette in verschiedenen Gasen und einer Reihe organischer Flüssigkeiten erprobt.

Die Arbeit wurde im Rahmen eines Forschungsauftrages des WTZ für Radiologische Technik und medizinische Elektronik des TuR Dresden durchgeführt.

Wir danken Herrn Ing. LORENZ für den Bau der Meßketten und den Herren Ober-Ing. RACKWITZ und Ing. BAHR für die Entwicklung des elektronischen Teiles. Besonderer Dank gilt Frau BERTHOLD für ihre wertvolle Mitarbeit bei der Durchführung der Versuche.

Literatur

[1] TÖDT, F.: Elektrochem. Sauerstoffmessungen, Verlag de Gruyter, Berlin, 1958
[2] STRACKE, G.: Vom Wasser, **25** (1958), 181
[3] CARRIT, D. E., J. W. KANWISHER: Anal. Chem. **31** (1959), 5
[4] MACKLIN, M. O. et al.: Sewage and Ind. Wastes **31** (1959), 804
[5] GLEICHMANN, U., D. W. LÜBBERS: Pflüg. Arch. **271** (1960), 431
[6] SCHWABE, K., S. VOLLRATH: Chem. Techn. **12** (1960), 406
[7] BRACKEN et al.: The Lancet **2** (1960), 411
[8] LE PETIT, G.: Chem. Techn. **14** (1962), 471; Z. f. med. Labortechn. **4** (1963), 1
[9] CLARK, L. C. et al: J. appl. Physiol. **6** (1953), 189
[10] HAGEN, H.: Polyäthylen, Hamburg 1958, S. 75

Ch. Legler
Institut für Wasserwirtschaft, Berlin

Erfahrungen über Sauerstoff-Messungen im Oberflächenwasser und Abwasser mit einer membranbedeckten Elektrode

Einleitung

Die laufende Bestimmung des im Wasser gelösten Sauerstoffes hat unter den verschiedensten Gesichtspunkten eine ganz besondere Bedeutung. Neben der kontinuierlichen Erfassung von Sauerstoffspuren im Speisewasser für Hochdruckkessel — die vielfach schon vorgenommen wird — bietet auch eine kontinuierliche Bestimmung des Sauerstoffgehaltes von Oberflächenwasser und Abwasser große Vorteile. So erlaubt eine lückenlose Erfassung der Sauerstoffverhältnisse im Vorfluter Aussagen, die auf Grund von Einzelmessungen nicht gemacht werden können, und eine kontinuierliche Sauerstoffmessung bei der aeroben biologischen Abwasserreinigung trägt wesentlich zur Betriebssicherheit der Anlagen bei und läßt eine Steuerung der Anlage durch den Zulauf bzw. die Belüftungsintensität zu.

Von vornherein erscheint für eine kontinuierliche Sauerstoffmessung im Oberflächen- und Abwasser sowie in biologischen Reinigungsanlagen nur ein elektrochemisches Verfahren oder ein Phasenaustauschverfahren (Durchleitung von Inertgas, das sich entsprechend der Sauerstoffkonzentration im Wasser mit Sauerstoff anreichert, und anschließender Analyse des Sauerstoffgehaltes im Gasgemisch) erfolgversprechend. Neben dem Vorteil der kontinuierlichen Erfassung des Sauerstoffgehaltes bieten diese Methoden auch die Möglichkeit Sauerstoffkonzentrationen in Abwässern zu bestimmen, die chemisch schwierig zu analysieren sind.

Das Problem der Sauerstoffmessung in Oberflächenwässern und Abwässern ist vielfach bearbeitet worden. Von den elektrochemischen Verfahren sind in der Wasserchemie am bekanntesten das Verfahren nach Tödt [1, 2] geworden sowie polarographische Bestimmungsverfahren mit Quecksilberelektroden [3, 4, 5, 6]. Das Verfahren nach Tödt hat zahlreiche Bearbeitungen erfahren, um die ihm anhaftenden Nachteile — die Beeinflussung der Meßwerte durch Leitfähigkeitsänderungen und Verkrustung der Elektrodenoberflächen — auszuschalten [7, 8, 9]. In Abwasserreinigungsanlagen wurde z. B. eine von Husmann und Stracke [10, 11, 12] modifizierte Meßanordnung eingesetzt, bei der die Elektroden ringförmig ausgebildet sind und deren Oberflächen ständig abgeschliffen werden.

Den Vorteil einer ständigen Erneuerung der Elektrodenoberfläche hat man ebenfalls bei der polarographischen Bestimmung mit der Quecksilbertropfelektrode. Für kontinuierliche Sauerstoff-Bestimmungen muß aber dafür die unbequeme Handhabung der Quecksilberelektrode im praktischen Betrieb in Kauf genommen werden und außerdem die Fehlerquellen, die durch Leitfähigkeitsänderungen sowie Änderungen der Oberflächenspannung (Beeinflussung der Tropf- und Fließgeschwindigkeit des Quecksilbers) auftreten können. Beiden Meßverfahren gemeinsam ist die Gefahr einer Verfälschung der Meßwerte dadurch, daß im Wasser gelöste Verunreinigungen beim gleichen Potential wie der Sauerstoff abgeschieden werden. Es kann sich dadurch eine Erhöhung des Diffusionsstromes ergeben und so ein Sauerstoffgehalt vorgetäuscht werden. Wir haben diese Erfahrungen bei polarographischen Sauerstoffbestimmungen in einer Anlage zur biologischen Reinigung phenolhaltiger Abwässer machen müssen. Da diese Verunreinigungen in wechselnden Konzentrationen im Abwasser vorliegen, können sie auch nicht durch einen Korrekturfaktor bei der kontinuierlichen Bestimmung berücksichtigt werden. Von den genannten störenden Einflüssen frei ist eine in der Literatur mehrfach beschriebene Meßanordnung [13, 14], bei der Kathode, Anode und Elektrolyt durch eine sauerstoffdurchlässige Membran von der zu messenden Lösung getrennt werden, und über deren modifizierte Form von Tümmler und Reitnauer [15] berichtet wird.

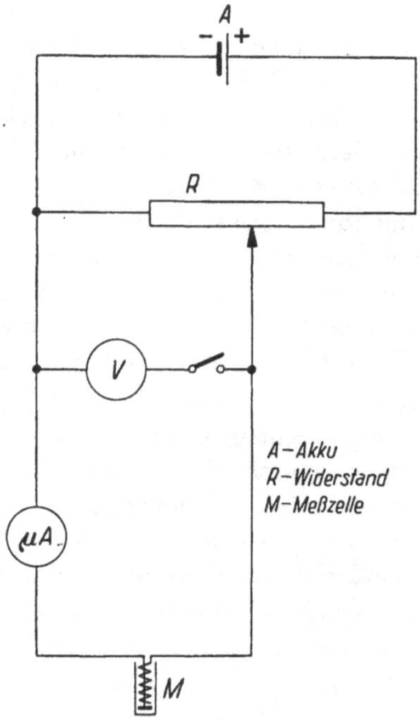

Abb. 1: Schaltskizze
A – Akku; *R* – Widerstand;
M – Meßzelle

In Zusammenarbeit mit dem Forschungsinstitut Manfred von Ardenne, Dresden, und im Rahmen eines Forschungsauftrages wurde die Einsatzfähigkeit dieser Meßanordnung in der Abwasserreinigung untersucht. Die Gesichtspunkte der Anwendbarkeit unter Betriebsbedingungen standen bei diesen Untersuchungen im Vordergrund.

Meßanordnung

Für die Untersuchungen wurden im Forschungsinstitut von Ardenne hergestellte Meßketten verwendet. Zum Teil wurde mit einer einfachen Laboranordnung entsprechend der Schaltskizze Abb. 1 gemessen und zum anderen mit dem in der Arbeit von Tümmler und Reitnauer erwähnten einfachen transportablen Gerät ohne Verstärkung. Die Stromstärke wurde mit einem Lichtmarkeninstrument von 20 μA Meßbereich gemessen oder von einem Lichtlinienschreiber mit 10 μA Meßbereich aufgezeichnet.

Die an die Kathode angelegte Spannung betrug –1,1 bzw. –1,125 V.

Eichung der Meßkette

Da der Diffusionsstrom der Elektrodenanordnung außer vom Sauerstoffgehalt des Wassers auch von der Größe der Elektrodenoberfläche, der Stärke der Membran und der Meßtemperatur abhängig ist, muß für jede Elektrode zunächst eine

Eichbeziehung zwischen Stromstärke und Sauerstoffgehalt der Lösung aufgestellt werden. Dies ist im einfachsten Falle möglich durch Ermittlung von zwei Punkten der Eichgeraden aus dem Reststrom im sauerstofffreien Wasser und dem Diffusionsstrom des luftgesättigten Wassers, dessen Sauerstoffgehalt Tabellenwerken entnommen werden kann (unter Umrechnung auf den herrschenden Luftdruck), und zum anderen durch Messung des Diffusionsstromes in reinem Wasser bei verschiedenen Sauerstoffkonzentrationen, die gleichzeitig sorgfältig chemisch bestimmt werden. Wegen der starken Temperaturabhängigkeit des Diffusionsstromes muß die Eichung entsprechend der Meßtemperatur vorgenommen werden.

Es ist zu empfehlen, einen Eichpunkt der Kurve von Zeit zu Zeit nachzuprüfen, am geeignetsten ist dafür die Höhe des Diffusionsstromes im luftgesättigten Wasser unter Berücksichtigung von Temperatur und Luftdruck. Im einfachsten Fall läßt sich die Kontrolle auch durch Messung des Diffusionsstromes mit der vorsichtig abgetrockneten Elektrode in Luft durchführen (ebenfalls unter Berücksichtigung von Temperatur und Luftdruck). Bei allen Eichbeziehungen ist zu beachten, daß der gemessene Diffusionsstrom nicht direkt der Konzentration c_{O_2} des im Wasser gelösten Sauerstoffes entspricht, sondern dem „Partialdruck" p_{O_2} des Sauerstoffes in der Lösung, der gleich dem Partialdruck p_{O_2} der Gasphase ist, wenn die zu messende Lösung mit ihr im Gleichgewicht steht.

Der Zusammenhang zwischen der Konzentration des im Wasser gelösten Sauerstoffes und dem Partialdruck des Sauerstoffes ist durch das Henrysche Gesetz

$$c_{O_2} = K \cdot p_{O_2}$$

gegeben. Der Absorptions- oder Löslichkeitskoeffizient K ist neben der Temperatur von der Art des Gases und der Flüssigkeit abhängig. Für Wasser kann dieser Wert von K bei konstanter Temperatur streng jedoch nur für reines Wasser als konstant angesehen werden.

Einfluß von Abwasserinhaltsstoffen auf die Höhe des Diffusionsstromes

Die Besonderheit der Meßanordnung — Trennung des Elektrodenraumes von der zu messenden Lösung durch eine nur für Gase durchlässige Membran — läßt eine Beeinflussung des Diffusionsstromes durch im Wasser gelöste Verunreinigungen nicht erwarten. Die durchgeführten Untersuchungen bestätigten diese Voraussage. So ergaben unterschiedliche pH-Werte keine Veränderung der Meßergebnisse.

Bei Zusatz von Salzen, gezeigt am Beispiel des KCl, wurde die bereits im vorangegangenen geschilderte Proportionalität des Meßwertes zum p_{O_2}, bemerkbar. Bei höheren Salzkonzentrationen ändert sich K und damit die Sättigungskonzentration des Sauerstoffes in der Lösung. Während die chemische Bestimmung nach Winkler nach Zusatz von steigenden Mengen an KCl bis zu 1,5 g/l einen um etwa 0,1 mg O_2/l niedrigeren Sauerstoff auswies, wurde diese Veränderung durch die Elektrode nicht angezeigt.

Verschiedene Abwasserinhaltsstoffe, in deren Gegenwart sich chemische Sauerstoffbestimmungen nur sehr fehlerhaft ausführen lassen, konnten nur ohne chemische Parallelbestimmung hinsichtlich ihres Einflusses auf den Diffusionsstrom der nahezu sauerstofffreien Lösung und auf den der luftgesättigten Lösung getestet werden. Untersucht wurden Konzentrationen an Nitrit bis zu 50 mg/*l*, Phenol bis 100 mg/*l*, Detergentien — am Beispiel des anionenaktiven E 30 — bis 100 mg/*l*, Schwefelwasserstoff bis 20 mg/*l*, bei denen keinerlei Beeinflussungen des Diffusionsstromes festgestellt werden konnten. (Der Einfluß von H_2S wurde noch nicht bei Dauermessungen untersucht.)

Es bestanden zunächst Befürchtungen, daß die Elektrode in Gegenwart von Schlamm, spez. Belebtschlamm im Wasser, wegen Zusetzung oder Verschlammung der Membran nicht einsatzfähig sei.

Wie die Versuchsergebnisse in biologischen Reinigungsanlagen zeigen, tritt diese Störung jedoch nicht ein.

Einstellzeit der Elektrode bei Änderung der Sauerstoffkonzentration

Die Ansprechgeschwindigkeit der Meßanordnung auf die Veränderung des Sauerstoffgehaltes wurde von uns ebenfalls untersucht. Sie ergab bei zwei Elektroden unterschiedliche Werte, da sie offenbar stark von der Dicke der Membran abhängig ist. Abb. 2 zeigt die für zwei Elektroden typischen Stromstärke-Zeit-

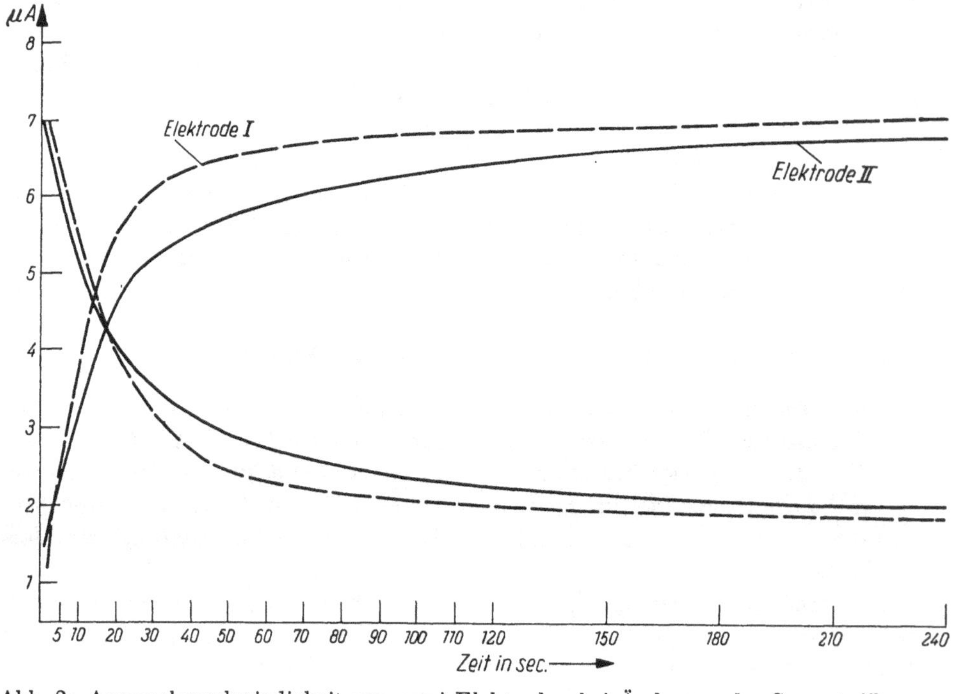

Abb. 2: Ansprechgeschwindigkeit von zwei Elektroden bei Änderung der Sauerstoffkonzentration von nahezu sauerstofffreiem Wasser auf luftgesättigtes Wasser

kurven beim Übergang vom sauerstofffreien zum luftgesättigten Wasser und umgekehrt. Interessant ist, daß sich dabei die Kurven der Zeiteinstellung der beiden gegenläufigen Vorgänge vollkommen entsprechen. Bei den zwei von uns untersuchten Elektroden waren nach einer Einstellungszeit von 30 Sekunden 77 bzw.

87% des Endwertes erreicht, nach 2 Minuten 93 bzw. 95%. Mit diesen Ansprechgeschwindigkeiten vermag die Elektrode den Sauerstoffveränderungen im praktischen Betrieb durchaus zu folgen.

Verhalten der Elektrode bei Dauermessungen im Oberflächenwasser und in Modellanlagen zur biologischen Reinigung von Abwässern

Zur Erprobung der Einsatzfähigkeit für Dauermessungen im Oberflächenwasser wurden zwei Elektroden über Wochen in einem Becken mit Oberflächenwasser (Spreewasser) stationiert und der Sauerstoffgehalt chemisch und elektrochemisch bestimmt. Das Wasser wurde mit einer einfachen Relaisschaltung temperaturkonstant gehalten und die Strömungsgeschwindigkeit durch Rühren erzeugt. Durch Belüftung und Einleitung von Stickstoff wurden unterschiedliche Sauerstoffkonzentrationen eingestellt. Abb. 3 zeigt den Zusammenhang zwischen den Meßwerten zweier Elektroden und den gleichzeitig chemisch ermittelten Sauerstoffkonzentrationen. In Abb. 4 ist dieser Zusammenhang noch einmal in anderer Weise dargestellt.

Aus den Meßergebnissen ist zu ersehen, daß unter den gegebenen Arbeitsbedingungen die Übereinstimmung zwischen elektrochemisch und chemisch ermittelten Sauerstoffkonzentrationen $\pm$ 0,2 mg O_2/l betrug. Die beiden Elektroden zeigten zueinander eine Streuung der Meßwerte von $\pm$ 1,5%.

Die Brauchbarkeit einer Meßkette für die kontinuierliche Bestimmung des Sauerstoffgehaltes in aeroben biologischen Reinigungsanlagen wird im wesentlichen bestimmt durch die Unempfindlichkeit der Elektrode gegenüber Verschmutzungen und Verschlammungen und dadurch, daß die Größe des Diffusionsstromes unabhängig von den im Wasser gelösten Verunreinigungen ist. Um den Einfluß von Belebtschlamm auf die die Elektrode bedeckende Membran zu untersuchen, wurden Meßanordnungen für einige Wochen in Modellanlagen zur Reinigung von Molkereiabwässern und phenolhaltigen Abwässern angebracht. Die Modellanlagen wurden bei konstanter Temperatur betrieben. Die Turbulenz, die durch die Belüftung der Anlage erzeugt wurde, bot Gewähr für die nötige Strömungsgeschwindigkeit an der Elektrodenmembran. Während der Versuchszeit traten keine wesentlichen Verschlammungen oder Verstopfungen der Elektrodenmembranen auf und es konnten über Wochen verläßliche Sauerstoffwerte gemessen werden. Kontrollanalysen, die chemisch bzw. polarographisch durchgeführt wurden ergaben befriedigend übereinstimmende Werte. Die Elektroden folgten allen Änderungen der Belüftung bzw. des Zulaufes der Anlage sofort durch die Veränderung der Stromstärke.

Nach wochenlangem Einsatz in Schlammbelebungsbecken zeigten die Elekroden bei Überprüfung ihres Eichwertes im luftgesättigten Reinwasser einen nur um 2–3% zu niedrigen Diffusionsstrom. In gleichem Maße war auch bei Dauermessungen über Monate im Oberflächenwasser ein Absinken des Diffusionsstromes zu bemerken. Wenn die Membran vorsichtig mit der Fingerspitze abgewischt oder kurz in verd. Salzsäure getaucht wurde, stellte sich der ursprüngliche Eichwert wieder ein.

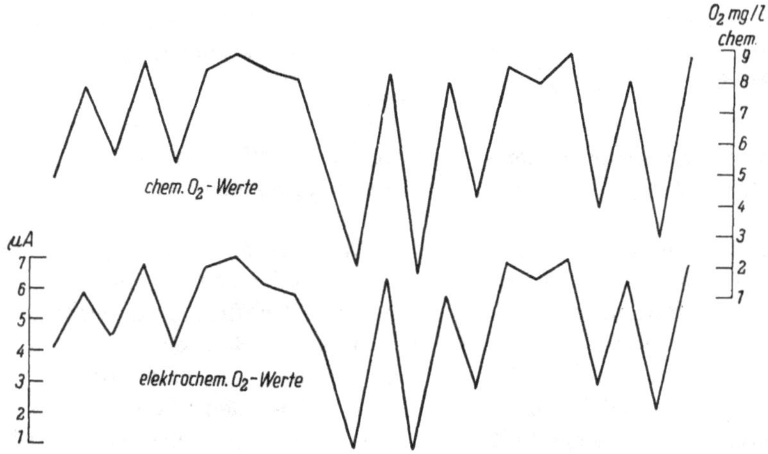

Abb. 3: Chemisch (nach WINKLER) und elektrochemisch bestimmte Sauerstoffkonzentrationen in einem Oberflächenwasser (bei 20 °C)

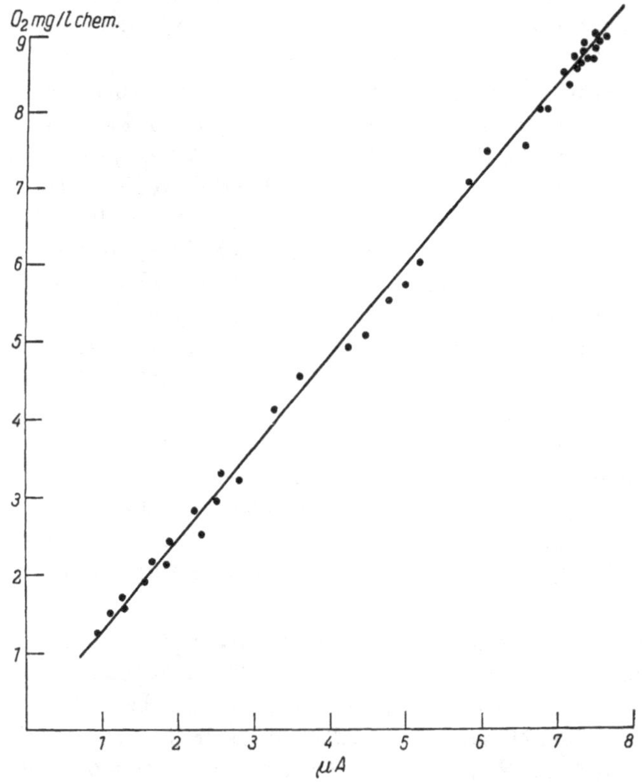

Abb. 4: Zusammenhang zwischen Diffusionsstromstärke und chemisch ermittelten Sauerstoffkonzentrationen (bei 20 °C)

Für den Einsatz zur Dauermessung des Sauerstoffgehaltes in Gewässern und auch in biologischen Reinigungsanlagen ist die starke Temperaturabhängigkeit des Diffusionsstromes ungünstig. Es ist praktisch nur möglich, gleichzeitig mit dem Diffusionsstrom die Wassertemperatur zu registrieren und an Hand von Eichkurven oder -Tabellen auf den entsprechenden Sauerstoffgehalt umzurechnen. Wesentlich günstiger für den praktischen Betrieb würde sich eine Meßanordnung erweisen, bei der der Temperatureinfluß automatisch kompensiert wird. Wenn auch eine derartige Temperatur-Kompensation nur für kleine Temperaturbereiche genau möglich ist, so wird die dadurch gewonnene erheblich zweckmäßigere Einsatzfähigkeit in den meisten Fällen vorzuziehen sein.

Genauigkeit der Meßanordnung

Nach den gewonnenen Erfahrungen kann die Genauigkeit der Meßeinrichtung bei Dauermessungen mit etwa $\pm$ 0,2 mg O_2/l angegeben werden.

Bei kontinuierlichen Messungen wird die Meßgenauigkeit abhängig von der Sicherheit der automatischen Temperatur-Kompensation oder von der Genauigkeit der kontinuierlichen Temperaturmessung und bei schnell erfolgenden Temperaturschwankungen von der Ansprechgeschwindigkeit beider Messungen auf Temperaturschwankungen.

Aus der Besonderheit der Meßanordnung, die dem p_{O_2} proportionale Größe anzuzeigen, ergeben sich Fehlerquellen bei stark verschmutztem Abwasser. Eine veränderte Sättigungskonzentration des Sauerstoffes, beispielsweise durch hohe Salzkonzentrationen, organische Lösungsmittel, Detergentien oder ähnliche Einflüsse, kann nicht erfaßt werden, wenn nicht gleichzeitig die Veränderung von K bekannt ist. Bei kontinuierlichen Messungen ist diese Voraussetzung im allgemeinen nicht gegeben. Der entstehende Fehler ist nicht genau abzuschätzen, er wird allerdings zumeist in den Grenzen der Meßgenauigkeit oder nur wenig darüber liegen.

Folgerungen

Nach unseren bisherigen Erfahrungen kann gesagt werden, daß die beschriebene Elektrodenanordnung, bei der die Meßkette mit einer sauerstoffdurchlässigen Membran bedeckt ist, gut geeignet ist, sowohl im Oberflächenwasser wie im Abwasser kontinuierlich Sauerstoffgehalte zu messen. Besonders für den Einsatz der Sauerstoffmessungen in biologischen Reinigungsanlagen weist die Elektrode viele Vorteile gegenüber anderen Meßanordnungen auf.

Die Untersuchungen zur Anwendung in technischen Anlagen werden fortgesetzt. Frau Lebensmittelchemie-Assistentin DITTMANN sei an dieser Stelle für ihre wertvolle Mitarbeit bei der Versuchsdurchführung besonders gedankt.

Literatur

[1] Tödt: Elektrochemische Sauerstoffmessungen, W. de Gruyter, Berlin, 1958
[2] Tödt: Chemiker-Zeitung – Chemische Apparatur, **83** (1959), 483
[3] Rand and Heukelekian: Sewage and Ind. Wastes **23** (1951), 1141
[4] Busch and Sawyer: Anal. Chem. **24** (1952), 1887
[5] Briggs, Dyke and Knowles: Analyst. **83** (1958), 304
[6] Tyler and Karchmer: Anal. Chem. **31** (1959), 499
[7] Tödt und Todt: Vom Wasser **20** (1953), 72
[8] Tödt und Petsch: Gesundh.-Ing. **74** (1955), 104
[9] Ambühl: Schweiz. Z. Hydrologie **20** (1958), 341
[10] Husmann und Stracke: Wasserwirtschaft **48** (1957), 13
[11] Stracke: Vom Wasser, **25** (1958), 181
[12] Stracke: Das Gas- und Wasserfach, **100** (1959), 293
[13] Carrit and Kanwisher: Anal. Chem. **31** (1959), 5
[14] Eye, Reuter and Keshavan: Water and Sewage Works **108** (1961), 231
[15] siehe dieses Heft, S. 45

G. Voigt, G. Ränker

Institut für Wasserwirtschaft, Berlin und
VEB Teerdestillation und Chemische Fabrik Erkner

Beitrag zur biologischen Reinigung von Abwässern der Steinkohlenteerverarbeitung

Zusammenfassung: Der VEB Teerdestillation und chemische Fabrik Erkner beeinflußte seit Jahrzehnten die unterhalb gelegenen Seen und Flußstrecken im östlichen Randgebiet von Berlin mit ungereinigten phenolhaltigen Abwässern.

Nachdem am 8. 2. 1956 erstmalig die zum Teil aus Oberflächenwasser gedeckte Trinkwasserversorgung von Berlin durch Phenole ernsthaft gefährdet war, wurden auf der Grundlage eines wasserwirtschaftlichen Gutachtens des Institutes für Wasserwirtschaft entsprechende Auflagen zur Abwasserreinigung im Raum von Erkner erteilt [1, 2]. So wurde u. a. die Forderung erhoben, daß der Phenolgehalt im Müggelseewasser am Wasserwerk Friedrichshagen nicht mehr als 0,01 mg/*l* betragen darf, während er am Auslauf des Vorfluters vom Teerwerk (Flakenfließ, Straßenbrücke Erkner) den Wert von 0,03 mg/*l* nicht überschreiten soll [4] (Vgl. Abb. 1).

Seit Anfang des Jahres 1962 reinigt der Betrieb seine phenolhaltigen Abwässer nach Phenosolvanextraktion zweistufig biochemisch mittels TTK und Belebungsbecken.

Die biochemische Nachreinigungsanlage wurde vom VEB Wasserwirtschaft Gera-Unstrut in Erfurt projektiert. Als Projektierungsgrundlage wurde ein BSB_5 von 400 mg/*l* und ein maximaler Abwasseranfall von 165 m^3/h nach Ausgleich extremer Abwassermengen und Konzentrationen in zwei Pufferbehältern zugrunde gelegt. Das entsprach einem BSB_5-Anfall von 1500 kg/d.

Turmtropfkörper

Auf Grund von Untersuchungsergebnissen, die an einem Versuchsturmtropfkörper in der Braunkohlenhochtemperaturkokerei Lauchhammer erarbeitet wurden, konnte mit einem Reinigungserfolg auf den Turmtropfkörpern von 45% gerechnet werden, was einem Abbau von 680 kg BSB_5/d entsprach. Die Oberflächenbelastung war mit 5,6 $m^3/m^2 \cdot h$ bei 30 m^2 Fläche festgelegt.

So wurden 3 Turmtropfkörper mit einem Durchmesser von 3,5 m und einer nutzbaren Höhe von 21 m errichtet. Bei einem nutzbaren Tropfkörperraum von 600 m^3 wurde die Raumbelastung mit 1100 g $BSB_5/m^3 \cdot d$ angenommen.

Belebungsbecken

Im Belebungsbecken sollten noch 820 kg BSB_5/d abgebaut werden mit einer BSB_5-Konzentration von 210 mg BSB_5/l.

Die angenommene Abbau-Leistung von ca. 1700 g $BSB_5/m^3 \cdot d$ bedingte einen Becken-Inhalt von 500 m^3.

Nach einer rund 90%igen biologischen Reinigung des Abwassers sollte der Ablauf zum Vorfluter einen BSB_5 von ca. 21 mg/*l* besitzen. Die eingeblasene Luft-

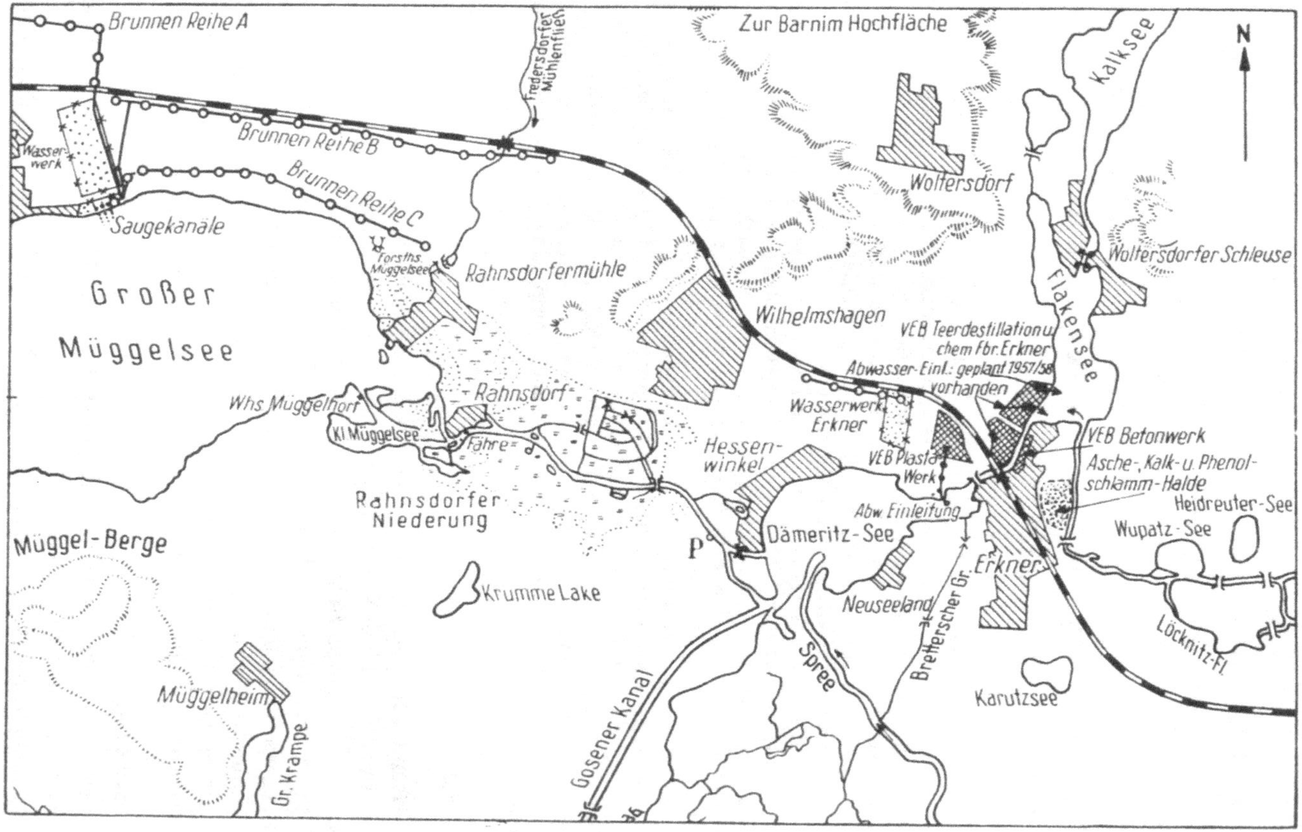

Abb. 1: Lageskizze des VEB Teerdestillation und Chemische Fabrik Erkner

menge wurde mit 35 m³ je kg BSB_5-Belastung berechnet, wobei sich ein stündlicher Luftbedarf von 1200 m³ ergab.

Die Abwässer des Betriebes

Phenolstarkwässer

Die Abwässer aus der Kaustlaugeverdampfung und der Teeentwässerung werden in der Phenosolvananlage entphenolt. Die Restphenol-Konzentration beträgt ca. 50 mg/*l*, bei einer Abwassermenge von 5 m³/h.

Abwässer der Schwefelsäurebenzolwäsche

Diese Abwässer werden nach Neutralisation keiner speziellen Reinigung unterzogen und dem Abwasser direkt zugeleitet, da derartiges Wasser einen nicht zu unterschätzenden kolloiden Säureharzanteil enthält und in der Phenosolvanlage zu Störungen führen würde. Die Phenolkonzentration dieser Wässer beträgt ca. 1200 mg/*l* bei einer Abwassermenge von 0,3 m³/h.

Schwachphenolhaltige Abwässer

Auf dem Werksgelände fallen schwachphenolhaltige Spül- und Leckwässer sowie Niederschlagswässer an. Hinzu kommen Kühlwässer mit geringem Phenolgehalt aus dem Teer- und Karbolbetrieb. Die Phenolkonzentration dieser Wässer liegt bei ca. 85 mg/*l* bei einer Menge von etwa 40 m³/h. Hinzu kommen noch ca. 0,5 m³/h Abwässer der sanitären Anlagen des Werkes. Außerdem fallen noch ca. 30 m³ Kühlwässer mit geringerem Phenolgehalt an.

Die durchschnittliche Zusammensetzung der gesamten Wässer nach Mengen- und Konzentrationsausgleich läßt sich, wie folgt, charakterisieren:

pH-Wert	6,8
NH_4	77,8 mg/*l*
BSB_5	310 mg/*l*
$KMnO_4$-Verbrauch	450 mg/*l*
Wdf. Phenole	70 mg/*l*

Die im Abwasser enthaltenen Phenole setzen sich etwa folgendermaßen zusammen

Phenol	ca. 8%
Xylenol	ca. 22%
Kresole	ca. 70%

Höhere Phenole sind nur in sehr geringen Konzentrationen vorhanden, da das Werk bis auf bestimmte Rohkarbolsäuremengen ausschließlich Steinkohlenteerprodukte verarbeitet.

Die Gesamtabwassermenge mit obengenannter Konzentration liegt bei ca. 70 – 80 m³/h.

Beschreibung der Anlage

Die im Betrieb anfallenden Abwässer gelangen nach Entölung über ein Koksfilter in zwei Pufferbecken, welche einen Gesamtinhalt von 2000 m³ besitzen. Aus den Speicherbecken fließt das Wasser dem Saugschacht der Turmtropfkörper-

(TTK)-Pumpen zu. Über Drehsprenger wird es gleichmäßig auf die Oberfläche der TTK verteilt und gelangt anschließend in das Belebungsbecken. Nach Sedimentation des Belebtschlammes im nachgeschalteten Dortmundbrunnen, wird das biochemisch gereinigte Abwasser in den Vorfluter eingeleitet.

Der im Nachklärbecken abgeschiedene Belebtschlamm wird in eingedickter Form dem Belebungsbecken als Rücklaufschlamm wieder zugeführt, der Überschußschlamm in einem offenen Faulbecken von 4000 m³ Inhalt ausgefault und auf Trockenbeete entwässert (Abb. 2).

Beide Pufferbecken haben sich bereits mehrfach beim Abfangen von starken Phenoleinbrüchen, welche sich zweifellos negativ auf den Vorfluter bemerkbar

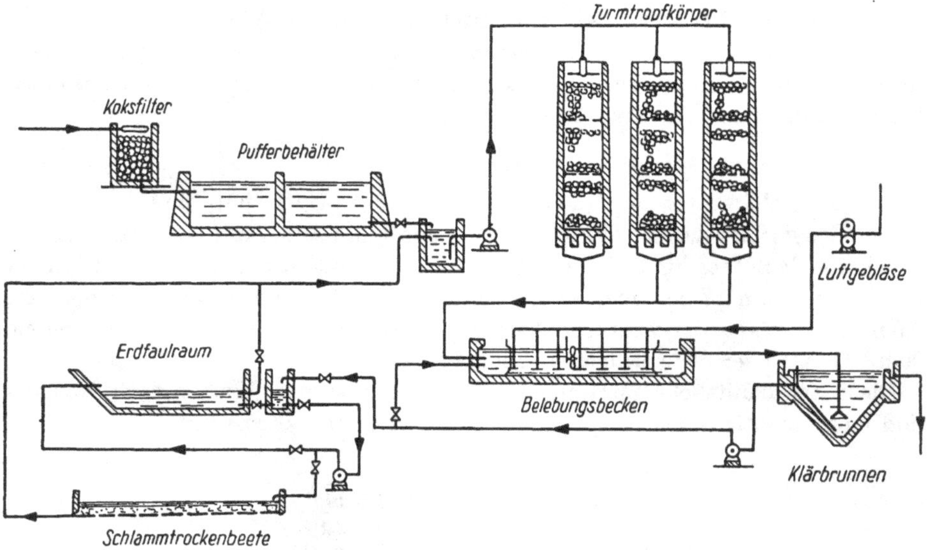

Abb. 2: Schema der biologischen Entphenolung

gemacht haben würden, bewährt. Ein Becken wird ständig zum Auffangen von Phenoleinbrüchen reserviert, während das zweite zum Ausgleichen der Konzentrationsschwankungen mit halber Wasserfüllung betrieben wird.

Phenolkonzentrationen im Abwasser bis zu 200 mg/*l* werden bei Durchsatz von ca. 80—120 m³/h Abwasser bis auf etwa 5 mg/*l* abgebaut. Höhere Konzentrationen bis zu 300 und 400 mg/*l* ziehen ein Ansteigen der Auslaufwerte nach sich. Die zur Zeit anfallende Abwassermenge erreicht im Durchschnitt in den seltensten Fällen mehr als 80 m³/h.

Der Rücklaufschlamm beträgt ca. 15 m³/h bei einem Schlammvolumen von ca. 84%. Der Rücklaufschlammanteil liegt im Mittel bei etwa 20—25%, auf die Abwassermenge bezogen. Das Schlammvolumen wird im Belebungsbecken zwischen 5 und 10% gehalten. Bei Erhöhung des Schlammvolumens konnte keine Verbesserung der Abbauwirkung und der Auslaufwerte beobachtet werden.

Über das Verhalten des Überschußschlammes im Faulschlamm liegen noch keine nennenswerten Erfahrungen vor, so daß hierüber erst später berichtet werden kann.

Durch die diskontinuierliche Fahrweise des Teerwerkes muß die biologische Reinigungsanlage des öfteren zum Wochenende für ca. 36 Stunden abgestellt werden, was beim Weiterfahren der Anlage hinsichtlich der Phenolabbauleistung keinen wesentlichen Einfluß ausübt.

Die Tropfkörper zeigen beim Anfahren in den ersten zwei Stunden günstigere Abbauwerte (bezogen auf Phenol ca. 92%). Während der Sauerstoffgehalt im Belebungsbecken bei Gebläsestillstand völlig ausgezehrt wurde und der Schlamm ab und zu leichte Fäulnis zeigte, hat er sich aber nach einiger Zeit wieder durch Belüften regeneriert.

Neuerdings wird das Becken über derartige Stillstände weiter belüftet, so daß ein Anfaulen des Schlammes, vor allem im Sommer, verhindert wird.

Die Funktionsfähigkeit der Anlage im Winter 1962/63 fiel günstiger als erwartet aus. Es wurden Wassertemperaturen von im Minimum 11—14 °C bei Außentemperaturen bis —25 °C gemessen, wobei der Abbau nicht merklich absank. Ein Temperaturabfall im Turmtropfkörper war nicht festzustellen. Selbst nach Stillstand der Anlage von ca. 20 Stunden bei Außentemperaturen von —15 °C konnte die Anlage ohne wesentliche Leistungsverluste wieder angefahren werden. Hierbei mußte jedoch mit einem Abwasser von mindestens 15 °C angefahren werden. In einem speziellen Falle konnte nach einem Stillstand von etwa 12 Stunden auf Grund von Wassermangel 2 Tage nicht mit dem gewünschten Erfolg gefahren werden, da die Wassertemperaturen ca. 1½ Tage lang nicht über 7 °C erhöht werden konnten.

Während des extrem kalten Winterbetriebes waren im großen und ganzen, selbst bei niedrigsten Temperaturen, bis auf einen Phenoleinbruch im Januar, keine Schwierigkeiten zu verzeichnen. Der Phenolabbau lag im Januar trotz einer Störung im Mittel noch bei 90%.

Belastung und Abbauleistung der Anlage

Wegen inzwischen innerbetrieblich durchgeführter Maßnahmen hat sich die Abwassersituation in Erkner sowohl konzentrations- als auch mengenmäßig wewesentlich verändert, wie aus den vorher gegenübergestellten Werten ersichtlich ist. Demzufolge ist die Abwasserreinigungsanlage stark unterbelastet.

Turmtropfkörper

Im Mittel werden die Turmtropfkörper mit einer BSB-Menge von 1000 g/m³ Nutzraum und Tag belastet, während die Abbauleistung bei 570 g BSB_5/m³ Beckennutzraum und Tag liegt. Der Reinigungserfolg beträgt beim BSB_5 46%. Der Kaliumpermanganatverbrauch wird auf den Turmtropfkörpern um 62% reduziert und der Gehalt an wasserdampfflüchtigen Phenolen sogar um 84%. Der sich entwickelnde biologische Rasen kann als typisch für Turmtropfkörper bezeichnet werden. Anaerobe Verhältnisse treten in den Turmtropfkörpern nicht auf. Der Sauerstoffgehalt bewegt sich im Ablauf derselben um 2—3 mg/*l*.

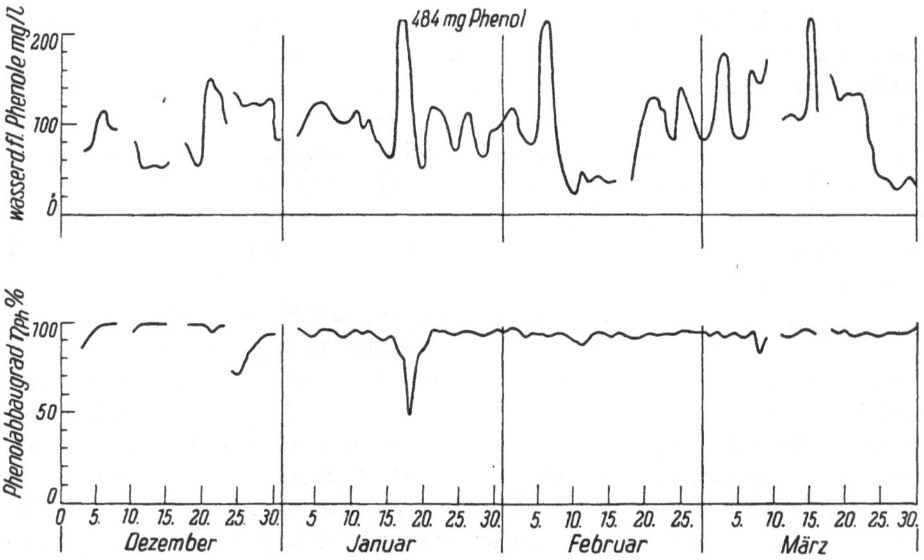

Abb. 3: Gegenüberstellung des Phenolabbaugrades und der Eingangskonzentration der Biologie an den Tagen der Wintermonate 1962/63

Belebungsbecken

Das den Turmtropfkörpern nachgeschaltete Belebungsbecken ist unterbelastet. Die Belastung, im fünftägigen biochemischen Sauerstoffbedarf ausgedrückt, liegt bei 450 g je m^3 Nutzinhalt und Tag. Die Abbauleistung zeigt keine befriedigenden Ergebnisse, nämlich nur 140 g $BSB_5/m^3 \cdot d$. Der Reinigungserfolg mit 35% liegt weit unter den für schwachbelastete Belebungsbecken üblichen Werten, während der Phenolabbau immerhin noch 85% ausmacht.

Der standortspezifische Belebtschlamm zeigte eine typische Mischpopulation und war gut absetzbar, was auch im ordnungsgemäßen Funktionieren des Nachklärbrunnens in Abhängigkeit der Durchlaufwassermenge zum Ausdruck kommt.

Die Schlammtrockensubstanz im Belegungsbecken betrug ca. 1300 g/m^3 bei einem durchschnittlichen Schlammvolumen von 10% was, unter den für Belebungsanlagen üblichen Werten von 2000 g/m^3 liegt. Pro Woche bildet sich eine Schlammtrockensubstanz von ca. 300 kg, welche in einer Überschußschlammenge von 25 m^3/h zum Faulraum abgezweigt wird. Die Trockensubstanz im Rücklaufschlamm betrug ca. 12000 g/m^3.

Gesamtanlage

Die Gesamtabwasserreinigungsanlage konnte den Phenolgehalt des Abwassers um 95% reduzieren, während beim BSB_5 und Kaliumpermanganatverbrauch nur ein Abbau von 67% im statistischen Mittel zu verzeichnen war (Abb. 4).

Kritische Betrachtung der Anlage

Bei einer Beaufschlagung von 2,3 m/h und einem BSB von 300 mg/*l* war nach der von Meyer und Kirsten entwickelten Kurve über die Leistungen des Turmtropfkörpers bei der Reinigung phenolhaltiger Abwässer eine Abbauleistung von 0,6 kg BSB_5 zu erwarten. Mit einer durchschnittlichen Leistung von 0,8 kg BSB_5 liegen die in Erkner ermittelten Daten sogar etwas höher, aber durchaus im Bereich dieser Kurve, womit erneut eine Bestätigung der Richtigkeit der Methode von MEYER und KIRSTEN für den unteren Bereich nachgewiesen werden konnte [3].

Die Abwässer der Steinkohlenverarbeitung unterliegen infolge Fehlens höherwertiger Phenole sowie reduzierender und toxisch wirkender Substanzen leichter dem biochemischen Abbau, als entsprechende Abwässer der Braunkohlenverarbeitung. Rein äußerlich ist schon eine deutliche Unterscheidung möglich. Während die Braunkohlenverarbeitungsabwässer tief dunkelbraun bis schwarz gefärbt sind, zeichnen sich die Steinkohlenabwässer durch eine schwache Gelbfärbung aus. Das in Lauchhammer an den Turmtropfkörpern nachgewiesene Vorherrschen von Reduktionsvorgängen, das zu Sauerstoffgehalten von Null im Ablauf der TTK führte, konnte in Erkner nicht beobachtet werden. Untersuchun-

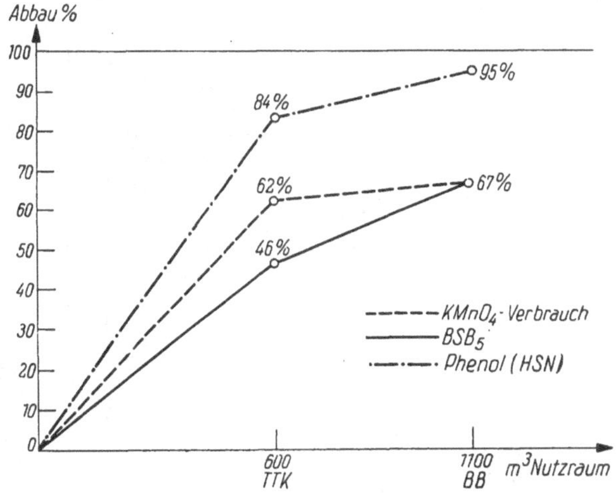

Abb. 4: Anteil der Reinigungsstufen am prozentualen Abbau der Abwasserinhaltsstoffe im Teerwerk Erkner

gen über den Abbau von Pyridinbasen in der biochemischen Reinigungsanlage ergaben, daß nur im Belebungsbecken ein etwa 50%iger Abbau zu verzeichnen ist. Die Untersuchungen hierüber werden noch fortgesetzt.

Die unzureichende Wirkungsweise des Belebungsbeckens hinsichtlich des BSB_5-Abbaues ist vermutlich durch die Funktionsuntüchtigkeit des installierten Schraubenschauflers bedingt. Der Schraubenschaufler stellt eine Fehlkonstruktion dar und ist in der zur Zeit installierten Form nicht betriebsfähig, so daß das Prinzip des Umlaufbeckens nicht gegeben ist. Es kommt deshalb zu Kurzschlußverbindungen, da der Ein- und Auslauf des Belebungsbeckens an einer Stirnseite angeordnet sind. Nach Untersuchungen des Institutes für Wasserwirtschaft konnten selbst bei versuchsweise in Betrieb befindlichen Schraubenschauflern nur Strömungsgeschwindigkeiten von 10 cm/s ermittelt werden. Für Umlaufbecken übliche Werte liegen bei 30 cm/s. Es kann deshalb durchaus möglich sein, daß Teile des

Belebtschlammes nicht in Schwebe gehalten werden und am Boden zur Faulschlammbildung Anlaß geben können. Bei außer Betrieb befindlichen Schraubenschauflern sprachen die Meßflügel nicht mehr an, so daß es möglich ist, daß die horizontale Strömungsgeschwindigkeit im Becken annähernd Null ist.

Nach Realisierung entsprechender Maßnahmen ist zu erwarten, daß die Funktionsfähigkeit des Belebungsbeckens wesentlich gesteigert werden kann.

Auswirkungen auf den Vorfluter

Vergleicht man die in den Vorfluter eingeleiteten Phenolmengen nach der Inbetriebnahme der biologischen Reinigungsanlage mit früheren Werten, so kann festgestellt werden, daß die Belastung des Vorfluters durch das Teerwerk die im Mittel pro Monat bei ca. 3–4 t lag, auf etwa $^1/_{10}$ der ursprünglichen Phenolmenge reduziert werden konnte.

Aus den Darstellungen der Phenolkonzentrationen im Vorfluter in Abhängigkeit der Entfernung vom Einleitungsort während der vergangenen zwei Winter, ist eine deutliche Verbesserung der Abwasserverhältnisse zu erkennen (Abb. 5 und 6).

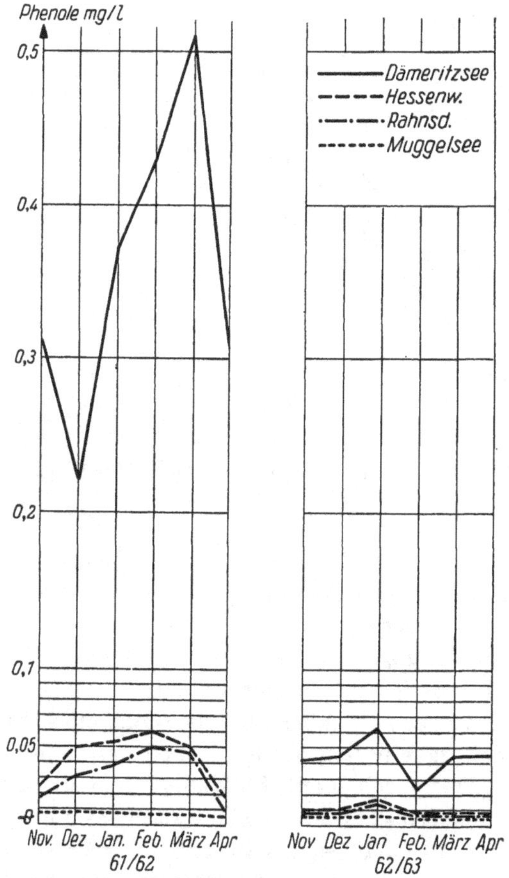

Abb. 5: Gegenüberstellung der Phenolkonzentration einzelner Monate in den Winterhalbjahren 1961/62 und 1962/63 an verschiedenen Stellen des Vorfluters zwischen Teerwerk Erkner und Wasserwerk Friedrichshagen

Der erfolgreiche Betrieb der Anlage im extremkalten Winter 1962/1963 konnte einen Phenoleinbruch im Wasserwerk Friedrichshagen verhindern.

Es traten gegenüber den Phenolkonzentrationen des Vorfluters im Sommer erstmalig im Winter keine nennenswert höheren Werte auf.

An dieser Stelle soll abschließend den Groß-Berliner Wasser- und Entwässerungswerken — besonders Herrn Eichenauer vom Wasserwerk Friedrichshagen — für die Zurverfügungstellung wertvollen Zahlenmaterials über die Verhältnisse im Vorfluter verbindlichst gedankt werden.

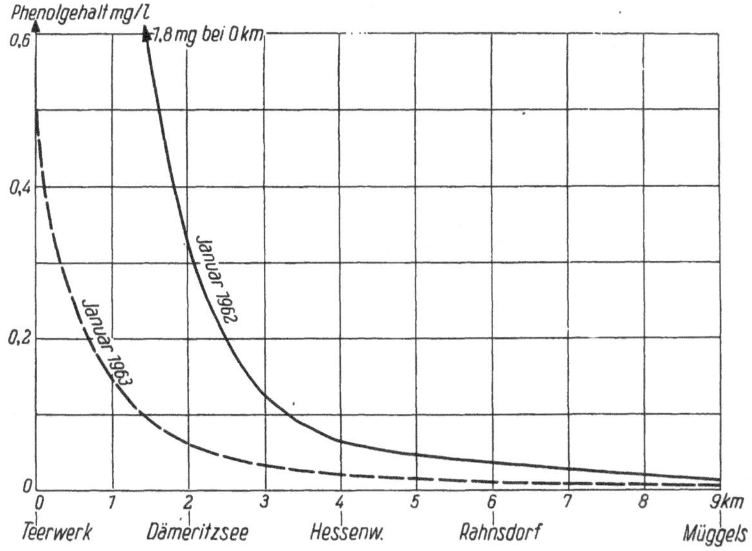

Abb. 6: Phenolkonzentration im Vorfluter in Abhängigkeit der Entfernung vom Auslauf des Teerwerkes Erkner

Literatur

[1] Christ, W.: Phenole im Trinkwasser und ihre Beseitigung. Freiberger Forschungshefte A 51, November 1956, S. 67–88

[2] 100 Jahre Berliner Wasserwerke. VEB Verlag Technik, 1956

[3] Mitteilungen des Institutes für Wasserwirtschaft. VEB Verlag Technik, (1957), 2

[4] Wasserwirtschaftliches Gutachten für VEB Teerdestillation und chemische Fabrik Erkner. Aufgestellt vom Institut für Wasserwirtschaft am 19. 11. 1956

W. Starke

Institut für Wasserwirtschaft, Berlin

Organische Flockungsbeschleuniger, insbesondere von Dederonabwasser, bei der Wasseraufbereitung

Zusammenfassung: Die bei der Verwendung von organischen Flockungsbeschleunigern beobachteten Wasserreinigungsreaktionen lassen sich, wie folgt, zusammenfassen. Eine flockungs- und sedimentationsbeschleunigende Wirkung ist exakt nachweisbar. Die erforderlichen Gewichtsmengen vermindern sich gegenüber aktivierter Kieselsäure um 1/2 bis 1/5; darüber hinaus entfällt der Reifungsprozeß mit seinen dazugehörigen aufwendigen Anlagenteilen. Die Haltbarkeit ist nahezu unbegrenzt; die bei einigen Polyelektrolytlösungen beobachtete Zunahme der Viskosität zeigte keinen nachteiligen Einfluß auf ihre flockenfördernde Wirkung. Reine Substanzen aus dem Komplex der Amid- und Acrylatverbindungen können bei der Trinkwasseraufbereitung eingesetzt werden. Das Abfallprodukt Dederonabwasser als Flockungsbeschleuniger ist bei der Wasseraufbereitung, insbesondere bei der Brauchwasseraufbereitung, mit Erfolg anwendbar. Die Lactamkonzentrationen im Abwasser sind je nach Verfahren (Spinnstoffverfahren, Röstverfahren usw.) 0,5 und 5%ig. Wie mit einer 12 Wochen gealterten Lösung nachgewiesen werden konnte, ist ihre Haltbarkeit unbegrenzt.

Der Bedarf an Trink- und Brauchwasser für Bevölkerung und Industrie steigt ständig. Zur Entlastung der Grund- und Oberflächenwasserreserven tritt die Forderung nach Rücknahme und Aufbereitung von Industrieabwässern immer stärker in den Vordergrund. Ein wirksames Verfahren der Aufbereitung verschmutzter Rohwässer für Trink- und Brauchzwecke ist die chemische Behandlung mit flockenbildenden Chemikalien, wozu die Salze des Eisens und Aluminiums zählen, die adsorptionsfähige Konglomerate bilden.

Koagulation in der Wasserreinigung

Unter Koagulation wird allgemein eine diskontinuierliche Abnahme des Dispersitätsgrades in der Reihenfolge „echte Lösung" — „kolloide Lösung" — „Suspension" verstanden. Der kolloide Zustand ist von unterschiedlicher Stabilität.

Die Merkmale der einzelnen Umwandlungsstufen verschiedener Koagulationsprinzipien sind nicht immer eindeutig, so daß nur bestimmte Zwischenstadien eine exakte Definition zulassen.

Bisher sind folgende Koagulationsmöglichkeiten bekannt:

Elektrolytkoagulation

Dieser Koagulationsvorgang beeinflußt in entscheidendem Maße den Reinigungsprozeß bei der Wasseraufbereitung. Die wichtigsten Elektrolyte, die die Geschwindigkeit einer Koagulation bestimmen, sind die in natürlichen Wässern vorhandenen Hydroxid-, Chlorid-, Hydrogenkarbonat- und Sulfat-Ionen.

Für eine optimale Koagulationsgeschwindigkeit hat GORONOWSKI [1] folgende Anionenkonzentrationsbereiche ermittelt:

$$\begin{aligned} Cl^- &= 0.07\ n \\ OH^- &= 1.0-0.3\ n \\ HCO_3^- &= 0.005\ n \\ SO_4^{--} &= 0.001-0.002\ n \end{aligned}$$

Besonders Hydrogenkarbonat- und Karbonat-Ionen beeinflussen in hohem Maße die Hydrolyse löslicher Schwermetallsalze, wobei das Gleichgewicht durch Neutralisieren der entstehenden Schwefel- oder Salzsäure zugunsten der Oxidhydratbildung verschoben wird. Die Wertigkeit des Kations ist von ausschlaggebender Bedeutung. So flocken dreiwertige Kationen 500mal schneller als einwertige oder 10mal schneller als zweiwertige. Hierbei ist die Kationenkonzentration von geringerer Bedeutung. Bekanntlich erfolgt eine Flockung durch Kompensation der Ladung elektrisch orientierter Teilchen bei einer bestimmten Elektrolytkonzentration am isoelektrischen Punkt, ferner durch Beseitigung der Solvathülle. So sind Entladung und Dehydration die wichtigsten Merkmale einer Koagulation. Nicht immer verläuft eine Koagulation störfrei. Bei Anwesenheit von Schutzkolloiden z. B. wird die Stabilität der Sole erhöht, die Elektrolytwirkung herabgesetzt und die Hydrolyse mehr oder weniger gehemmt. Auch der Mangel an kolloiden Bestandteilen eines Wassers kann die Koagulation verhindern oder stark hemmen, was an der Mikroflockenbildung und einer damit verbundenen schlechten Sedimentation zu erkennen ist. Flockungshilfsmittel bzw. Flockungsbeschleunigerzusätze erhöhen die Kolloidkonzentration, was zur Beschleunigung der Koagulationsgeschwindigkeit führt. Eine Verkürzung des Koagulations- und Sedimentationsprozesses und damit des gesamten Aufbereitungsprozesses ist das Ziel der modernen chemischen Wasseraufbereitungstechnik.

Mechanische Koagulation

Durch mechanische Rührbewegung läßt sich die Koagulation hydrophober Sole, wie das Eisenoxidhydrat z. B., positiv beeinflussen. Diese Verfahrensweise wird bei der Wasserreinigung durch Anwendung von Schlammkreisläufen [2, 3, 4] mit adsorptionsfähigem Material angestrebt. Bei kontinuierlicher Bewegung eines Sols oder eines Sol-Gel-Gemisches wird die Grenzfläche der dispergierten Wasserinhaltsstoffe fortlaufend erneuert. Dadurch findet unmittelbar an der Grenzschicht eine zunehmende Teilchenkonzentration der Koagulation statt. Mit der ständigen Erneuerung der Grenzfläche wiederholt sich der Adsorptionsvorgang. Infolgedessen ist die mechanische Koagulation mit einer Oberflächen- oder Adsorptionskoagulation vergleichbar.

Elektrische Koagulation

Dieses Koagulationsverfahren bedient sich der elektrischen Aufladung dispergierter Teilchen. Bei hydrophoben Solen z. B. bewirkt die Elektrophorese eine Verstärkung der Koagulation im Innern des Sols. Diese Beobachtungen wurden an Eisenoxidhydraten in Zusammenhang mit der Schlammeindickung gemacht [5]. Für den Effekt sind die koagulierend wirkenden Ionen oder durch Erhöhung ihrer Konzentration, wobei meist geringe Potentialdifferenzen genügen, verantwortlich.

Koagulation durch Temperaturänderungen und durch Strahlungsenergie

Eine plötzliche Temperaturzunahme hydrophober Sole verursacht in vielen Fällen eine Koagulation, die reversibel und irreversibel sein kann. Auch beim Einfrieren hydrophober Sole ist eine Anreicherung von Eisenoxidhydrat zu beobachten. Ferner wird seit einiger Zeit Strahlungsenergie zur Beschleunigung der Koagulation benutzt. Hierzu gehören Radioaktivitätsstrahlung, Röntgenstrahlung und ultraviolettes Licht. Bisher haben diese Koagulationsverfahren keinen Eingang in die Wasseraufbereitungspraxis gefunden.

Wirkung der Flockungsbeschleuniger und ihre praktische Anwendung

Bei Anwesenheit hydrophober Kolloide wird mit der Zugabe mizellbildender Flockungsbeschleuniger (*FB*) eine Koagulation durch Entladung elektrisch entgegengesetzt gerichteter Teilchen angestrebt. Dieser Vorgang ist bei der Aufbereitung von Grund- und Oberflächenwässern selten zu beobachten. Die zu beseitigenden, unerwünschten Inhaltsstoffe besitzen häufig keine kolloiden Eigenschaften, so daß bei der Wasseraufbereitung durch Zusatz von Flockungsbeschleunigern eine künstliche Vergrößerung der Kolloidkonzentration vorzunehmen ist. Nach anschließender Zugabe von Flockungsmitteln, wie Eisen-Aluminiumsalzen, erfolgt Koagulation unter Beseitigung der bei hydrophilen Kolloiden stets vorhandenen Hydrathülle. Dieser Vorgang wird dadurch begünstigt, daß sich die zunächst gebildeten Mikroflocken schnell zu einem Makrokörper vergrößern. Größere Flocken verursachen eine stärkere Deformation der Solvathülle und können sich daher einander stärker nähern. Ergänzend sei bemerkt, daß unbedingt eine Relativbewegung zwischen Flocken und Wasser durch Einsatz von Rührwerken zu erzeugen ist.

Bei gleichzeitiger Verwendung von Flockungsmitteln und Flockungsbeschleunigern findet stets eine Gegenkolloidflockung statt. Formen der Gegenkolloidflockung zeigen Abb. 1—3.

Ein seit Jahrzehnten gebräuchlicher Flockungsbeschleuniger ist die aktivierte Kieselsäure (*AK*). Bekanntlich erfordert die Herstellung aktiver Mizellen aus alkalischem Natriumsilikat einen verhältnismäßig aufwendigen, komplizierten und langen Reifungsprozeß. Schon 1915 in Deutschland und in den USA durchgeführte Versuche zeigten, daß organische hochpolymere Verbindungen sehr wirksame Flockungsbeschleuniger sind. Trotz frühzeitiger Entdeckung der vorteilhaften Eigenschaften organischer Polyelektrolyte ging man — speziell in Deutschland, nur zögernd an die praktische Verwendung dieser Stoffe. In vielen Ländern finden diese Substanzen — besonders bei der Brauchwasseraufbereitung — verstärkte Anwendung; während ihr Einsatz bei der Trinkwasseraufbereitung weniger bekannt ist.

Umfangreiche Untersuchungen, die im Institut für Wasserwirtschaft durchgeführt wurden, sollten dazu beitragen, die Anwendbarkeit organischer in der DDR erzeugter Polyelektrolyte bei der Wasseraufbereitung zur chemischen Flockung zu überprüfen.

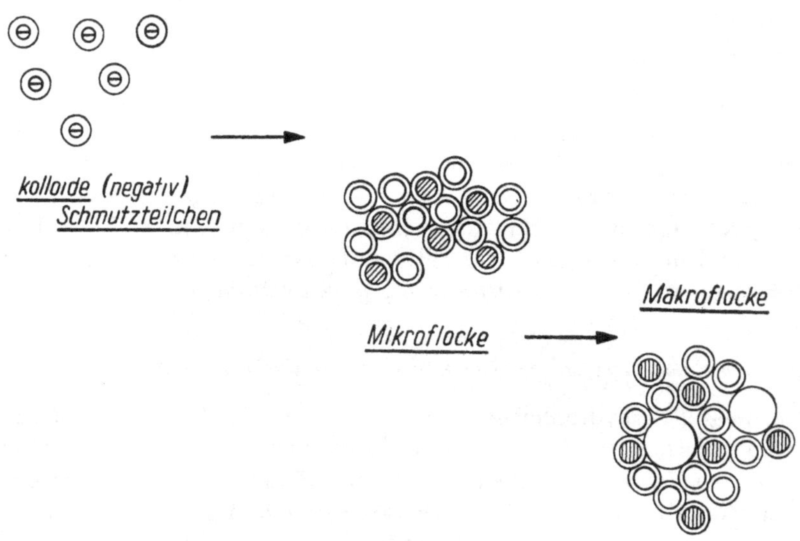

Abb. 1: Gegenkolloidflockung I

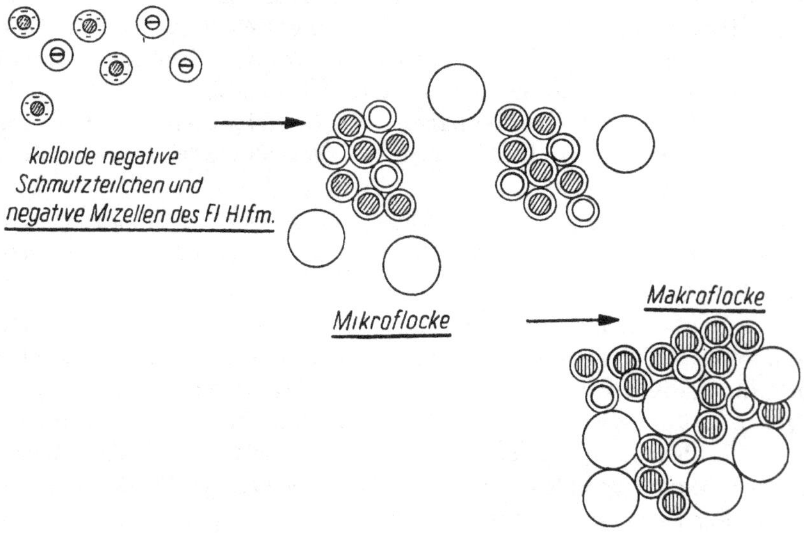

Abb. 2: Gegenkolloidflockung II

Für diese Arbeiten wurden synthetische Produkte verwendet. Das Verhalten dieser Stoffe wurde an drei verschiedenen Rohwässern untersucht:

a) Berliner Trinkwasser mit 0,025 g/l Farbstoff versetzt;
b) huminsäurehaltiges Oberflächenwasser (bis zu 30 mg/l Huminstoff);
c) Grundwasser mit Eisenhumaten.

Tabelle 1

Trivialmane	chem. Konstitution	Wirkung als	$KMnO_4$-Verbrauch mg/mg	Hersteller
Praestol (A)	organisches Polymer	Makromolekül	0,2	Chemische Werke Stockhausen
Sedipur CD4 (B)	Maleinsäure und Polyacrylsäureester polymerisiert	Makromolekül anionisch	14,7	Chemische Werke Stockhausen
Produkt 9613 (C)	Polymerisat der Methacrylsäure	Makromolekül kationisch	0,2	Röhm & Haas, Darmstadt
Rohagit (D)	Polymethacrylverbindung	kationisch	0,5	—
Verdickung AN (E)	Natrium-Ammoniumsalz der Polyacrylsäure	Makromolekül anionisch	0,4	VEB Chemische Werke Buna
Stipix (F)	Natriumsalz der Polyacrylsäure	anionisch	0,5	VEB Fettchemie Karl-Marx-Stadt
Polyacrylamid (G) (8%ig)	polymeres Acrylamid	Makromolekül	6,8	VEB Fettchemie Karl-Marx-Stadt
Dederonabwasser (H)	Carbonamide	Makromolekül anionisch	20,6	VEB Agfa-Wolfen

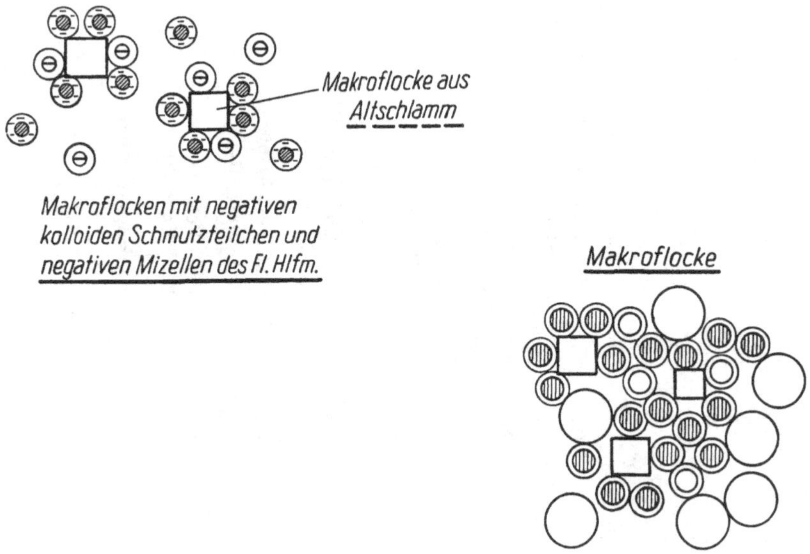

Abb. 3: Gegenkolloidflockung III

Tabelle 2

		Berliner Trinkwasser	Oberflächenwasser	Grundwasser
pH-Wert		7,45	7,6	6,8
$KMnO_4$-Verbrauch	mg/l	11	55	24
Sauerstoff	mg/l	8,9	8,1	0,8
Huminsäure	mg/l	—	30	(24)
Karbonathärte	mval	3,21	2,2	1,75
Kalziumhärte	mval	4,79	5,0	—
Magnesiumhärte	mval	0,84	1,32	—
freie Kohlensäure	mg/l	—	20	—
Chlorid	mg/l	390	78	—
Sulfat	mg/l		150	—
Phosphat	mg/l	n.n.	0,19	—
Nitrit	mg/l	n.n.	0,1	—
Nitrat	mg/l	n.n.	4,2	—
Eisen gesamt	mg/l	Spuren	2,15	4,8
Mangan	mg/l	n.n.	0,33	n.n.

Als Flockungsmittel kamen Aluminiumsulfat und Eisenchlorid zur Anwendung. Bei konstanter Flockungsmittelmenge wurde die Flockungsbeschleunigerzugabe in weiten Grenzen variiert. Zur Ermittlung des Absetzvolumens wurden bei den Flockungsversuchen zweckmäßigerweise graduierte Spitzgläser verwendet. Die Chemikalien wurden in der Reihenfolge Flockungsbeschleuniger, Flockungsmittel zugegeben. Nach einer intensiven Vermischung der Chemikalien mit dem Wasser wurde bei konstanter Drehzahl des Rührers (25 Upm) die Rührzeit auf 10 Minuten eingestellt. Die Zugabemengen an Flockungsbeschleunigern betrugen 0,2—4 mg/l.

Zum Modellwasser wurden 40 mg/l $Al_2(SO_4)_3 \cdot 18\,H_2O$, zum Oberflächenwasser 30 mg/l $FeCl_3 \cdot 6\,H_2O$ + 22,5 mg/l oder 60 mg/l $Al_2(SO_4)_3 \cdot 18\,H_2O$ und zum Grundwasser 4,4 mg/l CaO zugegeben. Die experimentell ermittelten Wassergehalte betrugen für $Al(OH)_3 \cdot H_2O$ 99,83% und für $Fe(OH)_3 \cdot H_2O$ 98,98%. Daraus ergaben sich folgende Schlammengen:

$$\left.\begin{array}{l} \dfrac{0{,}00915 \cdot 100}{0{,}17} = 5{,}4\ \text{m}l/l \quad \text{und} \\[2ex] \dfrac{7{,}0137 \cdot 100}{0{,}17} = 8{,}05\ \text{m}l/l \end{array}\right\} Al(OH)_3 + x\,H_2O$$

$$\left.\begin{array}{l} \dfrac{0{,}0198 \cdot 100}{1{,}02} = 1{,}94\ \text{m}l/l \quad \text{und} \\[2ex] \dfrac{0{,}0098 \cdot 100}{1{,}02} = 0{,}96\ \text{m}l/l \end{array}\right\} Fe(OH)_3 + x\,H_2O$$

Diese errechneten Mengen beziehen sich auf reines Wasser mit optimalen Elektrolytkonzentrationen. Bei Anwesenheit polygener Wasserinhaltsstoffe ändern sich diese Mengen. Bei genauer Kenntnis der Menge der suspendierten Teilchen kann zur Errechnung des gebildeten Niederschlages folgende Formel angewendet werden:

$$G = M + a\,(K_3 + K_4)$$

a = Anteil an Aluminium- oder Eisensulfat (wasserfreies Produkt) in g/m³

K_3 = Koeffizient, Gehalt an unlöslichen Beimischungen im Koagulierungsmittel (für Aluminiumsulfat wird der Wert mit 0,08 und für Eisensulfat mit 0,10 angenommen)

K_4 = Umrechnungskoeffizient für die Bildung der Hydroxide (für Aluminiumsulfat bzw. Aluminiumhydroxid 0,46 und für Eisensulfat bzw. Eisenhydroxid 0,7)

M = Gewicht der suspendierten Teilchen in dem aufzubereitenden Wasser

Eine Gegenüberstellung des theoretisch und experimentell ermittelten Schlammgewichtes am Berliner Trinkwasser, wobei die 25 mg/l Farbstoff als suspendierte Teilchen angenommen wurden, zeigten, daß die Werte sich einander nähern.

Tabelle 3

Theoretisch errechnet mg/l	Zugaben Flockungsmittelm. mg/l	Flockungsbeschl. mg/l	experimentell bestimmt mg/l
24,03	40 Al*	–	23,0
24,03	40 Al*	0,4 E	29,5
24,03	40 Al*	0,4 F	26,9
24,03	40 Al*	0,4 G	27,5

* Aluminiumsulfat

Bei Anwendung einer bestimmten Menge Flockungsbeschleuniger läßt sich ein optimaler Koagulationseffekt bei gleichzeitiger optimaler Reinigungsleistung erreichen. Durch Überdosierung wird der Effekt zunächst vermindert, um anschließend bei weiterer Steigerung des Flockungshilfsmittelzuschusses wieder anzusteigen. Diagr. 2 und 3 lassen diesen Effekt deutlich erkennen.

Auf der Abzisse wurde das Verhältnis

Flockungsbeschleunigermenge: Schmutzstoffmenge (Suspensiode bzw. $KMnO_4$-Verbrauch)

aufgetragen. Die auf der Ordinate aufgetragene Reinigungsleistung wurde nach einer einständigen Absetzzeit durch Bestimmung der Abnahme des Farbstoffgehaltes bzw. des $KMnO_4$-Verbrauches errechnet.

Die Sedimentationsgeschwindigkeiten lagen am optimalen Punkt der Kurven um durchschnittlich 45% höher gegenüber ohne Flockungsbeschleunigerzusätze. Die Absetzung erfolgte bei einigen Versuchen sofort nach Beendigung des Rührens. Die erzeugten Oxidhydratniederschläge sackten in kurzer Zeit sehr dicht zusammen, wobei die Wassergehalte bei $Al(OH)_3 \cdot H_2O$ von 99,83 auf 99,73% und bei $Fe(OH)_3 \cdot H_2O$ von 98,98 sogar auf 91,92% absanken.

Worauf ist die Wirkung der organischen Polyelektrolyte zurückzuführen?

Die Acrylate zum Beispiel verkörpern hochpolymere Fadenmoleküle. Bei der Dissoziation dieser Makromoleküle entstehen Kolloidionen (Anionen) mit negativer Ladung. Für die bindende Wirkung der Koagulationsbeschleuniger sind nach Fiedler [6] die NH_2^-, OH^- und die nicht dissoziierten COOH-Gruppen verantwortlich, die Wasserstoffbrücken bilden und damit einen Zusammenschluß der einzelnen Teilchen bewirken. Ferner ist die Wirkung abhängig vom Molekulargewicht, von geometrischen Faktoren, wie Verzweigung und Vernetzung, von Art und Zahl der aktiven Gruppen je Einheit des Polymeren und von der Verteilung der aktiven Gruppen in der Substanz. Im allgemeinen zeigen Polyamide im Vergleich zu den Polyacrylaten ein schwächeres Aggregationsvermögen.

Die einzelnen Polyelektrolyte können nach dem Kationen- und Anionentyp unterschieden werden.

Beispiel für Kationen und- Anionentyp [7]:

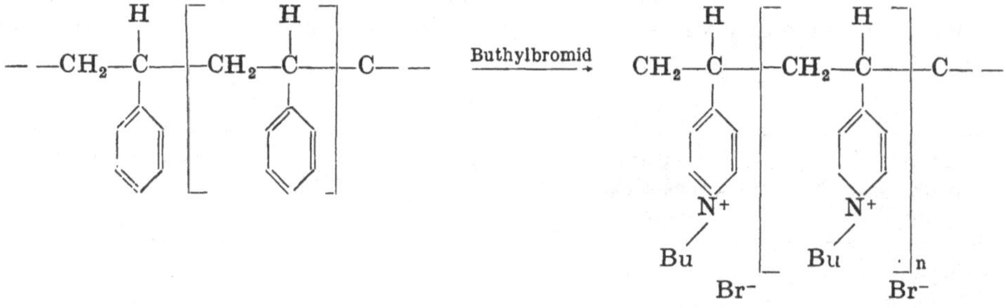

Polyvinylpyridinbuthylbromid (positiv)

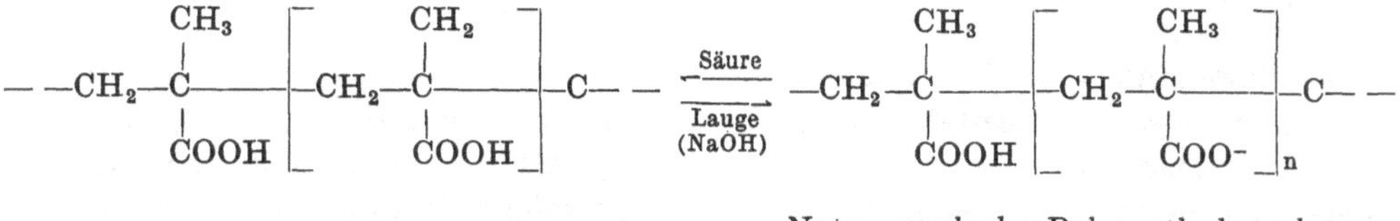

Natriumsalz des Polymethylacrylats (negativ)

Die Produktionskapazitäten für Polyelektrolyte sind in der DDR zur Zeit noch nicht ausreichend. Sie werden bei der Plasteherstellung, als Flotationsmittel zur Erzaufbereitung u. a. verwendet, so daß für größere Verbraucher – wie die Betriebe der Wasserwirtschaft zum Beispiel – gegenwärtig keine ausreichenden Mengen bereitgestellt werden können. Daher wurden industrielle Abfallprodukte mit ähnlichen Eigenschaften überprüft. Hierzu zählte das bei der Dederonherstellung anfallende Abwasser. Der flockungsbeschleunigende Wirkstoff des Abwassers ist das Lactam mit seinen Oligomeren. Die im Abwasser als Begleitstoffe enthaltenen Präparationen beeinträchtigen nicht die Wirkung des Lactams, was durch Versuchsreihen eindeutig nachgewiesen werden konnte. Lactam wirkt als Makromolekül anionenaktiv.

Das genannte Abwasser der Dederonsynthese hatte etwa folgende Beschaffenheit:

pH-Wert	7,2–8,0
äußere Beschaffenheit	milchig trübe
Detergenziengehalt	mg/l = 170
Fettgehalt	mg/l = 700
Lactam-Gehalt	mg/l = 300

Auch hierbei war bei Anwendung einer bestimmten Konzentration eine optimale Leistung erreichbar, die bei gesteigertem Zusatz zunächst abnahm, um anschließend bei verstärkter Dosierung wieder anzusteigen (Kurve 8). Die erwiesenen guten Eigenschaften bieten dem kostenlosen Abfallprodukt (nur Transportkosten) große Verwendungsmöglichkeiten, insbesondere bei der Brauchwasseraufbereitung durch chemische Flockung.

Berliner Trinkwasser: 40 mg/l $Al(SO_4)_3 \cdot 18\,H_2O$ + *A*, *B*, *C*, *D*, *E*, *F*, *G*, und Dederonabwasser

Fb : S

reine Substanzen		Dederonabwasser
$4{,}0 \cdot 10^{-2}$	*A*	
$1{,}6 \cdot 10^{-2}$	*B*	
$3{,}2 \cdot 10^{-2}$	*C*	
$1{,}6 \cdot 10^{-2}$	*D*	$3{,}2 \cdot 10^{-2}$
$3{,}2 \cdot 10^{-2}$	*E*	
$3{,}2 \cdot 10^{-2}$	*F*	
$3{,}2 \cdot 10^{-2}$	*G*	

Oberflächenwasser: 60 mg/l $Al_2(SO_4)_3$ + *A*, *B*, *C*, *D*, *E*, *F*, *G* und Dederonwasser

Fb : S

reine Substanzen		Dederonabwasser
$1{,}8 \cdot 10^{-2}$	*A*	
$7{,}0 \cdot 10^{-3}$	*B*	
$3{,}5 \cdot 10^{-2}$	*C*	
$7{,}0 \cdot 10^{-3}$	*D*	$3{,}5 \cdot 10^{-2}$
$1{,}4 \cdot 10^{-2}$	*E*	
$1{,}4 \cdot 10^{-2}$	*F*	
$1{,}4 \cdot 10^{-2}$	*G*	

Grundwasser: 4,4 mg/l CaO + *E*, *F* + Dederonabwasser

Fb : S

reine Substanzen		Dederonabwasser
$1{,}7 \cdot 10^{-1}$	*E*	$1{,}7 \cdot 10^{-1} - 8{,}3 \cdot 10^{-2}$
$1{,}7 \cdot 10^{-1}$	*F*	

Eine Gegenüberstellung des Verhältnisses Fb : S mit den getesteten reinen Flockungsbeschleunigern zeigt bei etwa gleichen Werten die guten koagulationsbeschleunigenden Eigenschaften des verwendeten Abwassertyps am optimalen Punkt.

Durch Verschiebung des pH-Wertes in das alkalische Potential war bei einigen Flockungsbeschleunigern einschließlich Dederonabwasser die flockungs- und sedimentationsbeschleunigende Wirkung stark zurückgegangen. Die Gründe hierfür sind darin zu suchen, daß bei einem alkalischen pH-Wert evtl. eine Ladungsumladung der Mizellen der Linearkolloide eintreten kann und ihre Wirkung gegen Null strebt. Durch Verschlechterung der Flockungsverhältnisse konnte gleichzeitig eine damit verbundene schlechtere Reinigungswirkung beobachtet werden.

Versuche mit Schlammkreisläufen nach dem Prinzip des Schlammkontaktverfahrens unter Anwendung von Beschleunigern sollten zeigen, ob die schon durch Schlammkreislaufführung bewirkte Steigerung der Koagulationsgeschwindigkeit noch weiter erhöht werden kann. Diese Versuche wurden in einer Modellanlage mit einem Fassungsvolumen von 4 Litern durchgeführt. Die Ergebnisse zeigten, daß die nach dem klassischen Flockungsverfahren ermittelten Reinigungsleistungen bei optimaler Sedimentationsgeschwindigkeit auch unter 40%iger Einsparung an Flockungsbeschleunigern ebenfalls erreicht werden können.

Mit einer halbtechnischen Versuchsanlage vom Typ „Rezirkulator" wurden an den verschiedensten Rohwässern unter Anwendung des Dederonabwassers als Flockungsbeschleuniger umfangreiche Untersuchungen angestellt [8]. Diagr. 1 zeigt als Beispiel die beschleunigte Eindickung von gebildetem Schlamm bei Anwesenheit von Dederon-Abwasser-Inhaltsstoffen. Hervorzuheben ist, daß in

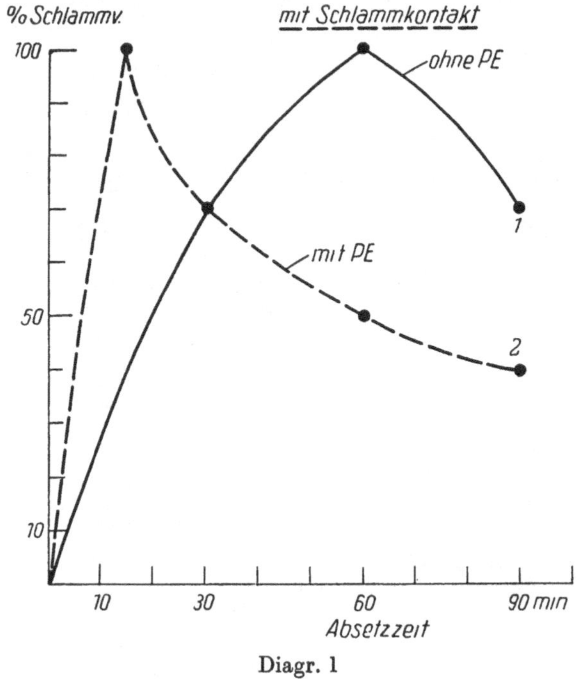

Diagr. 1

einigen Fällen noch weitaus günstigere Ergebnisse mit Dederonabwasser erzielt wurden. So konnte z. B. eine Schlammanreicherung auf etwa 15% bei einer Absetzzeit von nur 10 Min. beobachtet werden.

Wie dem Verlauf der zweiten Kurve zu entnehmen ist, wird die Flockenbildung nicht im gleich starken Maße gefordert, wie die anschließende Sedimentation.

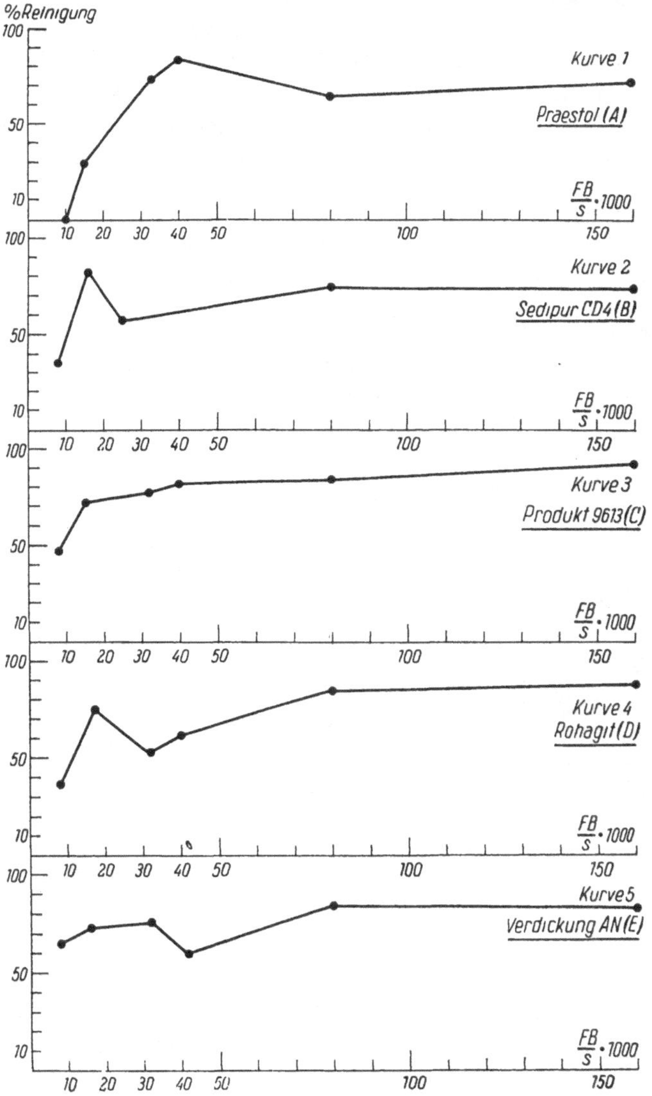

Diagr. 2

Trotzdem kann man von einer Doppelwirkung als Koagulations- und Sedimentationsbeschleuniger sprechen: Wie bereits Testversuche zeigten, lohnt sich ein Einsatz bei der Schlammbehandlung.

Untersuchungen über die Verteilung der im Dederonabwasser enthaltenen Inhaltsstoffe in der Wasser- und Schlammphase

Untersuchungen über den Verbleib der nicht direkt am Flockungsprozeß beteiligten Abwasserinhaltsstoffe ergaben, daß die Präparationen – gemessen am $KMnO_4$-Verbrauch – bei der Flockung am Flockenschlamm adsorptiv gebunden werden. Das Mischungsverhältnis Lactam zu Präparationen beträgt 2 zu 0,6. Diese geringe Menge Präparationssubstanz von 0,6 mg/*l* liegt weit unter den für Gewässer zulässigen Grenzwerten. Abschließend sei das Ergebnis chromatographischer Untersuchungen mitgeteilt, bei denen der Verbleib der synthetischen organischen Polyelektrolyte und das Lactam in der Schlamm- und Wasserphase nachzuweisen war Die Bestimmungen erfolgten nach zwei verschiedenen Methoden·

1. der direkte Nachweis der Peptit-Amid-Struktur [9]

2. die Bestimmung der nach Hydrolyse gebildeten freien Aminogruppe.

Die Nachweisgrenze der ersten Methode liegt bei etwa 10 μg und bei der zweiten bei etwa 50 μg. Festgestellt werden konnte, daß keine Polyelektrolyte im Wasser verbleiben. Eine Kontrolluntersuchung des Schlammes bestätigte das Resultat.

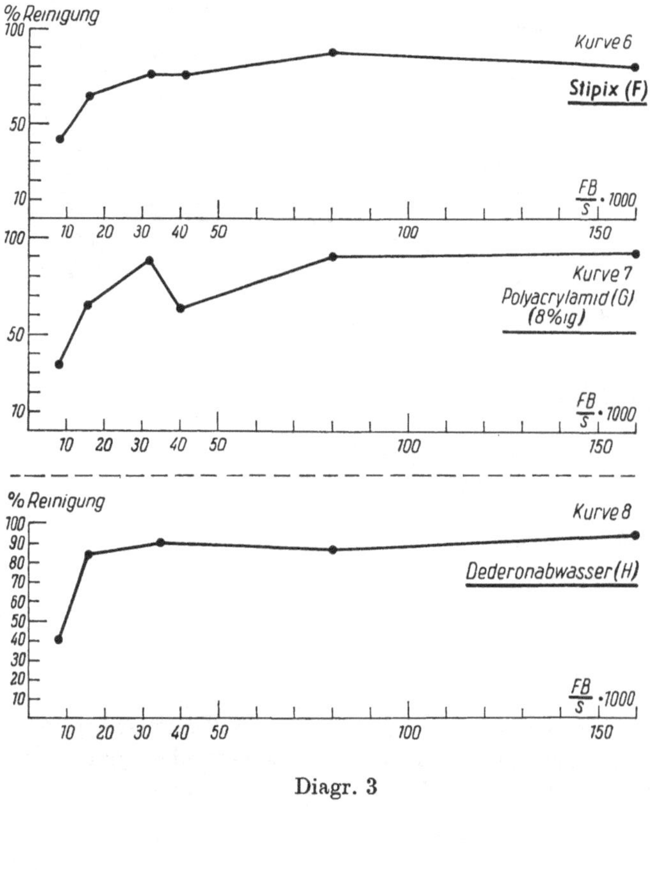

Diagr. 3

Literatur

[1] GORONOWSKI, I. T.: Der Einfluß des Gehaltes an Austauschionen auf die Kinetik der Koagulation der sich während der Klärung des Frischschlammes bildenden Hydroxyde des Aluminiums und Eisens. Übersetzung eines in den Mitteilungen des Institutes WODGEO, Moskau, 1956 veröffentlichten Berichtes. Staatsverlag für Architektur und Bauwesen, Moskau

[2] MACKERLE, S. u. a.: Beobachtungsergebnisse an einer halbtechnischen Versuchsanlage zur Wasseraufbereitung nach dem Flockenwirbelschichtverfahren. Wasserwirtschaft-Wassertechnik **7** (1957) 11, S. 428–431

[3] HOSUNG, W.: Erfahrungen mit dem Accelator in der Wasseraufbereitung. Veröffentlichung des Institutes für Siedlungswasserwirtschaft der TH Hannover (1960), 6, S. 81–98 (Vorträge des 1. Fortbildungskursus für Ingenieure der Siedlungswasserwirtschaft)

[4] CHRIST, W.: Die Wasserreinigung nach dem Schlammkontaktverfahren. Wasserwirtschaft-Wassertechnik **10** (1960), 3, S. 99–105

[5] RUMMEL, W.: Beeinflussung des Hydratationsgrades anorganischer Abwasserschlämme. Wasserwirtschaft-Wassertechnik **10** (1960), 3, S. 121–127

[6] FIEDLER, H. J.: Chemie, Wirkung und Anwendungsgebiete synthetischer organischer Koagulations- und Peptisationsmittel. Wasserwirtschaft-Wassertechnik **8** (1958), 12, S. 561–564

[7] COHEN, I. M. u. a.: Natural and synthetic polyelektrolytes as Koagulant aids. (Natürliche und synthetische Polyelektrolyte als Fällhilfsmittel) Journal American Water Works Assocation (JAWWA) **50** (1958), 4, S. 463–478

[8] Versuche mit dem Rezirkulator bei der Brauch- und Trinkwasseraufbereitung durch Koagulation. Forschungsauftrag „Schlammkontaktverfahren" im Institut für Wasserwirtschaft der DDR, Berlin

[9] ZAHN, H. und E. REXROTH: Zur Papyrographie von Carbonamiden. Zeitschrift für analytische Chemie, 148. Bd. (1955/56) S. 181–186. Überarbeitet im Institut für Wasserwirtschaft, Berlin

W. Rummel

Institut für Wasserwirtschaft, Berlin

Huminstoff-Adsorption an Oxidhydraten bei der Wasseraufbereitung

Zusammenfassung: Steigender Wasserbedarf von Bevölkerung, Industrie und Landwirtschaft sowie eine zunehmende Verschmutzung der Oberflächenwässer, die in einigen Gebieten der DDR auch auf die Grundwasservorräte übergegriffen hat, stellen erhöhte Anforderungen an die chemische Wasseraufbereitungstechnik. Die aus den Rohwässern zu beseitigenden Schmutzstoffe besitzen chemisch unterschiedliche Zusammensetzung und sind vielfach von komplizierter Struktur. Vorwiegend die organischen Wasserinhaltsstoffe und insbesondere die humiden Substanzen verursachen bei der Wasseraufbereitung und -nutzung erhebliche Störungen. Die in der Wasseraufbereitungstechnik verbreitete und zur Zeit wirtschaftlichste Methode ist das Adsorptionsverfahren unter Verwendung von Flockungschemikalien wie das Eisen-III-Chlorid und das Aluminiumsulfat zum Beispiel.

Die aus der Praxis bekannten und wiederholt durch Huminstoffe aufgetretenen Schwierigkeiten bei der Wasseraufbereitung gaben Anlaß, umfassende Untersuchungen über die Adsorptionswirkung geflockter Fe-III- und Al-Oxidhydratniederschläge durchzuführen. Graphisch ausgewertete Adsorptionsschlämme bestätigen, daß zwischen Adsorptionswirkung von Oxidhydrat-Niederschlägen und den Flockungsbedingungen eine enge Beziehung besteht; hierzu zählt auch der Einfluß in natürlichem Wasser vertretener Inhaltsstoffe. Die unter bestimmten Voraussetzungen ermittelten, durchschnittlichen Adsorptionsmaxima zeigen, daß eine Steigerung der Adsorptionswirkung von Oxidhydrat-Niederschlägen um ein Vielfaches möglich ist. Hieraus resultiert — bei Anwendung in der Praxis — eine wirtschaftlich bessere Ausnutzung von Flockungschemikalien. Die gewonnenen Untersuchungsergebnisse sind Grundlage weiterer Versuche, die auch das Problem der Wiederverwertbarkeit gebrauchter Flockungschemikalien für die Wasseraufbereitung berühren.

Bereits vor mehr als 100 Jahren wurden bei der Grobreinigung von Wasser oxidhydratbildende Flockungsmittel angewandt. In Fachzeitschriften jener Zeit wird über die Aufbereitung von Seine- und Themse-Wasser für die Trinkwasserversorgung berichtet [1, 2]. Farb- und trübstoffbildende Komponenten dieser Wässer konnten durch Einsatz von Aluminiumsalzen adsorptiv weitestgehend entfernt werden. Das Verfahren der Flockung von Aluminium- und Eisensubstanzen zur Beseitigung unerwünschter Wasserinhaltsstoffe hat sich bis in die heutige Zeit erhalten. Die relativ große Adsorptionsleistung der bei dieser Wasseraufbereitungsmethode hydrolytisch gebildeten Oxidhydrate des Aluminiums und Eisens gewährleistet — nach heutigen Maßstäben bewertet — eine wirtschaftlich vertretbare Aufbereitungstechnologie, so daß neuere Verfahren wie die Adsorption an A-Kohle und insbesondere an bestimmte Kunstharze infolge hoher Investitions- und Betriebskosten nur in besonderen Fällen herangezogen werden.

Der Verlauf eines chemischen Vorganges wird von seinen Reaktionsbedingungen bestimmt. Hydrolyse und Flockung von Aluminium- und Eisenverbindungen können durch physikalische und chemische Einflüsse beschleunigt oder gehemmt werden. In Gegenwart von Hydrogenkarbonationen oder durch Zusatz hydroxylionenbildender Stoffe wird die Hydrolysegeschwindigkeit bei der technischen Wasseraufbereitung gesteigert; die Koagulations- und Sedimentationsgeschwindigkeiten lassen sich durch Zusatz entsprechender Mengen geeigneter Polyelektrolyte vergrößern. Bestimmte, zumeist organisch verschmutzte Rohwässer, die einen hohen natürlichen Eisengehalt aufweisen, können vielfach nur unter hohem Chemikalienaufwand und besonderen technischen Vorrichtungen wirksam gereinigt werden. Im Jahre 1961 wurde zum Beispiel im Wasserwerk Barby eine Verschlechterung der Trinkwasserbeschaffenheit festgestellt. Die zunehmende Wasserinanspruchnahme von Bevölkerung und Industrie erforderte eine erhöhte Inanspruchnahme der dort seit etwa 3 Jahren in Betrieb befindlichen Brunnengalerie. Die im Abstand von jeweils 100—200 längs des Elbe-Ufers niedergebrachten Brunnen liefern ein chemisch unterschiedlich zusammengesetztes Rohwasser. Der Eisengehalt der Brunnenwässer lag zwischen 4,8 und 33 mg/*l*, der Kaliumpermanganatverbrauch entsprechend zwischen 17,6 und 24 mg/*l*. Der anzustrebende Trinkwasserrichtwert von 0,1 mg/*l* konnte durch die unzureichenden technologischen Wasserwerkseinrichtungen nicht eingehalten werden, so daß die Wasserverbraucher berechtigt Beschwerde führten. Das Gemisch der einzelnen Brunnenwässer ließ sich nach Veränderung der chemischen Verfahrensweise dem geforderten Reinheitsgrad entsprechend aufbereiten. Verschiedene Brunnenwässer mit einem Fe-Gehalt von 4,8 und 6,8 mg/*l* und einem Permanganatverbrauch von 17,6—24 mg/*l* konnten — auch nach Zusatz von Polyelektrolyten — nicht oder nur ungenügend gereinigt werden, da Koagulation und Sedimentation der Fe-Bestandteile infolge Schutzkolloidwirkung gelöster organischer Wasserinhaltsstoffe sehr stark gehemmt wurden.

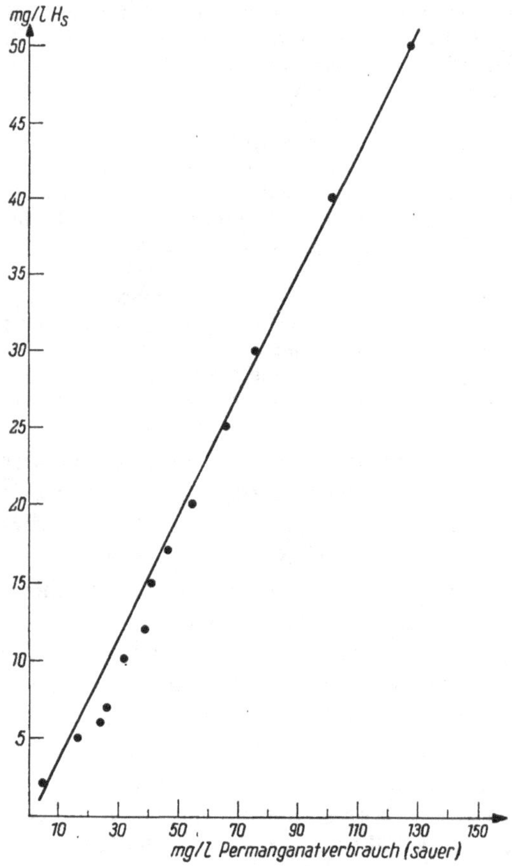

Abb. 1: Permanganat-Verbrauch in Abhängigkeit von der Huminstoff-Konzentration

Besonders die schutzkolloidbildenden Huminstoffe — sie gelangen auf natürlichem Wege durch Auswaschung von Moorlagerstätten oder künstlich als Abwasserinhaltsstoffe der Kohle- oder Erdölverarbeitung in die Oberflächen-

und Grundwässer — verhindern die pH-abhängige Aggregation von Oxidhydratflocken, so daß bei der Wasseraufbereitung mit Aluminium- und Eisensalzen eine verzögerte Klärung bei geringer Reinigungswirkung zu beobachten ist. Zum Studium der Adsorptionswirkung von Aluminium und Eisen-III-Oxidhydrat in Anwesenheit von Huminstoffen wurden daher zahlreiche Laboruntersuchungen mit Berliner Trinkwasser (Kaliumpermanganatverbrauch: 10—12 mg/l) durchgeführt, das jeweils mit verschiedenen Mengen eines Huminsäurepräparates der Firma Merck, Darmstadt, angereichert wurde. Das mittlere Molekulargewicht dieses Huminsäurepräparates betrug etwa 800. Die bei den Versuchen erzielte Huminstoffadsorption konnte durch Ermittlung des Kaliumpermanganatverbrauches der Wasserproben bestimmt werden. Abb. 1 zeigt den in Abhängigkeit von der Huminsäurekonzentration ermittelten Kaliumpermanganatverbrauch in saurem Medium. Da kein chemischer Sauerstoffverbrauch (CSV) nachweisbar war, wird gefolgert, daß das verwendete Huminsäurepräparat nicht oxidierbar sondern hydroxylierbar ist.

Der Zusatz von Aluminiumsulfat oder Eisen-III-Chlorid als Flockungsmittel erfordert zur Einhaltung optimaler Hydrolyse- und Flockungsbedingungen die Kenntnis der jeweils anzuwendenden CaO-Menge.

Veränderungen der Temperatur zwischen 5 und 15 °C ergaben nur unbedeutende Abweichungen des Kurvenverlaufes; gemäß der allgemein für die Hydrolysegeschwindigkeit gültigen Formel

$$V_1 = V_0 \cdot 2^{0,1\,T}$$

war eine zeitliche Verzögerung des Reaktionsverlaufes festzustellen.

Die Oxidhydrate besitzen in frischgefälltem Zustand eine sehr große und adsorptionsfreudige Oberfläche. Messungen zufolge [3] beträgt die Oberfläche kolloiddisperser Flocken mit einem Durchmesser von 10^{-6} cm und einer Dichte von 2,5 bei einer Konzentration von 200 mg/l : 182000 m²! Infolge Alterung verkleinert sich die Oberfläche der Oxidhydratflocken, und die Adsorptionsleistung nimmt ab. Untersuchungen haben ergeben, daß bereits nach 10minutiger Alterung die Adsorptionsleistung von Al- und Fe-III-Oxidhydratflocken um 50 bis 60% abnimmt.

Zur Beurteilung der Adsorptionsleistung eines Adsorptionsmittels wird häufig die Adsorptionsisotherme herangezogen. Ähnlich der Ermittlung des „Durchbruches", d. h. der Erschöpfung einer Adsorptionssäule bei der Trennung eines Gasgemisches läßt sich die Adsorptionswirkung eines Adsorptionsmittels in wäßriger Phase ermitteln. Infolge der Vielfalt der in natürlichen Wässern vorhandenen chemischen Inhaltsstoffe sind die Adsorptionsvorgänge bei der Wasserreinigungstechnik unter Verwendung frischgefällter Oxidhydratsuspensionen weitaus komplizierter. Die für die Praxis entscheidenden Kriterien lassen sich jedoch durch umfassende Versuchsreihen, bei Einhaltung konstanter physikalischer Bedingungen, durch quantitative chemische Analysen hinreichend genau feststellen:

1. Bestimmung der angewandten Adsorptionsmenge,
2. Ermittlung der adsorbierten Schmutzstoffmenge, bewertet am Kaliumpermanganatverbrauch vor und nach der Adsorption zum Beispiel.

Aus den unter 1. und 2. gewonnenen Daten läßt sich das Mengenverhältnis von adsorbierbarem und durch Kaliumpermanganat hydrolysierbaren Schmutzstoff eines Rohwassers zu der jeweils angewandten Flockungs- bzw. Adsorptionsmittelmenge, ausgedrückt in

$$\frac{\text{g adsorb. Schmutzstoffe,}}{\text{g angew. Adsorptionsmittelmenge}}$$

errechnen.

Aus den ursprünglich vorhandenen und der jeweils nach Adsorption verbliebenen Schmutzstoffmenge eines Wassers läßt sich der prozentuale Reinigungseffekt errechnen.

Wie den nachfolgenden Ausführungen zu entnehmen ist, bietet der vorgenannte Quotient einen für die Praxis der Wasserreinigung geeigneten Maßstab zur Beurteilung der Adsorptionsfähigkeit suspendierter Oxidhydrate. Diese Bezugsgröße gestattete den Vergleich der Adsorptionseigenschaften eines Adsorptionsmittels bei unterschiedlichen Aufbereitungsbedingungen. Darüber hinaus kann mit Hilfe dieses Quotienten im Rahmen der in der Praxis zulässigen Variationsbreite bestimmter Wasseraufbereitungsbedingungen (pH-Wert, Temperatur, Säure- oder Alkaliverbrauch u. a.) die optimale, durchschnittliche Adsorptionsleistung des betreffenden Adsorptions- bzw. Flockungsmittels festgestellt werden. Diese Untersuchungsbefunde sind bekanntlich wichtige Faktoren für den Wirtschaftlichkeitsnachweis eines Wasserreinigungsverfahrens.

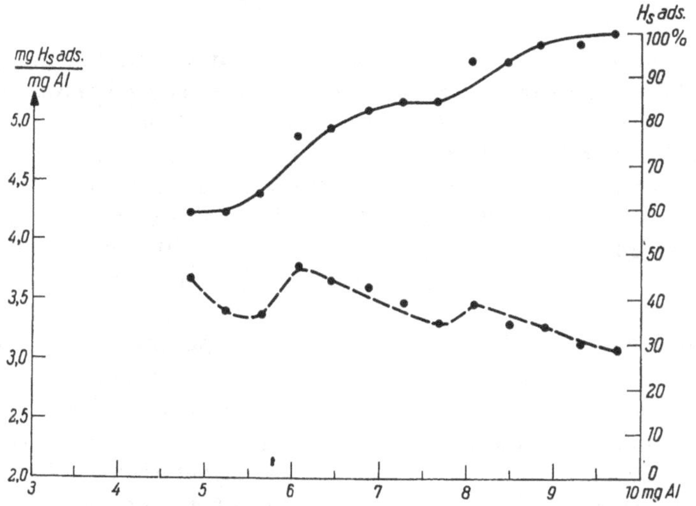

Abb. 2: Huminstoff-Adsorption in Abhängigkeit vom Al-Flockungsmittel-Zusatz

Umfangreiche Laboruntersuchungen über die Huminstoffadsorption wurden mit Huminsäure — (Hs)-Lösungen von jeweils 10, 20, 30 und 40 mg/*l* durchgeführt. Am Beispiel einer Versuchsreihe mit 30 mg/*l* Hs zeigen Abb. 2 und 3 jeweils den Verlauf der Huminsäureadsorption in Abhängigkeit vom Flockungsmittelzusatz, bemessen in mg Al^{+++} bzw. mg Fe^{+++}. Diese graphischen Darstellungen lassen erkennen, daß mit zunehmender prozentualer Adsorptionswirkung die Adsorp-

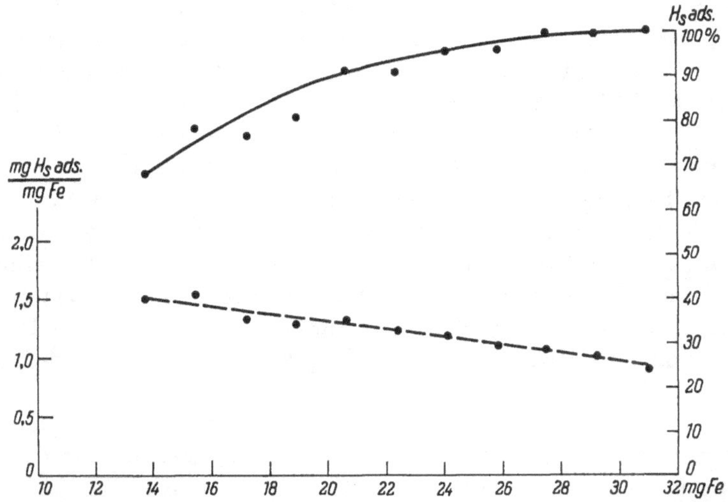

Abb. 3: Huminstoff-Adsorption in Abhängigkeit vom Fe-Flockungsmittel-Zusatz

tionsleistung je mg Flockungsmittel abnimmt. Hiermit wird die allgemeine Erkenntnis bestätigt, daß die Beseitigung geringerer Schmutzstoffmengen – ins Verhältnis zu größeren Schmutzstoffkonzentrationen eines Wassers gesetzt – einen höheren Chemikalienaufwand erfordert. Diese Tatsache ist von volkswirtschaftlichem Interesse und muß neben anderen zwingenden Momenten die verantwortlichen Mitarbeiter der Industrie verpflichten, die in den Betrieben entstehenden Abwässer im Interesse einer ökonomisch vertretbaren Aufbereitung zur

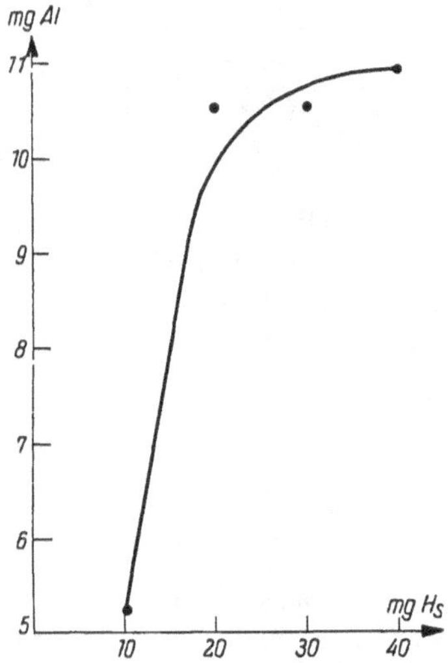

Abb. 4: Al-Bedarf zur 100%igen Huminstoff-Adsorption

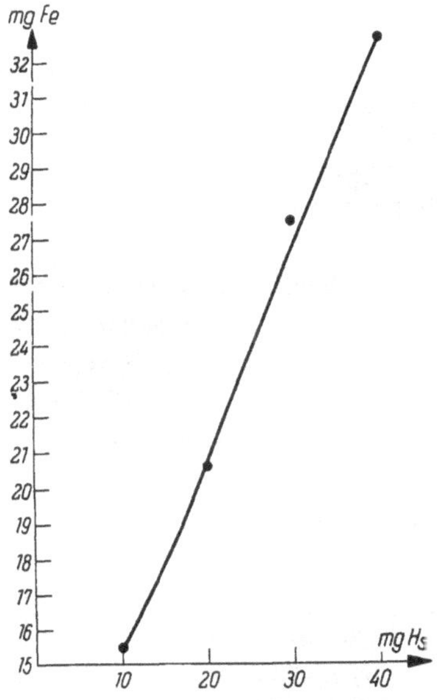

Abb. 5: Fe-Bedarf zur 100%igen Huminstoff-Adsorption

Bereitstellung eines chemisch und hygienisch einwandfreien Trinkwassers für die Bevölkerung vollständig zu reinigen! Abb. 4 und 5 enthalten die im Konzentrationsbereich von 0—40 mg/l Huminsäure zur 100%igen Adsorption benötigten Al^{+++}- und Fe^{+++}-Flockungsmittelmenge. Während am Beispiel des Eisens ein nahezu proportionales Verhältnis zwischen Huminsäureadsorption und Chemikalienverbrauch besteht, steigt der Aluminiumsalzbedarf zur Abscheidung von Huminsäure bei Konzentrationen von 30 mg/l Hs, einem pH-Wert von 6,5 und einer Temperatur von 15 °C nur unwesentlich. Bei zunehmender Huminsäurekonzentration bis zu 80 mg/l, dieser Wert entspricht einem Kaliumpermanganatverbrauch von etwa 200 mg/l, genügen bereits 11,5 mg Al zur vollständigen Huminsäurebeseitigung. Daraus errechnet sich für 1 mg Aluminium eine Huminstoffadsorption von 7 mg Huminsäure bzw. 26 mg kaliumpermanganatverbrauchende Substanz.

Zur Untersuchung des Einflusses bestimmter chemischer und physikalischer Bedingungen auf die Adsorptionsleistung der Oxidhydrate des Aluminiums und Eisens wurden 30 mg/l Huminsäure jeweils in 1 Liter destilliertem Wasser, Berliner Trinkwasser und durch HCl bei einem pH-Wert von 2,4 entkarbonisiertem und anschließend mit NaOH neutralisiertem Berliner Trinkwasser gelöst. Bei einem pH-Wert von 6,5 wurden dann die Proben mit bestimmten Mengen Al-Salz behandelt. Das in Tabelle 1 wiedergegebene Untersuchungsergebnis zeigt, daß durch den Salzgehalt des entkarbonisierten Berliner Trinkwassers (Abdampfrückstand 390 mg/l) gegenüber der destillierten Wasserprobe bei nahezu gleichem Reinigungseffekt ein Chemikalienmehrverbrauch von 4,5% entsteht.

Tabelle 1

	Dest. Wasser	entkarboniertes Trinkwasser	Trinkwasser
Optimal benötigte Chemikalmenge mg/l Al	5,7	6,05	8,1
% Adsorption Huminsäure	95	98,2	95
Chemikalienmehrverbrauch %	0	4,5	29

Bei Anwendbarkeit von etwa 8 °d Karbonathärte (Berliner Trinkwasser) erhöht sich der Chemikalienmehrverbrauch gegenüber dest. Wasser um 29%! In Ergänzung zu den soeben angeführten Versuchen wurden die Flockungsbedingungen für Al- und Fe-III-Oxidhydrat durch Verminderung des pH-Wertes auf 5,5 resp. 6,5 verändert (Restkarbonathärte 2,0 °d resp. 4,5 °d).

Tabelle 2

	Aluminiumsulfat			Eisenchlorid		
Chemikalzugabe (mg/l)	1,62	2,43	3,24	6,88	10,33	13,8
Hs-Adsorption (%)	87,4	92,6	96,8	40,0	71,8	86,2
mg Hs mg^{-1} · Flm*)	16,0	11,4	8,75	2,13	5,72	1,88

*) Flockungsmittel-Kation

Eisen-III-Oxidhydrat zeigte bei allen Untersuchungen gegenüber dem angewandten Huminsäurepräparat eine geringere Adsorptionsfreudigkeit; sein höchster ermittelter Adsorptionswert betrug 5,7 mg Hs · mg^{-1} Fe bei einer Reinigungswirkung von nur 40% (vgl. Tab. 2). Mit 1,62 mg Al konnten von 30 mg/l Huminsäure 26 mg/l durch Adsorption zur Abscheidung gebracht werden, was einer durchschnittlichen Adsorptionsleistung von 16 mg Hs · mg^{-1} Al entspricht. Die hierbei beobachtete Huminstoffadsorption von nur 87% läßt darauf schließen, daß der Wert von 16 mg Huminsäure bzw. 40—45 mg $KMnO_4$ · mg^{-1} Al das in der Wasseraufbereitungspraxis durchschnittliche, optimal erreichbare Adsorptionsoptimum darstellt.

Einige orientierende Ergebnisse der technischen und halbtechnischen Aufbereitung von verschiedenen Oberflächenwässern in der DDR mittels Aluminiumsulfat sind in Abb. 6 eingetragen.

Der Kaliumpermanganatverbrauch der einzelnen Gewässer liegt im Bereich zwischen 30 und 100 mg/l. (Der Adsorptionsleistung von 7,7 mg Permanganat-

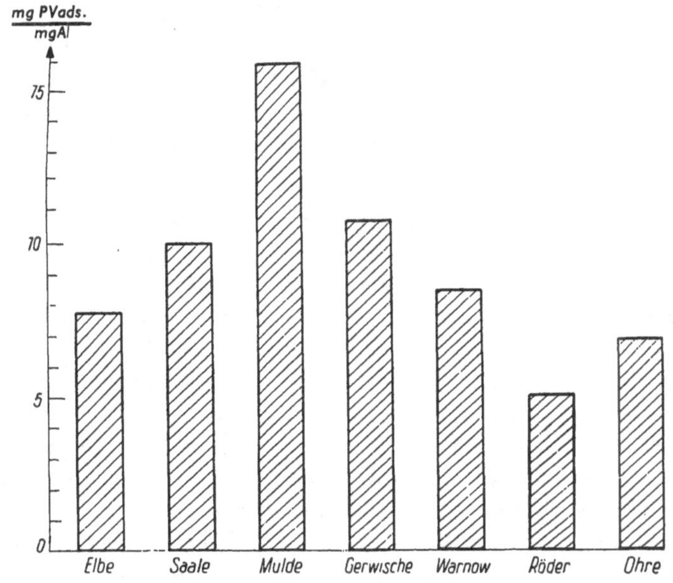

Abb. 6: Schmutzstoff-Adsorption durch Al-Salze bei der Aufbereitung verschiedener Oberflächenwässer

verbrauch · mg^{-1} Al liegt ein Permanganatverbrauch des Elbewassers von 230 mg/l zugrunde.)

Konstitution, Zusammensetzung chemischer und physikalischer Eigenschaften der verschiedenen Huminstoffgemische weichen stark voneinander ab; daher besitzen die mitgeteilten Adsorptionswerte keine allgemeine Gültigkeit sondern können nur als relative Bezugsgröße für eine optimal erzielbare Adsorptionsleistung der in der Wasseraufbereitungspraxis gebräuchlichen Oxidhydrate bewertet werden. Als Beispiel für das unterschiedliche Adsorptionsverhalten der Oxidhydrate gegenüber organischen, zum Teil huminartigen, Substanzen sei das

Wasser der Ohre, einem Vorfluter der nördlich Magdeburgs gelegenen Letzlinger Heide herangezogen. Im Rahmen umfassender halbtechnischer Rezirkulatorversuche stellte Starke [4] fest, daß ein großer Teil der zunächst an frisch gefälltes Fe-III-Oxidhydrat adsorbierten organischen Wasserinhaltsstoffe nach einer Alterungszeit von 20—40 Minuten desorbiert wurden. Diese Erscheinung konnte bei den mit Huminsäurepräparat nach Merck beladenen Oxidhydratflocken nicht oder nur bedingt bestätigt werden. Al- und Fe-III-Oxidhydratschlammproben mit bekanntem, adsorbiertem Huminsäuregehalt wurden jeweils in 1 *l* destilliertem und Berliner Trinkwasser bei pH-Werten von 6,0 und 8,5 geschüttelt.

Tabelle 3

pH-Wert	Dest. H_2O 6,0	Dest. H_2O 8,5	Trinkwasser 6,0	Trinkwasser 8,5
Zugabemenge adsorbiert Hs (mg/*l*)	desorbierte Huminsäure (mg/*l*)			
58	2,0	5,2	0,1	1,6
116	3,6	8,0	0,1	2,0
Desorption von Hs aus $Fe_2O_3 \cdot n.$ H_2O-Schlamm				
78	2,6	16,6	1	2,6
196	2,4	31,6	0,6	3,4
Desorption von Hs aus $Al_2O_3 \cdot n \cdot H_2O$-Schlamm				

Sowohl in saurem als auch in alkalischem destilliertem Wasser war bei beiden Schlämmen, wie in Tabelle 3 erkennbar ist, eine bemerkenswerte Desorption festzustellen. Infolge des Salzgehaltes zeigten die behandelten Trinkwasserproben einen geringeren Anstieg des Permanganatverbrauches. Die im alkalischen dest. Wasser beobachtete Desorption ist vorwiegend auf die Löslichkeit des amphoteren Aluminiumoxidhydrates bei höheren pH-Werten zurückzuführen. Die aus dem Fe-III-Oxidhydratschlamm gelösten Fe-Bestandteile betrugen 0,1—0,5 mg/*l*Fe^{+++}.

Am Beispiel der Oxidhydrate des Aluminiums und dreiwertigen Eisens wurde die Adsorbierbarkeit eines Huminsäurepräparates untersucht. Die hierbei erzielbare durchschnittliche optimale Adsorptionsleistung der Oxidhydrate ist abhängig von den Flockungsbedingungen und von den chemischen und physikalischen Eigenschaften der Huminstoffe. Die bei technischen, halbtechnischen und Laborversuchen ermittelten und mitgeteilten Adsorptionsleistungen sind daher als relative Bezugsgröße zu bewerten. Sie zeigen die hohe Adsorptionswirkung frisch gefällter Oxidhydrate, deren sachgemäße Nutzung eine wirksame und wirtschaftliche Wasseraufbereitungstechnologie gewährleisten kann.

Literatur

[1] Jeunet, C.: Die Klärwirkung von Aluminium auf getrübtes Wasser. Moniteur Scient. Fic, 1865, 7, (294), S. 1007—1009

[2] Water Research News, W. 10, Dez. 1960, S. 27—35

[3] Haney, P. D. and M. Asce: Journal of the Hybralities Division Proceedings of the American Society of Civil Engineers Paper 1036, 11 S., August 1956

[4] Starke, W.: Ingenieurarbeit an der Ingenieurschule Chemie Köthen, 6. 6. 1961, 70 Textseiten

W. Huhn
Institut für Lebensmittelchemie der Technischen Universität, Dresden

Quantitative Bestimmung von Calciumlignosulfonat in Flußwasser

Zusammenfassung: In einer Reihe von Elbewasseranalysen wurden verschiedene Bestimmungsmethoden für Lignin miteinander verglichen. Als Bezugssubstanz diente hochmolekulares Calciumlignosulfonat, das durch Aussalzen mit Calciumchlorid aus Sulfitablauge gewonnen wurde. Die Absorptionsmessung im nahen UV-Bereich liefert unwahrscheinlich hohe Werte und ist unbrauchbar. Die Titration mit Trypaflavinlösung bis zur einsetzenden Trübung ist erst bei höheren Konzentrationen für halbquantitative Bestimmungen zu verwenden. Bei der gravimetrischen Erfassung erhält man mit dem Faktor 1,94 gute Resultate. Unter den kolorimetrischen Verfahren ist die Chlorligninbildung am unempfindlichsten. Höhere Werte ergeben sich mit dem Folin-Denis-Reagenz und der Nitrosolignin-Reaktion. Das letztere Verfahren ist dabei vorzuziehen und wird für die Gewässerkontrolle empfohlen.

Immer schwieriger wird die Nutzung von Oberflächenwasser als Trinkwasser wegen der zunehmenden Verunreinigung unserer Flüsse durch Abwässer. Einen wesentlichen Anteil an der Verschmutzung unserer Flüsse hat die Zellstoffindustrie. Täglich fallen in der Deutschen Demokratischen Republik etwa 5000 m^3 Sulfitablauge an. Allein zwischen Pirna und Heidenau gelangen pro Tag 150 t Calciumlignosulfonat in die Elbe. Die an der Elbe gelegenen Dresdener Wasserwerke hatten schon mehrfach Geschmacksbeeinträchtigungen des Wassers zu verzeichnen, verursacht durch Phenole und Chlorphenole.

Qantitative Bestimmung von Calciumlignosulfonat in Flußwasser

Beträchtliche Ligninmengen gelangen durch die Zellstoffwerke in die Gewässer. Ihre quantitative analytische Erfassung behandelt der vorliegende Beitrag. Nach einer Charakterisierung der Sulfitablauge und ihrer Wirkung auf die Flußwasserqualität wird die Isolierung von Calciumlignosulfonat aus der Sulfitablauge beschrieben. Mit Hilfe dieser Substanz wurden verschiedenartige Analysenverfahren geprüft und miteinander verglichen. Es sind die Fällung mit Trypaflavin, die UV-Absorptionsmessung und der kolorimetrische Nachweis als Chlorlignin, Nitrosolignin und durch Reduktion des Folin-Denis-Reagenses. Die Analysenvorschriften werden mit theoretischen Hinweisen angegeben und die Ergebnisse diskutiert. In einer Tabelle ist der Ligningehalt des Elbewassers zwischen Schmilka und Dresden neben dem Pegel, Kaliumpermanganatverbrauch und Farbgrad zusammengestellt. Auch Rohwasser an der Elbe gelegener Wasserwerke wurde untersucht.

Charakterisierung der Sulfitablauge

Der technisch wichtigste Prozeß des Holzaufschlusses zur Zellstoffgewinnung ist das Bisulfitverfahren. Die Kochung erfolgt bei 150 °C unter 4 at Druck mit wäßriger Calciumbisulfitlösung, wobei das Lignin als Calciumsalz der Ligninsulfonsäure in Lösung geht, die Hemicellulosen zu einfachen Zuckern hydrolysieren und rund 50% der Holzsubstanz als fast reine Zellulose zurückbleiben. Da Lignin selbst keine einheitliche Verbindung ist und die Reaktion mit Bisulfit viele neue Varianten einschließt, entsteht ein Gemisch der verschiedensten Ligninsulfonsäuren bzw. ihrer Salze. SCHWABE und HASNER fanden unter Anwendung der Dialysenmethode ein mittleres Molekulargewicht von 1750 und für die Grenzfraktionen 400 und 20500 [1].

Die Menge der Sulfitablauge pro Tonne Zellstoff beträgt nach VOGEL durchschnittlich 350 kg [2]. Ihr spezifisches Gewicht liegt zwischen 1,045 und 1,06. Von den 9—13% Trockensubstanz sind 4—7% anorganischer Natur. Hauptbestandteil der organischen Verbindungen sind die Ligninsulfonsäuren. Verspritete und verhefte Sulfitablauge ist praktisch eine reine 7—9%ige wäßrige Lösung von Calciumlignosulfonat.

Die Veränderung der Flußwasserqualität durch Sulfitablauge

Trotz unzähliger Versuche ist es noch nicht gelungen, das Calciumlignosulfonat der anfallenden Mengen von Sulfitablauge nutzbringend zu verwerten. Da seine Vernichtung mindestens den Aufbau geeigneter Apparaturen erfordern würde, ist die Einleitung in Flüsse immer noch die bequemste, wenn auch nicht sinnvollste Art, dieses lästige Abfallprodukt abzustoßen. Wie die Flußwasserqualität beeinträchtigt wird, ist abhängig vom Verdünnungsverhältnis, von der bereits vorliegenden und noch erfolgenden Verschmutzung und von der Belüftung des Flusses. Nach KLEINERT [3] sind bei einer Verdünnung über 1:20000 keine Schädigungen zu erwarten.

Die Einleitungsstelle macht sich gewöhnlich durch Schaumbildung an der Wasseroberfläche bemerkbar. Ist noch freies Schwefeldioxyd vorhanden, so tritt sofort durch dessen Oxydation ein erheblicher Sauerstoffschwund ein. Wegen des größeren spezifischen Gewichtes der Ablauge erfolgt vor allem bei langsam strömenden Flüssen nur allmählich eine Vermischung, zunächst treten Unterschichtungen auf. Deutlich ist eine Braunfärbung des Wassers zu erkennen.

Die Ligninsulfonsäure selbst entzieht dem Wasser keine nennenswerten Sauerstoffmengen, doch soll sie nach Vogel erheblich zum Pilzwachstum beitragen und nach Absterben dieser Pilze eine sekundäre Fäulnis verursachen [3]. Im Gegensatz dazu behauptet SCHMIDT, daß verspritete und verhefte Ablaugen zu keiner Sphaerotilusbildung führen [4]. Über die Giftigkeit von ligninsulfonsauren Salzen für Fische liegen neuere Untersuchungen von CHOPIN und Mitarbeitern vor [5]. An Behälterfischen wurde nachgewiesen, daß Natriumlignosulfonat unter einer Konzentration von 10 g/l nicht giftig ist. In der Literatur sind nur sehr wenige Angaben über den biologischen Abbau des Lignins im Flußwasser zu finden. Bis jetzt ist nur eine geringe Zahl von einfachen Mikroorganismen bekannt, die Lignin verwerten können. Sein Zerfall verläuft langsam und unvollständig. Er ist u. a.

vom Alter, von der Herkunft und der chemischen Behandlung des Lignins abhängig. In diesem Zusammenhang sei auf die Modellversuche von Kroner und Moore verweisen [6].

Die Isolierung von Calciumlignosulfonat

Den Ausgangspunkt für die quantitative Bestimmung mußte die Gewinnung reinen neutralen Calciumlignosulfonates bilden, wobei es zweckmäßig erschien, eine hochmolekulare Fraktion zu wählen, da diese sicher am längsten im Fluß nachzuweisen ist.

Die Isolierung von neutralem Calciumlignosulfonat durch Aussalzen mit Calciumchlorid versprach den gewünschten Erfolg und wurde nach der von Chopin beschriebenen Methode durchgeführt [7]. Als Merkmal für die Zunahme des Reinheitsgrades diente der Methoxylgehalt. Er wurde nach der bekannten Mikromethode von Vieböck und Schwappach bestimmt. Das gereinigte Calciumlignosulfonat (im folgenden häufig mit CLS abgekürzt) besaß einen Methoxylgehalt von 8,2%. Eine papierchromatographische Prüfung auf Schleicher- und Schüll-Papier Nr. 2043b mit Butanol-Äthanol-Wasser 30:30:50 als Laufmittel ergab im UV-Licht zwei getrennte, verschieden grün fluoreszierende Flecke ähnlicher Intensität. Das isolierte Calciumlignosulfonat war also kein einheitliches Produkt, sondern setzte sich aus zwei etwa gleich starken Fraktionen zusammen.

Fällungsanalytische Methoden zur Bestimmung von Ligninsulfonsäure

Mit dem Nachweis der Ligninsulfonsäure durch Fällungsreaktionen ist der Name A. Noll eng verbunden. Dieser Forscher untersuchte die Wirksamkeit vieler aromatischer Amine und fand 1937 Trypaflavin (3,6-Diamino-N-Methylacridiniumchlorid) als sehr empfindliches Reagens [8].

Arbeitsvorschrift einer halbquantitativen Bestimmungsmethode von Ligninsulfonsäure in Oberflächenwässern

Zu 3 ml einer Reagenzlösung aus 0,25 g Trypaflavin, 90 ml destilliertem Wasser und 10 ml 25%iger Salzsäure tropft man solange Untersuchungswasser, bis mit bloßem Auge eine Trübung wahrzunehmen ist. Die verbrauchte Menge enthält nach Noll rund 63 μg Ligninsulfonsäure. Diese Methode eignet sich erst für Mengen ab 50 mg/l CLS.

Um mit Trypaflavin doch noch zum Ziel zu kommen, wurde die gravimetrische Erfassung des Fällungsproduktes versucht. Calciumlignosulfonat in Mengen bis herab zu 5 mg wurde in 500 ml Wasser gelöst, die Lösung auf 100 bis 150 ml eingeengt und mit 5 ml konz. Salzsäure angesäuert. Tropfenweise wurde 0,5%ige Trypaflavinhydrochlorid-Lösung zugegeben, bis die Fällung vollständig erschien.

Über Nacht setzte sich der flockige Niederschlag gut ab und konnte mit G 4-Fritten abgetrennt werden. Nach Waschen mit 10%iger Salzsäure wurde der Niederschlag bei 105° getrocknet. Die nach dieser Methode gefundenen Werte sind in Tabelle 1 zusammengefaßt.

Tabelle 1

Trübungstitration gegen Trypaflavinlösung

CLS Testlösung (mg/l)	Verbrauch (ml)			CLS errechnet (mg/l)
	Einzelwerte		Mittelwert	
10	1,10	1,10	1,10	57
20	0,80	1,10	0,95	66
30	1,00	1,00	1,00	63
40	1,10	(0,40)	1,10	57
50	0,85	(0,50)	0,85	74
60	0,80	(0,50)	0,80	79
70	0,80	0,60	0,70	90
80	0,70	0,70	0,70	90
90	0,50	0,55	0,53	119
100	0,50	0,55	0,53	119

Das Gewicht der Auswaage, in dem auch das Fällungsmittel enthalten ist, beträgt durchschnittlich nur 51,5% der eingesetzten Calciumlignosulfonatmenge. Die beieinanderliegenden Prozentzahlen deuten darauf hin, daß nur eine Fraktion gefällt wird. Eine Multiplikation der Auswaage mit 1,94 ergibt eine gute Übereinstimmung.

Ultraviolett-Absorptionsmessungen

Abb. 1 zeigt das UV-Spektrum einer wäßrigen Lösung des isolierten CLS. Es ist der für Ligninverbindungen typische Kurvenverlauf. Deutlich erkennt man das charakteristische Maximum bei 280 mμ, während das Maximum bei 230 mμ nur als Wendepunkt angedeutet ist. Das hervorstechende Maximum um 210 mμ wird gewöhnlich wegen der apparativ bedingten Unsicherheit der Werte unter 220 mμ nicht in der Literatur beschrieben. Lediglich eine neuere Veröffentlichung

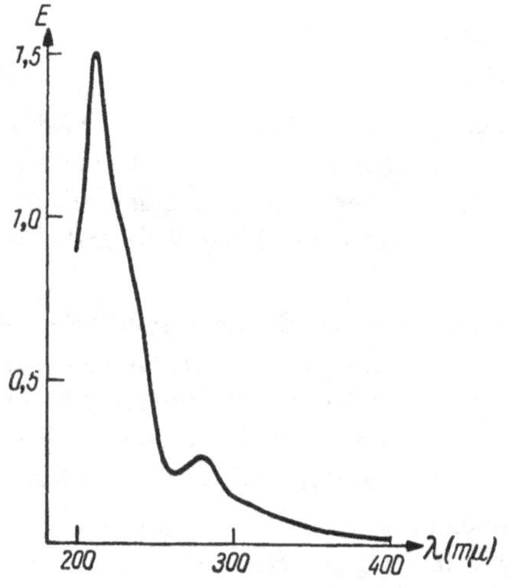

Abb. 1: UV-Spektrum einer wäßrigen Calciumlignosulfonatlösung

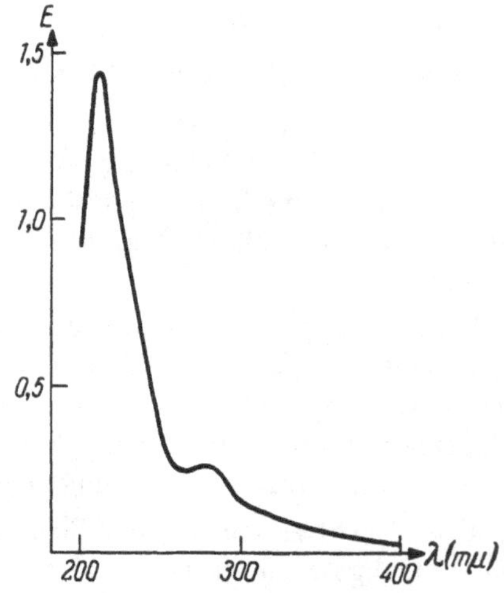

Abb. 2: UV-Spektrum des Elbewassers von Dresden-Laubegast

von SCHÖNING und JOHANSSON weist darauf hin [9]. Über die Zuordnung der Maxima zu einzelnen Chromophorentypen lese man bei FREUDENBERG und SCHUMACHER [10] nach.

Vom Elbewasser, entnommen am linken Ufer bei Dresden, wurde ebenfalls ein UV-Spektrum aufgenommen (Abb. 2). Überraschenderweise ergab sich ein Kurvenverlauf, der der Abb. 1 analog ist und durch keine anderen Wasserinhaltsstoffe gestört zu sein schien. Es lag daher nahe zu prüfen, ob UV-Absorptionsmessungen sich für die quantitative Bestimmung eignen.

Arbeitsvorschrift: Für Konzentrationen bis 10 mg/*l* CLS wurde eine Eichung beim Maximum in der Nähe von 204 mμ vorgenommen. Gerät: Zeißsches Universalspektrophotometer mit Quarzoptik, Küvettenlänge 5 mm, Spaltbreite 2,5 mm. Es entstand eine Eichgerade. Ab 10 mg/*l* wandert das Maximum mit zunehmender Konzentration kontinuierlich in Richtung größerer Wellenlängen und erreicht bei 110 mg/*l* 213 mμ. Damit wurde die von SCHÖNING und JOHANSSON beobachtete Konzentrationsabhängigkeit der Lage dieses Maximums bestätigt. Zwischen 10 und 100 mg/*l* lieferte die Extinktionsmessung beim Minimum 264 mμ und gleicher Küvettenlänge und Spaltbreite ebenfalls eine Eichgerade.

Zusammen mit kolorimetrischen Bestimmungen wurden zehn Wochen lang UV-Messungen des Elbe- und Rohwassers der Wasserwerke Saloppe und Tolkewitz vorgenommen (Tabelle 2).

Die auftretenden geringen Phenol- und Kresolkonzentrationen stören nicht. Huminsäuren haben ein ähnliches Spektrum [11] und erhöhen vermutlich beträchtlich die Absorption. Außerdem ist der Kondensationsgrad des Lignins von Bedeutung.

Die Chlorligninbildung

Die Reaktionen des Chlors mit Ligninverbindungen sind die Grundlage der von GANCZARCZYK vorgeschlagenen kolorimetrischen Bestimmungsmethode von Ligninsulfonsäure in Abwasser [12]. Erwähnt sei ihre Bedeutung bei der Sterilisierung von Trinkwasser aus ligninhaltigen Uferfiltraten.

Durch die Chlorierung färbt sich Lignin, je nach Konzentration, gelb bis ziegelrot. In alkalischer Lösung vertieft sich die Farbe nach braun. Das Absorptionsmaximum liegt bei 457 mμ und erreicht seinen höchsten Wert bei einem Gewichtsverhältnis von Chlor:Methoxyl wie 5 bis 6:1. Das Chlor bzw. die unterchlorige Säure bewirken am Ligninmolekül Substitutions- und Oxydationsreaktionen. Erstere verlaufen augenblicklich und überwiegen bei konzentrierten Lösungen von wenig kondensiertem Lignin, letztere benötigen eine längere Reaktionszeit und können bei verdünntem, aber hochkondensiertem Lignin vorherrschend sein. Das kerngebundene Chlor ist alkalibeständig, das an die Seitenkette gebundene nicht, deshalb kann es nicht als spezifische Reaktion betrachtet werden. Ein möglicher Reaktionsmechanismus wird von IVANCIC und RYDHOLM diskutiert [13].

Arbeitsvorschrift: Zu 100 m*l* Abwasser vom pH 6,5–7,5 bekannter, in mg/*l* Platin ausgedrückter Farbintensität (*b*) und einem Ligninsulfonsäuregehalt unter 100 mg/*l* gibt man bei Raumtemperatur 2 m*l* Chlorwasser mit etwa 5 mg/*l* Chlor,

Tabelle 2

Roh- und Elbwasseranalysen von April bis August 1961

Datum 1961	Pegel Dresden	Elbe Laugegast						Elbe Hosterwitz						Elbe Pirna CLS (mg/l)				Elbe Schmilka CLS (mg/l)				Rohwasser			
		F	*PV*	CLS (mg/l)				*F*	*PV*	CLS (mg/l)				links		rechts		links		rechts		Werk	CLS (mg/l)		
				UV	*Cl*	*N*	*FD*			*UV*	*Cl*	*N*	*FD*	*N*	*FD*	*N*	*FD*	*N*	*FD*	*N*	*FD*		*UV*	*N*	*FD*
12. 4.	258	52	139	62	(15)	18	19	44	51	49	—	(2)	7									Sal.	61	(1)	2
19. 4.	263	48	57	105	(21)	25	28	48	51	84	—	(7)	13									Sal.	32	(2)	4
26. 4.	211	68	164	164	40	54	60	52	57	103	(14)	11	13									Sal.	24	(2)	6
3. 5.	183	68	150	150	35	52	42	48	60	69	—	(7)	10									Sal.	33	(1)	3
10. 5.	175	64	174	114	40	63	50	52	60	89	—	(7)	12									Sal.	22	2	3
17. 5.	217	56	136	88	21	43	40	48	60	66	—	7,5	11									Sal.	25	2	3
24. 5.	188	72	139	106	27	42	39	56	63	59	—	7	12									Sal.	21	2	3
31. 5.	273	48	98	81	20	27	29	48	70	66	—	10	15									—	—	—	—
7. 6.	340	48	82	72	15	16	17	44	57	55	—	7	10									Sal.	27	2	3
14. 6.	383	56	111	68	17	20	19	52	73	60	—	7	10									To.	32	5	10
21. 6.	258	80	139			31	32	52	95			9	13									Sal.		1	3
28. 6.	178	88	193			62	67	68	73			9	13	7	11	7	11	6	10	19	20	Sal.		1	2
12. 7.	102	68	237			80	70	56	70			6	10									—	—	—	—
19. 7.	131	80	177			53	52	76	85			9	13									To.		7	13
26. 7.	159	80	256			90	96	68	79			12	18	8	12	7,5	12	8	13	21	25	—		—	—
2. 8.	177	80	174			51	56	76	70			9	15									Sal.		1	3
9. 8.	102	80	237			90	90	60	63			7	12									To.		7	13
16. 8.	162	76	183			63	63	60	57			5	9									Sal.		1	3
23. 8.	137	60	202			75	69	48	73			11	16	7,5	12	7	12	7,5	13	11	16	Sal.		1	2
30. 8.	104	76	205			81	72	56	66			9	11									To.		7	7

F = Farbgrad (mg/*l* Pt)
PV = Permanganatverbrauch
UV = Quantitative *UV*-Absorptionsmessung

Cl = Chlorligninmethode
N = Nitrosolignin methode
FD = FOLIN-DENIS-Reagens

Sal. = Saloppe
To. = Tolkewitz

vermischt gründlich und versetzt nach 15 Minuten mit 0,2 ml 25%igem Ammoniak. Die nunmehr aufgetretene Farbintensität (a) mißt man ebenfalls in mg/l Platin

$$\text{Ligninsulfonsäure (mg}/l) = (a - b)\ (0{,}213 \pm 5\%)$$

0,213 sei ein Faktor, der dem Farbeffekt beim Chlorieren von Ligninsulfonsäuren aus Fichtenablaugen entspricht. Die Anwendung dieses Faktors bei Testlösungen aus dem isolierten Calciumlignosulfonat ergab nur durchschnittlich 48% der eingesetzten Menge. Geeigneter erschien die Messung mit dem Pulfrich-Photometer. Unter Vorschaltung des Filters S 42 führte die Extinktionsmessung zwischen 10 und 100 mg/l CLS zu einer Eichgeraden, die bei etwa 7 mg/l die Abszisse schneidet. Das deutet darauf hin, daß erst bei dieser Konzentration die Reaktion mit Chlor einsetzt. Die Ergebnisse der Elbeanalysen nach der Chlorligninmethode sind in Tabelle 2 enthalten. Es wurden bis zu 50% weniger Calciumlignosulfonat festgestellt als mit dem Nitrosoligninverfahren und dem Reagens nach Folin-Denis. Wegen dieser Abweichung und der geringen Empfindlichkeit der Chlorligninmethode sind die beiden anderen kolorimetrischen Bestimmungsverfahren vorzuziehen.

Das Reagens nach Folin-Denis

Bereits bewährt für die quantitative kolorimetrische Ligninbestimmung in großer Verdünnung hat sich das als Phenolreagens von Folin und Denis eingeführte Gemisch aus Phosphorwolfram- und Phosphormolybdänsäure [14]. Dieser Komplex ist instabil und wird durch phenolische Substanzen in sodaalkalischer Lösung unter Bildung eines blauen Wolframoxydes reduziert. Die Vorschrift von Kleinert und Wincor zur quantitativen Bestimmung von Sulfitablauge in Wässern [15] wurde mit kleinen Änderungen übernommen.

Das Reagens entsteht durch Lösen von 100 g Natriumwolframat, 20 g Phosphormolybdänsäure und 50 ml 85%iger Phosphorsäure in 750 ml destilliertem Wasser und zweistündigem Kochen unter Rückfluß. Nach dem Erkalten wird es auf 1 l aufgefüllt. Arbeitsvorschrift: 4 ml Folin-Denis-Reagenz gibt man in 100 ml filtriertes Probewasser, dem vorher 0,1 g Natriummetaphosphat zugesetzt wurden, um die Härtebildner nach Alkalisieren in Lösung zu halten. Nach 5 Minuten fügt man 20 ml gesättigte Sodalösung hinzu und kolorimetriert 45 Minuten später die sich bildende Blaufärbung. Sie ist länger als 6 Stunden beständig. Zur Messung wurde ein Pulfrich-Photometer mit Filter S 66 verwendet. Zwischen 1 und 10 mg/l CLS entstand eine Eichgerade, während sich zwischen 10 und 100 mg/l CLS eine Kurve ergab. Es ist empfehlenswert, die Probelösung bei Konzentrationen über 50 mg/l zu verdünnen.

Der durchschnittliche Fehler von 25 Testbestimmungen lag bei 9,4% und die Extremwerte bei $-15{,}6\%$ und $+7{,}9\%$. Versuche über den Einfluß von Harnstoff und niederen Phenolen führten zu folgendem Ergebnis: Harnstoff stört bis zu einer Konzentration von 50 mg/l nicht. Bei einem Phenol-Lignin-Verhältnis 1:50 fallen die Werte etwa 15% zu hoch aus. Die normalerweise im Fluß vorkommenden Spuren wasserdampfflüchtiger Phenole sind bedeutungslos.

Die Nitrosoligninmethode

Zu Unrecht nur wenig beachtet ist die Farbreaktion des Lignins mit salpetriger Säure. Ursprünglich von PEARL und BENSON als visuelle kolorimetrische Methode entwickelt [16], wurde sie von GOLDSCHMID und MARANVILLE durch Auswahl einer geeigneten Filterkombination zur photoelektrischen Messung entscheidend verbessert [17]. Der Reaktionsablauf läßt sich in folgender Weise deuten: Durch Einwirkung der salpetrigen Säure wird das zur Hydroxylgruppe orthoständige Wasserstoffatom substituiert. Mit der Bildung des Nitrolignins ist eine Gelbfärbung der Lösung verbunden. Im ammoniakalischen Medium vertieft sich die Farbe infolge der Umwandlung in die o-chinoide Salzform

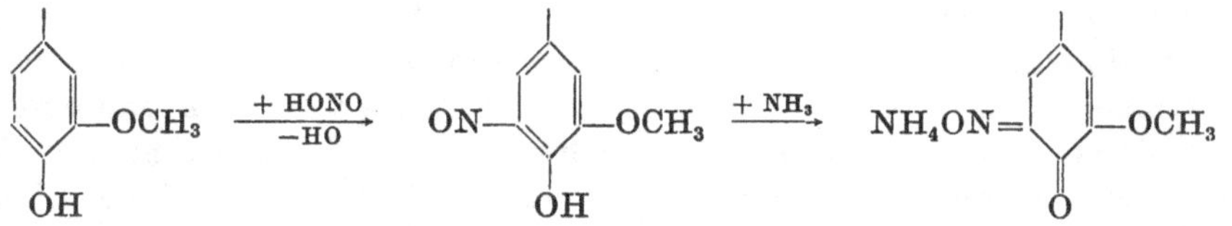

Da allgemein aromatische Phenole und Amine mit salpetriger Säure reagieren, sind durch diese Verbindungen Störungen zu erwarten. Ihre im Flußwasser aber normalerweise äußerst geringe Konzentration ermöglicht eine nahezu einwandfreie Ligninbestimmung.

Arbeitsvorschrift: 150 m*l* der filtrierten Probe werden mit 3 m*l* 10%iger Natriumnitritlösung und 3 m*l* 10%iger Essigsäure gut vermischt. Nach 15 Minuten fügt man 6 m*l* 2n Ammoniak hinzu. Die auftretende gelbe bis gelbbraune Farbe kann sofort gemessen werden und ist über Stunden beständig.

Aufstellung der Eichkurven: Gemessen wurde mit einem Pulfrich-Photometer unter Vorschaltung des Filters S 42. Die Eichkurve verläuft bis 100 mg/*l* CLS geradlinig. Sie kann aber in der wasseranalytischen Praxis nicht reproduziert werden, weil das verwendete Calciumlignosulfonat kein Handelsprodukt ist und sich auch nicht mit gleichen Eigenschaften herstellen läßt. Deshalb wurde die Eichung auf das im Handel erhältliche und noch empfindlicher reagierende Tannin umgestellt. Mit „Tannin Merck reinst" entstand ebenfalls eine Eichgerade. Ausgehend von den Geradengleichungen bei 50 mm Küvettenlänge läßt sich für 1—100 mg/*l* CLS folgende Umrechnungsformel aus den Tanninwerten ableiten:

$$\text{mg}/l\ \text{CLS} = 2{,}19 \cdot \text{mg}/l\ \text{Tannin} - 3{,}54\ .$$

Es sei betont, daß diese Umrechnung nur für das speziell verwendete CLS gültig ist und für andere Ligninpräparate durchaus eine abweichende Form haben kann.

Der durchschnittliche Fehler von 25 Testbestimmungen betrug 5,1%, die Extremwerte —16,7% und + 10,2%. Eine Verfälschung der Werte ist durch aromatische Amine und Phenole zu erwarten, die in o- oder p-Stellung nicht substituiert sind. Die Abweichung der Extinktion gegen eine unbehandelte Probe von der gegen eine mit Essigsäure und Ammoniak versetzte gemessen, weist auf störende Komponenten hin [20]. Mehrfach wurden Roh- und Elbewasser dieser Prüfung unterzogen, wobei keine nennenswerten Unterschiede auftraten. Mit dem Phenol-m-Kresol-Gemisch ergaben sich bei einem Verhältnis Phenole: CLS = 1:50

keine Abweichungen, während bei einem Verhältnis 1:25 die Werte etwa 20% zu hoch ausfielen.

Vergleich zum Folin-Denis-Reagenz

Die langfristigen Elbe- und Rohwasseranalysen (Tab. 2) nach beiden Methoden lieferten annähernd übereinstimmende Werte. Größere Differenzen treten bei niedrigen Konzentrationen auf. Es können auf beide Arten CLS-Konzentrationen bis zu 1 mg/*l* herab direkt erfaßt werden. Folgende Gründe lassen sich für die Überlegenheit der Nitrosolignimethode anführen:

1. Größere Genauigkeit
2. Geringe Empfindlichkeit gegen wasserdampfflüchtige Phenole
3. Möglichkeit einer einfachen Umrechnung von Tannin- in CLS-Werte
4. Analysendauer 20 Minuten gegenüber 55 Minuten
5. Keine Verdünnung bis 100 mg/*l*
6. Minimalster Chemikalienaufwand

Die Nitrosolignimethode eignet sich zur ständigen Überwachung des Calciumlignosulfonatgehaltes der Gewässer und wird in der beschriebenen Form den Wasserlaboratorien empfohlen.

Ergebnisse der Elbe- und Rohwasseranalysen

Die Analysen des Elbe- und Rohwassers dienten nicht nur dem Vergleich der verschiedenen quantitativen Bestimmungsmethoden, sondern brachten auch erstmalig Zahlenwerte über den Ligningehalt der Elbe zwischen Schmilka und Dresden. Es sollte festgestellt werden, mit welcher Ligninbelastung die Elbe in das Gebiet der DDR eintritt, wie stark sich die Einleitung der Ablaugen von Pirna-Heidenau auswirkt, in welchem Maße bei Dresden eine Vermischung erfolgt ist und ob die Uferfiltrate der Wasserwerke Lignin enthalten. Ferner ist der Zusammenhang zwischen Ligningehalt und Wasserführung, Farbgrad und Kaliumpermanganatverbrauch von Interesse. Die beiden letzteren Angaben wurden vom Labor des Wasserwerkes Coschütz freundlicherweise zur Verfügung gestellt.

Bei Schmilka weist die Elbe bereits einen beachtlichen CLS-Gehalt auf. Die höheren Werte am rechten Ufer dürften auf Ablaugeeinleitungen durch die Kamenice kurz vor der Grenze zurückzuführen sein. Bis Pirna ist eine völlige Vermischung eingetreten. Der CLS-Gehalt nimmt am rechten Ufer bis Dresden-Hosterwitz nur schwach zu, während er am linken Ufer bei Dresden-Laubegast auf über das Zehnfache ansteigt. Die zwischen Pirna und Heidenau linksseitig zugeführten großen Ablaugemengen haben sich also bis Dresden nur schlecht mit dem Elbewasser vermischt.

Calciumlignosulfonat gelangt auch in das Rohwasser der an der Elbe gelegenen Wasserwerke. Erwartungsgemäß ließ sich im rechtsseitig gelegenen Werk Saloppe weniger nachweisen (1—2 mg/*l*) als am linken Ufer im Werk Tolkewitz (5—7 mg/*l*). Eine Abhängigkeit zwischen Pegel und CLS-Gehalt ist klar zu erkennen. Zwischen Farbgrad und CLS-Werte sind keine Parallelen vorhanden. Der Permanganatverbrauch steigt und fällt bis auf wenige Ausnahmen mit der CLS-Konzentration.

Literatur

[1] Schwabe, K. und L. Hasner: Cellulosechemie **20** (1942), 61
[2] Vogel, H.: Sulfitzellstoff-Ablaugen. Wepf & Co., Verlag Basel, 1948
[3] Kleinert, Th. und W. Wincor: Papier **8** (1954), 214
[4] Schmidt, E.: Papier **6** (1952), 222
[5] Chopin, J. und B. Huriet: Vortrag, ref. Zellstoff und Papier **1** (1961), 26
[6] Kroner, R. C. and W. A. Moore: Engineering Bulletin, Engineering Extension Department (Purdue Univ.) Vol. XXXVIII, Series Nr. **83** (1954), 122
[7] Chopin, J.: Association Technique de l'Industrie Papetière **3** (1959), 147
[8] Noll, A.: Papierfabrikant (1937), 41
[9] Schöning, A. G. und G. Johansson: Svensk. Papperstidn. **62** (1959), 646
[10] Freudenberg, K. und G. Schuhmacher: S.-B. Heidelberger Akad. Wiss., math.-naturwiss. Kl. 1953/55, 127
[11] Klapper, H.: Wasserwirtschaft-Wassertechnik **10** (1960), 367
[12] Ganczarczyk, J.: Roczniki Chem. (Ann. Soc. chim. Polonorum) **30** (1956), 331, ref. Z. analyt. Chem. **155** (1957) 455
[13] Ivancic, A. und S. A. Rydholm: Svensk Papperstidn. **62** (1959), 554
[14] Folin, O. und W. Denis: J. biol. Chemistry **22** (1915), 305
[15] Kleinert, Th. und W. Wincor: Papier **6** (1952), 513
[16] Pearl, I. A. und H. K. Benson: Paper Trade J. **111** (1940), 235
[17] Goldschmid, O. und L. Fr. Maranville: Analytic. Chem. **31** (1959), 370

M. THONKE
Institut für Wasserwirtschaft, Berlin

Über die biologische Funktion der Belebtschlammflocke

Die Wirkungsweise des Belebtschlammes in dem nach ihm benannten Verfahren beruht auf der Stoffwechseltätigkeit der den Schlamm bildenden Mikroorganismen. Ihre Ansiedlung auf einem als Substrat geeigneten Abwasser ist ein spontaner Vorgang, kann aber durch künstliche Beimpfung beschleunigt werden. Für die oxidative Assimilation der Abwasserinhaltsstoffe ist die Vereinigung der Mikroorganismen zu flockigen Agglomeraten keine unbedingte Voraussetzung, wohl aber für die mechanische Nachklärung und die Erzielung eines möglichst ungetrübten Endablaufes. Wenn auch die Verfahrenstechnik der künstlichen biologischen Reinigung zu einem guten Teil auf der Erzielung eines sedimentierenden Belebtschlammes basiert, so sind in der Belüftungsphase doch andere Kriterien maßgebend, nach denen der Wert der Flockenbildung nicht unbedingt auf der Hand liegt. Es ist z. B. zu berücksichtigen, daß durch das Entstehen größerer Flockengebilde die freie Oberfläche der Mikrobenzellen wesentlich reduziert wird [1, 2]. Die relativ große Oberfläche der Bakterienzellen gilt aber als ein wesentlicher Faktor ihrer quantitativen Stoffwechselkapazität [3, 4]. Wenn andererseits Abwasser mit Hilfe einer Bakteriensuspension unter starker Belüftung behandelt wird [5, 6], entsteht das Bedürfnis, die Nachreinigung durch eine Ausflockung der Bakterien zu erleichtern. Schließlich sei noch die Propagierung einer Zweiphasenbelüftung erwähnt [7], die die Eigenschaften des Belebtschlammes sowohl nach der biochemischen als auch nach der physikalischen Seite besser ausnutzen soll. Diese Andeutungen mögen genügen, um zu zeigen, daß die Charakterisierung der Bildung und des Verhaltens von Belebtschlamm von allgemeinem Interesse ist. Im folgenden soll unter Berücksichtigung neuerer Erkenntnisse ein kurzer Beitrag zur biologischen Einschätzung von Bildung und Funktion der Belebtschlammflocke geliefert werden.

Zweifellos wird die Flockenbildung nicht nur durch die jeweilige Abwasserart, sondern auch durch die Wuchsform der an ihr beteiligten Mikroorganismen und andere Faktoren beeinflußt. Von solchen mehr oder weniger zufälligen Momenten soll in diesem Zusammenhang abgesehen und das Augenmerk vor allem auf die Tatsache gerichtet werden, daß sich bei der Bildung der Schlammflocke Bakterien zusammenlagern, für die normalerweise eine unizelluläre Existenz Artmerkmal ist [8, 9].

Nach RENN [10] hat dieser Vorgang seine Ursachen z. T. schon in physikalischen Erscheinungen. Die Bakterienzellen hätten, ähnlich wie die Moleküle vieler organischer Verbindungen, die Tendenz, sich im Sinne der Energieabnahme des Systems an den Grenzflächen anzureichern. Der Effekt würde an gering konzentrierten Lösungen bzw. Suspensionen besonders augenfällig. Die bei der Belüftung durch die Luftblasen entstehenden Grenzflächen würden zur gegenseitigen Annäherung der Bakterienzellen führen. Für den direkten Zusammenschluß wäre die Schleimsekretion der Bakterien von Bedeutung.

Unter wesentlicher Berücksichtigung kolloidchemischer Gesichtspunkte wird die Bildung der Belebtschlammflocke von McKinney erklärt [8, 11]: Die Stabilität von Bakteriensuspensionen beruht, ähnlich wie die von Kolloiden, auf der gleichnamigen Aufladung der Teilchen und ihrer gegenseitigen Abstoßung. Die Ausflockung der Bakterien setzt eine Verringerung des durch die besonderen Eigenschaften der Zellmembran bedingten Potentials voraus. Da die Ausflockung von Bakteriensuspensionen mit Sicherheit durch Mangelbedingungen bzw. Alterung der Zeilen zu erzielen war, hält der Autor Energiemangel für eine wesentliche Ursache der bakteriellen Zusammenballung. Ihr Zusammenhalt würde durch van der Waalssche Kräfte gewährleistet. Der Vorgang wäre reversibel, da er durch erneute Nährstoffzufuhr, d. h. Energiezufuhr, rückgängig gemacht werden könnte. Bezogen auf den typischen Wachstumsverlauf einer mikrobiellen Standkultur würde die Flockenbildung in die Phase fallen, die nur noch durch Zellsubstanzverluste infolge endogener Atmung gekennzeichnet ist.

Ohne auf den ursächlichen Anstoß zur Belebtschlammbildung näher einzugehen, stellt Hartmann [12] fest, daß das Wachstum der Belebtschlammflocke biologischer Natur ist, und zwar durch bakterielle Zellteilungen an der Peripherie der Flocke erfolgt. Das Zentrum der Flocke wird allmählich anaerob. Dadurch kann der anorganische Anteil der Flocke ansteigen. Im Verlauf der Untersuchungen zeigte sich außerdem, daß je nach organischer Belastung bzw. Nährstoffzufuhr verschiedene Bereiche im Charakter der adaptierten Mikroflora unterscheidbar sind. Beim höchsten Nährstoffangebot lag eine Bakteriensuspension vor. Der nachfolgende Bereich war durch Ausbildung von Sphaerotilus-Flocken gekennzeichnet, und darauf folgte schließlich der Bereich der im Belebungsverfahren erwünschten „Zoogloeenflocke". Der Autor zieht aus diesen Befunden den Schluß, daß sich jeder Belastungshöhe eine entsprechende Assimilationsoberfläche entgegenstellt.

Aus den zuletzt genannten Ergebnissen darf immerhin gefolgert werden, daß die Entstehung und Erhaltung der Belebtschlammflocke nicht allein physikochemischen Ursachen zuzuschreiben ist, sondern auch nach biologischen Kriterien zweckmäßig ist. Davon zeugte das Wuchsvermögen der Flocke und ihre dominierende Rolle in einem ökologisch vor allem durch ein bestimmtes quantitatives Nährstoffangebot definierten Bereich. In diesem Bereich müssen zwangsläufig der nach [11] zur Zellzusammenlagerung führende Aktivitätsverlust der Zellen sowie die ebenfalls zu verzeichnende Einbuße an assimilierender Oberfläche als Faktoren von untergeordneter Bedeutung angesehen werden.

Wenn auch bei Substratüberschuß die Stoffumsatzleistungen der Bakterien weitgehend von ihrer relativ großen Oberfläche abhängen mögen, so dürfte sich diese in verdünnten Medien tatsächlich eher nachteilig auswirken. Typische an mehr oder weniger bewegtes Wasser mit vergleichsweise geringem Substratwert adaptierte Bakterien, wie die Eisenbakterien oder Sphaerotilus natans „opfern“ gewissermaßen die Eigenständigkeit der Einzelzelle zugunsten der Bildung eines Zellverbandes. Dadurch ist ihre relative Oberfläche geringer, aber ihre Masse größer, der Reibungswiderstand gegenüber dem Wasser ist vermindert und das Beharrungsvermögen verstärkt. Diese Formen folgen den Wasserbewegungen schwerfälliger und lassen jeweils ein größeres Wasservolumen passieren, ehe sie ihnen folgen. Sie können dem Wasser deshalb in der Zeiteinheit mehr Nährstoffe entnehmen als die entsprechende Menge einzelner Mikrobenzellen. Wahrscheinlich kann in diesem Zusammenhang auch die von Kriss [13] unter der Klassenbezeichnung „Krassilnikoviae“ beschriebene Gruppe fadenförmiger Bakterien erwähnt werden, die nach Angabe des Autors in den Tiefen des Ozeans ganze Netzwerke bilden kann.

Abgesehen von diesen natürlichen Befunden ist die Unterlegenheit der üblichen Bakterienzelle gegenüber größeren Organismen im wäßrigen Milieu bei einem begrenzten Nährstoffangebot auch experimentell nachweisbar. Bei eigenen Versuchen des Verfassers zur kontinuierlichen Kultivierung von Oospora lactis auf fettsaurem Abwasser [14] war es möglich, die das Substrat stark infizierenden Bakterien durch Verringerung der Stickstoffdosis weitgehend zu eliminieren, während das Pilzwachstum gefördert wurde. Bei Stickstoffüberschuß dagegen konnten die Bakterien die Kultur überwuchern und das Wachstum des Pilzes zum Stillstand bringen. Interessant ist, daß die Bakterien auf die Stickstoffrationierung vorübergehend mit der Bildung gallertiger Zusammenballungen, die Belebtschlammflocken ähnlich waren, reagierten. Bekanntlich ist auch bei der technischen Hefekultivierung in Zellstoffablaugen die Einhaltung eines minimalen Stickstoff- oder Zuckerspiegels in der Bütte ein probates Mittel zur Bekämpfung von Bakterieninfektionen. Während für die hier in Frage kommenden Bakterienzellen die mikroskopisch wahrnehmbaren Dimensionen höchstens $2 \times 4\,\mu$ betragen, sind für Hefezellen $5 \times 10\,\mu$ zu veranschlagen und für Oospora-Oidien mindestens $4 \times 60\,\mu$, die Pilzhyphen selbst sind noch breiter und wesentlich länger [15]. Es besteht kein Zweifel, daß in diesen Fällen von Nahrungskonkurrenz das entscheidende Moment in der besseren Ausnutzung des Nährstoffdiffusionsstromes lag.

Mit diesen Hinweisen sollte gezeigt werden, daß der Übergang der Bakterien zur Flockung als ein notwendiger ökologischer Valenzwechsel anzusehen ist. Daß eine Bakteriensuspension zu diesem Prozeß durch Schwächung bzw. Alterung der Zellen gezwungen werden kann, liegt offensichtlich in der Natur der Sache. Deshalb ist jedoch eine Belebtschlammflocke noch keine durch physikalische Kräfte zusammengehaltene Masse altersschwacher Bakterien. Daß sich die an der Flocke haftenden Bakterienzellen weiter teilen können, wurde bereits erwähnt. Weiterhin ist zu berücksichtigen, daß durch die Reduktion der freien Zelloberfläche, die beträchtlichen Energiemengen, die zur Aufrechterhaltung der physiologischen Membranfunktionen gegenüber dem Milieu notwendig sind, teilweise eingespart werden können, wodurch zweifellos die Vitalität der Bakterien begünstigt wird. Außerdem ist als sicher anzunehmen, daß den von den Belebtschlammbakterien stärker entwickelten Schleimhüllen eine schützende Wirkung zukommt [16].

So kann die Belebtschlammflocke als eine relativ stabile Einheit bzw. als ein „Organismus höherer Ordnung“ [12] angesehen werden, der nach den ihm auferlegten Lebensbedingungen geprägt ist. Nach praktischen Erfahrungen [17], die besagen, daß die Erhöhung des Schlammalters von 1 auf 3 Tage ohne Einfluß auf die erzielten Abbauleistungen blieb, muß gefolgert werden, daß sich die Schlammaktivität nicht sehr schnell ändert bzw. die eintretenden Änderungen zunächst noch nicht zu begrenzenden Faktoren der Reinigungsleistung werden.

Literatur

[1] Wuhrmann, K., F. v. Beust und T. K. Ghose: Schweiz. Z. Hydrol. **20** (1958), 284
[2] Wuhrmann, K. und F. v. Beust: Schweiz. Z. Hydrol. **20** (1958), 311
[3] Bach, H.: Die Grundlagen und Verfahren der neuzeitigen Abwässerreinigung, Leipzig, 1936
[4] Liebmann, H.: Münchener Beiträge zur Abwasser-, Fischerei- und Flußbiologie **5** (1958), 11
[5] Hilgetag, G.: Freiberger Forschungshefte A 170 (1960), 81
[6] Rieche, A., G. Hilgetag, A. Martini und M. Lorenz: Gas- und Wasserfach **102** (1961), 1372
[7] Benedek, P.: Wasserwirtsch.-Wassertechn. **12** (1962), 23
[8] McKinney, R. E.: Sew. Ind. Wastes **24** (1952), 117, 280
[9] Rogovskaja, C. I. und M. F. Lazareva: Mikrobiologija **28** (1959), 565
[10] Renn, C. E.: in: „Biological Treatment of Sewage and Industrial Wastes“, New York, 1956
[11] McKinney, R. E.: in: „Biological Treatment of Sewage and Industrial Wastes“, New York, 1956
[12] Hartmann, L.: Vom Wasser **27** (1960), 107
[13] Kriss, A. E.: Meeresmikrobiologie, Jena, 1961
[14] Thonke, M. und M. Lorenz: Chemische Technik (1963)
[15] Jörgensen, A.: Mikroorganismen der Gärungsindustrie, 7. Aufl., Nürnberg, 1956
[16] Winogradsky, H.: Ann. Inst. Pasteur **76** (1949), 35
[17] Lindner, W.: Gesundheits-Ingenieur **79** (1958), 271

H. Lingelbach
Bezirks-Hygiene-Institut, Karl-Marx-Stadt

Die chemische Technologie der Trinkwasserfluoridierung

Zusammenfassung: Die Trinkwasserfluoridierung als die international anerkannte wirksamste kariesprophylaktische Maßnahme wurde nach siebenjährigen amerikanischen Erfahrungen 1952 erstmalig in Europa durchgeführt. Während 1952 bereits mehrere Millionen Amerikaner in den USA fluoridiertes Wasser erhielten, wurden in demselben Jahr in Europa erst 44000 Menschen mit fluoridiertem Wasser versorgt. Innerhalb der letzten 10 Jahre ist mit der Trinkwasserfluoridierung in 18 Städten 11 verschiedener europäischer Staaten begonnen worden, wodurch etwa eine Million Europäer fluoridiertes Wasser erhalten. Der „Europäischen Arbeitsgemeinschaft für Fluorforschung und Zahnkariesprophylaxe“ und den verschiedenen Gremien auf nationaler Ebene ist es zu verdanken, daß die chemisch-technische Durchführung, die zahnärztliche Auswertung, die Analytik und viele andere Problemstellungen für diese bedeutsame Gesundheitsmaßnahme weitgehend gelöst werden konnten.

In den nächsten zwei Jahren ist mit einer weiteren, sprunghaften Entwicklung der Trinkwasserfluoridierung in Europa zu rechnen. Dem Beispiel von Karl-Marx-Stadt folgend, die als erste Großstadt Europas 1959 die Trinkwasserfluoridierung begann und sich zu einem Demonstrationszentrum der Trinkwasserfluoridierung entwickelt hat, werden in nächster Zeit weitere acht Großstädte mit einer Gesamteinwohnerzahl von etwa 3 Millionen diese kariesprophylaktische Maßnahme einführen.

Die Entwicklung der Trinkwasserfluoridierung

Die Zahnkaries gehört zu den vorherrschendsten und weitverbreitetsten Erkrankungen der Welt. In manchen Ländern leidet fast die gesamte Bevölkerung an dieser Krankheit und ihren Folgeerscheinungen. Die Zahnschäden belasten in vielen Ländern erheblich den Staatshaushalt, so daß eine wirksame Bekämpfung der Karies auch von ökonomischer Seite her Beachtung findet.

Durch therapeutische Behandlungen ist das Kariesproblem nicht lösbar, da das Verhältnis Zahnarzt zu Bevölkerung in den meisten Ländern sehr niedrig ist.

Wie bei jeder Krankheit, so ist auch für die Bekämpfung der Karies die Prophylaxe ein ausschlaggebender Faktor. Als wirksam werdende kariesprophylaktische Maßnahme von Bedeutung ist bis jetzt nur die Trinkwasserfluoridierung (TWF) zu nennen, durch die in vielen Ländern, sei es in einem oder mehreren Orten, bereits ein beachtlicher Rückgang der Karies erreicht wurde.

Der Ursprung der heutigen Auffassung, daß die Fluoridierung die am besten geeignete Vorbeugung gegen die Karies darstellt, ist mit Beobachtungen verbunden, die in Zusammenhang mit einer Erscheinung an Zähnen, dem „gefleckten Schmelz“ gemacht wurden. Im Jahre 1931 konnte der Fluorgehalt verschiedener Trinkwässer als Ursache von gefleckten Zähnen identifiziert werden. Bei Konzentrationen über 8 mg/*l* Fluor-Ion wurden braune Zahnschmelzflecken festgestellt, während bei 1 bis 1,5 mg/*l* ein milder bis sehr milder Grad der Fleckung auftritt, der kosmetisch nicht mehr wahrnehmbar ist. Bei diesen Untersuchungen ergab sich, daß bei Fluoridkonzentrationen um 1 mg/*l* ein relativ niedriger Kariesbefall an den Zähnen zu verzeichnen ist.

Das Trinkwasser als Lebensmittel enthält wie viele andere Nahrungsmittel unterschiedliche Fluoridkonzentrationen, die, wie aus entsprechenden Untersuchungen hervorgeht, zwischen 0 und 14 mg/*l* liegen können. Die meisten Grundwässer weisen Fluoridgehalte bis 0,6 mg/*l* auf, während Oberflächenwässer naturgemäß äußerst geringe Fluoridkonzentrationen enthalten, die höchstens 0,3 mg/*l* erreichen. Demgegenüber steht die Tatsache, daß durch eine tägliche Aufnahme von 1,5—2 mg Fluorid ein optimaler kariesprophylaktischer Wert erreicht wird. Diese Fluoridaufnahme ist dann als gesichert anzusehen, wenn das Trinkwasser einen Fluoridgehalt von 0,6—1,4 mg/*l* aufweist, denn der restliche Fluoridbedarf kann aus der übrigen Nahrung gedeckt werden.

Hinsichtlich der Fluoridkonzentration ist der jeweils optimale kariesprophylaktische Wert eines Wassers in jedem Land unter anderem vom Klima, der Zusammensetzung der Kost und dem Trinkwasserkonsum abhängig. Der optimale kariesprophylaktische Fluorwert eines Wassers ist diejenige Fluoridkonzentration, bei der das Fehlen von Dentalfluorose und nur ein sehr geringes Auftreten der Karies zu verzeichnen ist.

Unter Berücksichtigung dieser Erkenntnisse wurde 1945 in den USA erstmalig in der Welt mit der TWF begonnen. Heute wird in 25 Staaten in einer oder mehreren Städten eine TWF durchgeführt (Tabelle 1). In weiteren Staaten, wie z. B. in Irland und Jugoslawien ist die Einführung der TWF geplant und in einigen

Tabelle 1

Staaten mit Trinkwasserfluoridierung

(nach dem Stand von 1962)

Argentinien, Australien, Belgien, Bundesrepublick Deutschland, Brasilien Chile, Deutsche Demokratische Republik, El Salvador, Großbritannien, Hongkong, Japan, Kanada, Kolumbien, Malaya, Neuseeland, Niederlande, Panama, Paraguay, Puerto Rico, Schweiz, Sowjetunion, Tschechoslowakische Sozialistische Republik, Volksrepublik Ungarn, Venezuela, Vereinigte Staaten von Amerika

Städten dieser beiden Länder ist in Kürze mit dem Beginn der TWF zu rechnen. Von den etwa 2500 Städten und Gemeinden, die eine TWF besitzen, entfallen nach dem Stand vom 31. 12. 1961 allein 2193 auf die USA mit einer Einwohnerzahl von 42,2 Millionen. Demgegenüber wird erst in neun europäischen Staaten in 17 Städten und Gemeinden das Trinkwasser fluoridiert, wodurch etwa 1 Million Menschen mit fluoridiertem Wasser versorgt werden (Tabelle 2 und 3). In den nächsten Jahren wird sich vor allem durch eine umfangreiche Einführung der TWF in den Niederlanden, wodurch etwa 30% der Bevölkerung fluoridiertes Wasser erhalten sollen und durch die Genehmigung der allgemeinen Einführung dieser Maßnahme in Großbritannien der Bevölkerungsanteil, der in Europa an eine TWF angeschlossen ist, wesentlich erhöhen. Von den sozialistischen Staaten sind es

Tabelle 2

Einige Staaten mit vorhandener oder geplanter TWF
(nach dem Stand von 1962)

Staat	Anzahl der Orte	an TWF angeschlossene Einwohner	Beginn der TWF	TWF geplant	
				Orte	Einwohner
Belgien	2	21700	1956		
ČSSR	4	160000	1958		
Chile	18	471000	1953	17	784000
DBR	1	6100	1952		
DDR	1	284000	1959		
Großbritannien	3	150000	1955		
Irland				1	522000
Jugoslawien				2	150000
Schweiz	2	225000	1960		
UdSSR	3		1959	1	168000
Volksrepublik Ungarn	1	42500	1961		
Niederlandeв	2	51000	1953	3	2000000
USA	2193	42200000	1945		

Tabelle 3

TWF in europäischen Staaten
(nach dem Stand von 1963)

Staat	Ort	Einwohner an TWF angeschlossen	Gesamt-einwohnerzahl	Beginn der TWF
Belgien	Assesse	7700	11000	1956
	Braine-l'Alleud	14000	14000	1959
ČSSR	Brünn	100000	375000	1959
	Klatovy	20000	20000	1962
	Tabor	18000	18000	1958
	Žďàr n. Sàz	20000	20000	1962
DBR	Kassel	6100	210000	1952
DDR	Karl-Marx-Stadt	284000	286000	1959
Großbritannien	Anglesey	27000	52000	1955
	Kilmarnock	50000	50000	1956
	Watford	72000	72000	1956
Niederlande	Goeree-Overflakkee	33000	33000	1962
	Tiel	18000	18000	1953
Schweiz	Aigle	5000	5000	1960
	Basel	220000	220000	1962
Volksrepublik Ungarn	Szolnok	42500	42500	1961
UdSSR	Winiza			1960
(Kasachstan)	Leninokan			1959
(Kasachstan)	Narilsk			1959

besonders die ČSSR, die DDR, Ungarn und die UdSSR, die der TWF starke Beachtung schenken. Auch in Polen wird die Einführung dieser Maßnahme in Erwägung gezogen. Ausgehend von den in Karl-Marx-Stadt gesammelten Erfahrungen soll in weiteren Städten der DDR mit der TWF begonnen werden.

Die weltweite Entwicklung der TWF hat zu intensiver Zusammenarbeit von Zahnärzten, Ärzten, Hygienikern, Chemikern und Technikern auf nationaler und internationaler Ebene geführt. In vielen Ländern bestehen Gremien, die die Einführung der TWF leiten und lenken, und im europäischen Maßstab werden die Fragen der TWF von der „Europäischen Arbeitsgemeinschaft für Fluorforschung und Zahnkariesprophylaxe" (ORCA) bearbeitet. Wie die meisten europäischen Länder, so ist auch die DDR in der ORCA vertreten, und die Einführung der TWF in Karl-Marx-Stadt als erste Großstadt in Europa führte zu leitender Mitarbeit in technischen und analytischen Fragen im chemischen Team der ORCA. Die Fluoridierungsanlage im VEB(K) Wasserwirtschaft Karl-Marx-Stadt und die Forschungsstelle für TWE im Bezirks-Hygiene-Institut Karl-Marx-Stadt bilden hinsichtlich der chemischen Auswertung dieser Maßnahme eine Einheit, die sich zu einem Demonstrationszentrum für Europa entwickelt hat. Es besteht eine Zusammenarbeit und Verbindungen von Laboratorien und Wasserwerken mit verschiedenen Staaten sowie eine Literaturaustausch mit Forschungsstellen in den USA und teilweise mit südamerikanischen Staaten.

Die Durchführung der TWF

Der Durchführung der TWF als öffentliche Gesundheitsmaßnahme muß die Genehmigung der zuständigen Regierungsstellen zugrundeliegen. Hierfür ist in der DDR das Gesundheitsministerium zuständig. In den Städten und Gemeinden, die ihr Trinkwasser fluoridieren, liegt die Verantwortung für die technische Durchführung dieser Maßnahme in den Händen des Leiters des Wasserwirtschaftsbetriebes. Den zuständigen staatlichen Stellen des Gesundheitswesens obliegt die Leitung und Lenkung sowie die Kontrolle der TWF.

Die TWF kann in die physikalische und chemisch-biologische Wasseraufbereitung mit einbezogen werden. Zu ihrer technischen Durchführung wurden in den verschiedenen Ländern unterschiedliche Anlagen zur Trocken- oder Flüssigkeitsdosierung entwickelt, wobei Betriebssicherheit und Wirtschaftlichkeit mitbestimmend waren (Tabelle 4).

Die Flüssigkeitsdosierung ist abhängig von der kontinuierlichen Zugabe einer genau bemessenen Lösungsmenge von bestimmter Konzentration. Eine Abart der Flüssigkeitsdosierung stellt die Schlammdosierung dar. Hierbei wird die Fluorchemikalie in einem konstanten Verhältnis mit Wasser gemischt, um sie transportfähig zu machen. Der Vorteil der Schlammdosierung beruht in der kleineren Auslegung des Mischbehälters gegenüber dem des Lösebehälters bei Flüssigkeitsdosierungen mit gesättigten oder verdünnten Lösungen.

Bei der Trockendosierung wird in bestimmten Zeitintervallen und in Anpassung an die Wassermenge die Chemikalie in fester Form zugegeben, wobei deren Menge entweder volumetrisch oder gravimetrisch abgemessen wird. Die Wahl der Dosierungsform ist u. a. abhängig von der benötigten Chemikalienmenge, von der Art und der Anzahl der vorhandenen Wasserversorgungsanlagen und anderen betrieblichen Faktoren. Die Flüssigkeitsdosierung wird häufig in kleineren Wasserwerken angewendet, die volumetrische Trockendosierung in mittleren und die gravimetrische Trockendosierung in Großwasserwerken. Wenn eine Stadt mehrere Wasserversorgungsanlagen besitzt, ist die Verwendung mehrerer Flüssigkeitsdosierungsanlagen wirtschaftlicher als die Zusammenführung der einzelnen Wässer zu einem zentralen Punkt, um dort eine gemeinsame Fluoridierung aller Wässer durchzuführen.

Ein wesentlicher Faktor ist die Wahl der Dosierungsstelle innerhalb des Wasserwerkes. Fast jede Wasserversorgungsanlage hat in dieser Hinsicht ihre besonderen Probleme, so unter anderem die Art der Aufbereitung, die Lage des Rohrnetzes, Raumfragen und vor allem die Anzahl der einzelnen Wasserversorgungsanlagen innerhalb eines Ortes. Das Vorhandensein einer zentralen Wasserversorgungsanlage in einem Ort und das Fehlen jeglicher Aufbereitung vereinfachen die Einführung der TWF wesentlich, wenn auch die chemischen und biologischen Prozesse bei der üblichen Wasseraufbereitung in den meisten Fällen kein Hindernis für die TWF darstellen. Die Fluorchemikalie kann entweder bei bekannter Zuflußmenge im Hochbehälter zugegeben oder in die Saug- und Druckleitungen dosiert werden.

Für die Errichtung einer Fluoridierungsanlage muß ein Projekt zugrundeliegen, in dem unter anderem folgende allgemeine Fragen gelöst sein müssen:

1. In welcher Höhe soll in Abhängigkeit vom natürlichen Fluorgehalt die TWF erfolgen,
2. welche Fluorchemikalie soll zur Anwendung kommen,
3. welche Dosierungsart kommt in Frage,
4. an welcher Stelle soll die Zugabe der festen oder flüssigen Chemikalie erfolgen,
5. welche Arbeitsschutzmaßnahmen sind erforderlich,
6. mit welchen Maßnahmen soll die Kontrolle der TWF vorgenommen werden,
7. welche chemischen Analysenverfahren zur Überwachung der TWF sind am geeignetsten,
8. wie sind Korrosionserscheinungen in der TWF-Anlage zu verhindern,
9. wie ist die größtmöglichste Wirtschaftlichkeit bei höchster Sicherheit der Durchführung der TWF zu erreichen,
10. welche Bevorratung ist zweckmäßig, und wie ist die Sicherheit eines kontinuierlichen Chemikalienbezuges.

Bei der Lösung vieler allgemeiner Fragen kann bereits auf die Erfahrungen der Wasserwerke zurückgegriffen werden, die seit Jahren die TWF durchführen. In besonderen Fällen ist es jedoch zweckmäßig, durch Versuche, evtl. in halbtechnischen Anlagen, spezielle Probleme zu klären.

Durch die TWF erhöht sich der Fluoridgehalt des städtischen Abwassers annähernd auf den Fluoridgehalt des Trinkwassers. Der erhöhte Fluoridgehalt im Abwasser führt zu keinerlei Störungen bei irgendwelchen Abwasserreinigungsprozessen.

Fluorchemikalien für die TWF

Für die TWF werden hauptsächlich Natriumfluorid, Natriumsilicofluorid und Kieselfluorwasserstoffsäure verwendet. Vereinzelt kommen auch Ammoniumsilicofluorid, Magnesiumsilicofluorid, Calciumfluorid und Flußsäure zur Anwendung (Tabelle 5). Außerdem werden weitere Fluorverbindungen wie Kaliumfluorid, Magnesiumfluorid und Natriumbifluorid für die TWF in Betracht gezogen.

Tabelle 4

Entwicklungsstellen für TWF-Anlagen

Staat	Projektant	Dosierungsmaschine
ČSSR		Trockendosator Fa. Wallace und Tiernan
DBR	Wasserwerke Kassel	Dosierungspumpe Fa. Bran und Lübbe
DDR	VEB (K) Wasserwirtschaft Karl-Marx-Stadt	Dosierungspumpe Fa. Bran und Lübbe
Großbritannien	County Council of Anglesey	Dosierungspumpe
	Trial Area for Department of Health for Scotland	Dosierungspumpe Trockendosator Fa. Wallace und Tiernan
	Ministry of Housing	Dosierungspumpe Trockendosator Fa. Wallace und Tiernan
Niederlande	National Health Research Council TNO and Utrecht Water Works	Trockendosator Fa. Wallace und Tiernan
Volksrepublik Ungarn	Staatliches Oberdirektorat für Wasserwesen	Dosierungspumpe Fa. Bran und Lübbe

Zu Beginn der TWF gab man fast ausschließlich dem Natriumfluorid den Vorzug, weil diese Verbindung leicht in größeren Mengen erhältlich, die Löslichkeit relativ hoch und über eine breite Temperaturskala konstant ist und die Studien hinsichtlich der Toxizität und der physiologischen Effekte abgeschlossen waren. In den letzten Jahren wird jedoch immer häufiger mit Natriumsilicofluorid gearbeitet, da diese Chemikalie wesentlich billiger als Natriumfluorid ist und sich für die Trockendosierung genauso wie Natriumfluorid eignet. Kieselfluorwasserstoffsäure wird meistens in den Wasserwerken verwendet, in denen keine platzmäßig aufwendigen Fluoridierungsanlagen gebaut werden können. Die Kieselfluorwasserstoffsäure kann in einiger Entfernung vom Wasserwerk in Tanks aufbewahrt werden, so daß lediglich im Wasserwerk selbst eine Dosierungspumpe aufzustellen ist. Wenn unverdünnte Kieselfluorwasserstoffsäure für die Fluoridierung verwendet wird, ergeben sich bei der Dosierung keinerlei besondere Schwierigkeiten. Bei der Anwendung dieser Säure in kleinen Wasserwerken, in denen sich für die Dosierung eine Verdünnung notwendig macht, kommt es bei einer Verdünnung über 1:10 bei manchen handelsüblichen Produkten zum Ausfall von Kieselsäure. Das Ausfällen der Kieselsäure ist unabhängig von der chemischen Beschaffenheit des Verdünnungswassers und wurde bei einer Verdünnung von über 1:20 nicht mehr beobachtet. Zur Stabilisierung von Kieselfluorwasserstoffsäure kann Flußsäure verwendet werden, die ein Ausfällen der Kieselsäure verhindert.

Hinsichtlich der Lagerung der drei am meisten verwendeten TWF-Chemikalien, Natriumsilicofluorid, Natriumfluorid und Kieselfluorwasserstoffsäure, benötigt letztere am meisten Raum, Natriumsilicofluorid den geringsten, bezogen auf die gleiche Quantität an Fluor-Ion. In den europäischen TWF-Städten kommt bis jetzt nur Natriumfluorid und Natriumsilicofluorid zur Anwendung. Obwohl die

Tabelle 5

Angewandte Fluorchemikalien in TWF-Orten

Größe der TWF-Orte	NaF		Na_2SiF_6		H_2SiF_6	$(NH_4)_2SiF_6$		CaF_2		andere F'-Salze
	fest	flüssig	fest	flüssig	flüssig	fest	flüssig	fest	flüssig	fest und flüssig
USA										
unter 1000	—	38	3	4	6	—	—	—	—	—
1000— 2500	9	97	38	5	24	—	1	—	1	5
2500— 5000	12	63	88	4	27	—	1	—	—	11
5000— 10000	31	41	125	2	23	—	2	—	1	15
10000— 25000	22	28	151	7	16	—	—	—	—	15
25000— 50000	21	6	60	4	5	—	1	—	—	7
50000— 100000	5	—	39	1	5	—	—	—	—	3
100000— 250000	6	1	25	1	4	—	—	—	—	1
250000— 500000	4	—	9	1	—	—	—	—	—	—
500000—1000000	—	—	10	—	—	—	—	—	—	—
über 1000000	—	—	2	—	3	—	—	—	—	—
Europa										
5000— 10000	—	3	—	—	—	—	—	—	—	—
10000— 25000	1	4	—	—	—	—	—	—	—	—
25000— 50000	—	3	2	1	—	—	—	—	—	—
50000— 100000	—	1	1	—	—	—	—	—	—	—
100000— 200000	—	—	1	—	—	—	—	—	—	—
200000— 300000	—	—	—	1	—	—	—	—	—	—

Vorteile des Natriumfluorids vor allem durch die verhältnismäßig hohe Löslichkeit und die neutrale bis schwach alkalische Reaktion bei der Flüssigkeitsdosierung bedeutend sind, setzt sich zur Zeit die Verwendung von Natriumsilicofluorid auf Grund des geringeren Preises, der bis zu einem Fünftel des Natriumfluorids beträgt, immer mehr durch. Hierfür wird der Nachteil des Natriumsilicofluorids in bezug auf die geringe und stark temperaturabhängige Löslichkeit sowie der pH-Wert, der bei 3,5 liegt, bei der Flüssigkeitsdosierung in Kauf genommen.

Zu den am wenigsten verwendeten TWF-Chemikalien gehört Flußspat Der äußerst geringen Löslichkeit dieser Chemikalie steht der sehr niedrige Preis gegenüber, der die Kosten aller anderen TWF-Chemikalien weit unterschreitet. Die billigste der gebräuchlichsten TWF-Chemikalien, Natriumsilicofluorid, ist ungefähr noch dreimal teurer als Flußspat. Der preisliche Anreiz, Flußspat für die TWF zu verwenden, führte zu Trocken- und Flüssigkeitsdosierungsversuchen. In sehr großen Wasserwerken ist es möglich, Flußspat mittels Trockendosierung dem Wasser zuzusetzen, während in all den Wasserwerken, die eine Aluminiumsulfatfällmittelbehandlung durchführen, eine Aluminiumsulfat-Fluor-Kombinations-Dosierung erfolgen kann. Flußspat löst sich leicht in starken Säuren und in Lösungen von Aluminiumsalzen. Die Löslichkeit beträgt ungefähr ein Zehntel der Aluminiumsulfatkonzentration. Das Lösungsintervall liegt zwischen 1 bis 30% Aluminiumsulfat, so daß Fluorid-Ion-Konzentrationen von 1–30 g/*l* in der Kombinationsdosierungslösung erreicht werden.

Für die TWF werden überwiegend technische Chemikalien verwendet (Tabelle 6) In einigen Wasserwerken fluoridiert man jedoch auch mit chemisch reinen und sogar mit reinst und p. a. Fluorverbindungen. Technische Chemikalien sind überall

Tabelle 6

Reinheitsgrad von TWF-Chemikalien

Ort	Fluorchemikalie	Reinheitsgrad	Dosierungsart
Aigle	NaF	p.a.	flüssig
Anglesey	NaF	chem. rein	flüssig
Assesse	NaF	techn.	flüssig
Braine-l'Alleud	NaF	techn.	flüssig
Brünn	Na_2SiF_6	techn.	fest
Goeree-Overflakkee	Na_2SiF_6	chem. rein	fest
Karl-Marx-Stadt	Na_2SiF_6	techn.	flüssig
Kassel	NaF	techn.	flüssig
Kilmarnock (1. Anlage)	NaF	chem. rein	flüssig
(2. Anlage)	Na_2SiF_6	chem. rein	fest
Szolnok	NaF	techn.	flüssig
Tabor	NaF	techn.	flüssig
Tiel	NaF	chem. rein	fest
Watford (1. Anlage)	NaF	chem. rein	flüssig
(2. Anlage)	Na_2SiF_6	chem. rein	fest

weitaus billiger als die anderer Reinheitsgrade. In verschiedenen Ländern differieren die Chemikalienpreise bei den einzelnen Reinheitsgraden teilweise sehr stark.

Es hat sich immer wieder gezeigt, daß die Begleitsubstanzen bei den TWF-Chemikalien ohne Bedeutung bei der Zugabe der Chemikalien zum Wasser sind und somit die Verwendung technischer Chemikalien durchaus zu befürworten ist.

Die Löslichkeit der einzelnen TWF-Chemikalien ist ein besonderer Faktor, der größte Beachtung finden muß, da die in der Literatur angegebenen Löslichkeitswerte meistens nicht auf die handelsüblichen Chemikalien abgestimmt sind und den Besonderheiten bei der Durchführung der TWF nicht Rechnung tragen. Aus diesem Grunde müssen bei Flüssigkeitsdosierungsanlagen für jede Projektierung zuerst umfangreiche Löslichkeitsuntersuchungen durchgeführt werden, die auf die vorgesehene Chemikalie und den Betriebsablauf abgestimmt werden müssen.

Die TWF innerhalb der Wasseraufbereitung

Wie bei allen Aufbereitungsverfahren ist auch bei der TWF eine gewisse Einarbeitungszeit für die präzise Durchführung dieser Maßnahme notwendig. In chemischer und technischer Hinsicht weist die TWF keinen höheren Schwierigkeitsgrad als die üblichen Aufbereitungs-Verfahren auf. Die Kosten für die Fluoridierungsanlage und die Chemikalien liegen nicht höher als bei anderen chemischen Wasseraufbereitungsverfahren. Das in Wasseraufbereitungsanlagen beschäftigte Personal ist ohne weiteres in der Lage, die TWF durchzuführen und auch durch einfache chemische Untersuchungen zu kontrollieren.

Die Höhe der Dosierung richtet sich nach dem natürlichen Fluoridgehalt des Rohwassers, der besonders bei Oberflächenwässern gewissen Schwankungen unterworfen sein kann. In den meisten TWF-Orten wird der Fluoridgehalt auf 1 mg/*l* erhöht. Die TWF stellt fast immer die letzte Aufbereitungsstufe dar, kann aber auch an jeder anderen Stelle innerhalb der Aufbereitung erfolgen oder sogar die erste Aufbereitungsmaßnahme sein (Tabelle 7). Allerdings können einzelne Aufbereitungsverfahren zu Fluoridverlusten führen, die jedoch in der Regel sehr gering sind. Dazu gehören

1. die Langsamfiltration,
2. die Schnellfiltration,
3. die Fällmittelbehandlung mit Aluminiumsulfat,
4. die Enthärtung bei Anwesenheit von viel Magnesium,
5. die Aktivkohlebehandlung von Wässern mit niedrigen pH-Werten.

Bei Langsamfiltern wurde ein Fluoridverlust bis zu 0,3 mg/*l* beobachtet, während durch Schnellfilter bis zu 0,2 mg/*l* zurückgehalten werden können. Der im Filter gespeicherte Fluoridanteil wird jedoch nicht mehr abgegeben, so daß es zu keiner Störung bei der Dosierung kommt. Die Ursachen der Fluoridspeicherung in Langsam- und Schnellfiltern sind noch nicht bekannt. Entsprechende Untersuchungen in Karl-Marx-Stadt, wo die Fluoridierung unmittelbar vor der Schnellfiltration erfolgt, ergaben keine meßbaren Fluoridverluste durch die Filtration. Die Untersuchungen wurden zu einer Zeit durchgeführt, als sich das Maximum des Planktons aus den Kieselalgen Asterionella formosa, Fragilaria crotenensis, Melosira italica und Synedra ulna zusammensetzte, da angenommen wurde, daß evtl. Fluor durch Algen absorbiert werden könnte. Innerhalb einer Fluoridierungszeit von drei Jahren, in der auch andere Planktonarten den maximalen Anteil des

Tabelle 7

Die TWF innerhalb der Wasseraufbereitung

Ort	Rohwasser	Reihenfolge der Wasseraufbereitung	Dosierungsart	F'-Gehalt vor TWF mg/l	F'-Gehalt nach TWF mg/l
Aigle	Grundwasser	Enthärtung, TWF	gesättigte NaF-Lösung	0,02	0,9 – 1,1
Anglesey	Oberflächenwasser	Sedimentation, Filtration, Chlorung, TWF	gesättigte NaF-Lösung	0,1	0,9 – 1,1
Karl-Marx-Stadt	Oberflächenwasser	TWF, Filtration, Chlorung, Ammonisation, Entsäuerung	0,4%ige Na_2SiF_6-Lösung	0,05 – 0,35	0,95 – 1,05
Kassel	Grundwasser	Enteisenung, Phosphatierung, TWF	3%ige NaF-Lösung	0,1 – 0,3	0,9 – 1,0
Kilmarnock	Oberflächenwasser	Fällmittelbehandlung, Filtration, Chlorung, TWF	gesättigte NaF-Lösung und Na_2SiF_6-Trockendosierung	0,1	1,0
Szolnok	Oberflächenwasser	Vorchlorung, Fällmittelbehandlung, Filtration, Chlorung, TWF	1,2%ige NaF-Lösung	0,1	0,8 – 1,0
Tiel	Grundwasser	Enteisenung, TWF	NaF-Trockendosierung	0,12	1,10
Watford	Grundwasser	1. Anlage: Hochchlorung, Entchlorung, Belüftung, Enthärtung, TWF	gesättigte NaF-Lösung	0	1,0
		2. Anlage: Hochchlorung, Entchlorung, Ammonisation, Enthärtung, TWF	Na_2SiF_6-Trockendosierung	0	1,0

Gesamtplanktons stellten, kam es in den Schnellfiltern von Karl-Marx-Stadt zu keiner erfaßbaren Anreicherung von Fluoriden.

Bei einer Aluminiumsulfatzugabe von 10 mg/l zu einem Wasser mit einem Fluoridgehalt von 1 mg/l ist ein Fluorverlust von etwa 0,1 mg/l zu verzeichnen.

Wie die Erfahrungen von Karl-Marx-Stadt und anderen TWF Städten zeigen, wird die Fluoridierung durch die nachfolgende Chlorung, Ammonisation und durch Kalkwasser nicht beeinträchtigt. Bei diesen Wasseraufbereitungsverfahren kommt es zu keinen Reaktionen mit dem Fluorid. Fluoridkonzentrationen, wie sie für die TWF in Frage kommen, haben keinerlei bakterizide Wirkungen und beeinträchtigen weder den Geruch, den Geschmack, die Farbe, den pH-Wert oder die Härte des Wassers.

Die Wasserbeschaffenheit des Roh- oder Reinwassers spielt bei der TWF keine Rolle. Selbst bei harten Wässern reicht der Fluoridgehalt von 1 mg/l bei weitem nicht aus, um z. B. Calciumflorid auszufällen. Harte Wässer zur Herstellung von Fluordosierungslösungen können enthärtet werden, da es zum Ausfällen von Calcium- oder Magnesiumfluorid im Lösebehälter und den Zuleitungen zur Dosierungspumpe kommt. Allerdings ist der Fluoridverlust durch das Ausfällen von Fluorsalzen im Lösebehälter sehr gering, so daß der Aufwand für die Enthärtung meistens in keinem Verhältnis zum Nutzen steht. Lösewässer sollen nicht über 20 mg/l Calcium oder 50 mg/l Magnesium enthalten. Anstelle der Enthärtung kann auch ein geringer Zusatz von Hexamethaphosphaten zum Lösewasser erfolgen.

Bei der Flüssigkeitsdosierung ist das Konstanthalten der Fluorsalzkonzentration im Lösebehälter manchmal problematisch. Aus diesem Grunde werden von verschiedenen TWF-Wasserwerken unter der Löslichkeitsgrenze liegende Dosierungslösungen hergestellt. Schwierig ist das Konstanthalten der Lösungskonzentration besonders dort, wo die Lösewassertemperaturen schwanken und Natriumsilicofluorid verwendet wird. In Karl-Marx-Stadt, wo beides zutrifft und die Lösewassertemperatur bis 2,5 °C absinken kann, wird unter Zuhilfenahme von Preßluft eine 0,4%ige Natriumsilicofluoridlösung hergestellt, die nur äußerst geringe Konzentrationsschwankungen aufweist. Eine Erwärmung des Lösewassers auf 15 °C würde zur Zeit der niedrigsten Lösewassertemperaturen die Kosten für die TWF in Karl-Marx-Stadt etwa verdoppeln, während durch die Einbringung von Preßluft in die Lösung die Kosten unwesentlich erhöht werden.

Kombinationsdosierungen vereinfachen sicherlich in vielen Fällen die Durchführung der TWF. Dieses trifft für die Aluminiumsulfat-Fluordosierung und das in Karl-Marx-Stadt entwickelte Chlor-Fluor-Dosierungsverfahren zu. Die kombinierte Chlor-Fluor-Dosierung eignet sich besonders für Kleinwasserwerke, in denen die Desinfektion mittels Natriumhypochloritlauge erfolgt. Anstelle des Verdünnungswassers für die Chlorlauge kann eine Natriumfluoridlösung verwendet werden, so daß die Chlorung und Fluoridierung mittels einer Mischlösung über ein Dosierungsgerät durchgeführt werden kann. Hierbei kommt es weder zu Chlor- noch zu Fluoridverlusten in der Dosierungslösung und im Trinkwasser.

Fluoridkonzentrationen von 1 mg/l beeinträchtigen in keiner Weise die Wasserwerksanlagen, wie z. B. Rohrnetz oder Hochbehälter. Untersuchungen in Karl-Marx-Stadt und vielen anderen Städten haben ergeben, daß eine Adsorption an der

Rohroberfläche, eine Absorption in der Kalkrostschutzschicht oder in der Rostschicht korrodierter Rohre nicht erfolgt. Außerdem ist kein Inlösunggehen von Eisen zu verzeichnen, so daß der Eisengehalt fluoridierter Trinkwasser nicht ansteigt. Der Korrosionsverlauf bei Guß- und Stahlrohren wird durch die Anwesenheit von 1 mg/l Fluor-Ion nicht beschleunigt. Durch die TWF kommt es nicht zu Trübungen oder zum Absetzen von Schlamm im Rohrnetz oder Hochbehälter. Die Länge des Rohrnetzes, die Fließzeit, die Aufenthaltszeit des Wassers in Hochbehältern, das Alter der Rohrleitungen oder die Art des Rohrmaterials haben auf die Fluoridkonzentration innerhalb einer Wasserversorgung keinen meßbaren Einfluß.

Durch die TWF werden technische oder chemische Prozesse nicht beeinträchtigt, wie aus entsprechenden Untersuchungen ersichtlich ist. In Brauereien, Molkereien Bäckereien, Konservenfabriken, Margarinefabriken oder anderen Lebensmittelherstellerbetrieben, bei der Dampferzeugung, bei der Entwicklung von Filmen und weiteren chemisch-technischen Vorgängen in der Industrie konnten irgendwelche Störungen im Betriebsablauf nicht festgestellt werden (Tabelle 8). Lediglich in einem Fall stieg nach Beginn der TWF der Bruch bei einer Stangeneisproduktion auf 50% an. Durch Zusatz von 20 mg/l Ammoniumchlorid zum Betriebswasser konnte diese Erscheinung völlig beseitigt werden.

Tabelle 8

Nahrungsmittelbetriebe in TWF-Städten

Stadt	Wasserverbrauch der Industrie in m³ (1959)	Nahrungsmittelbetriebe an die TWF angeschlossen
Karl-Marx-Stadt	10148000	Molkereien, Großbäckereien, Mostrich- und Essigfabriken, Brauereien, Fischverarbeitungsbetriebe, Wurstfabriken, Margarinewerke
Kilmarnock	2134000	Molkereien, Bäckereien, Selterwasserfabriken Whiskyherstellung
Tiel	220000	Limonaden- und Konservenfabriken
Szolnok	1700000	Milchwarenindustrie
Watford	1720000	Bäckereien, Marmeladen- und Süßigkeitenherstellung, Mineralwasserfabriken, Brauereien

Die Wahl der Methode und die zu verwendenden Fluorchemikalien bei den Aufbereitungsverfahren für die TWF werden gewöhnlich nach der Wirtschaftlichkeit und der Sicherheit entschieden. Die Forschungen auf diesem Gebiet sind noch nicht abgeschlossen, und deshalb muß man sich bei der Einrichtung einer TWF auf die neuesten Erfahrungen, die in den TWF-Städten gesammelt wurden, orientieren.

Die sehr unterschiedlichen Voraussetzungen in der Wasserversorgung lassen es unzweckmäßig erscheinen, exakte Methoden für die TWF innerhalb der Wasseraufbereitung als verbindlich zu erklären.

Die chemische Überwachung der TWF

Mit der Einführung der TWF war es notwendig, eine einfache und genaue Methode für die routinemäßige analytische Überwachung dieses Aufbereitungsverfahrens zur Verfügung zu haben. Aus den vielen bekannten gewichtsanalytischen, maßanalytischen, kolorimetrischen und biochemischen Verfahren wurde vom chemischen Team der ORCA die Zirkon-Alizarin-Methode, ein kolorimetrisches Verfahren, in den engeren Kreis der Betrachtungen gezogen. Bei dieser Methode bildet sich durch die Reaktion von Zirkon mit Alizarin ein Farblack, der entsprechend der vorhandenen Fluoridkonzentration mehr oder weniger entfärbt wird. Die ORCA empfahl außerdem noch ein weiteres ähnliches Verfahren, das Zirkon-Eriochromcyanin-Verfahren, so daß zwei langjährig erprobte Standard-Verfahren für die Überwachung der TWF zur Verfügung stehen (Tabelle 9).

Tabelle 9

Chemische Überwachung der TWF

Ort	Analysenverfahren	Häufigkeit der analytischen Kontrolle
Anglesey	Zirkon-Alizarin	wöchentlich 2 mal
Braine-l'Alleud	Zirkon-Eriochromcyanin	wöchentlich 1 mal
Brünn	Zirkon-Alizarin	täglich an 3 Stellen
Goeree-Overflakkee	Zirkon-Alizarin	täglich 2 mal an mehreren Stellen
Karl-Marx-Stadt	Zirkon-Alizarin und Zirkon-Eriochromcyanin	täglich an mehreren Stellen
Kassel	Zirkon-Alizarin	täglich
Kilmarnock	Zirkon-Alizarin	täglich 2mal an mehreren Stellen
Tiel	Thoriumnitrat	täglich 2 mal
Watford	Zirkon-Alizarin	täglich 2 mal an mehreren Stellen

Nach den Erfahrungen in den Fluoridierungsanlagen von Karl-Marx-Stadt und Watford (England) eignet sich besonders das Zirkon-Alizarin-Verfahren als Betriebsmethode in der TWF-Anlage, da diese Art der Fluoridbestimmung mit geringem Aufwand von chemisch ungeschultem Wasserwerkspersonal an Ort und Stelle durchgeführt werden kann. Mit der einfachen Zirkon-Alizarin-Betriebsmethode wird eine Genauigkeit bis $\pm$ 0,05 mg/l erreicht, die für die Betriebskontrolle einer TWF-Anlage völlig genügt. Ein Nachteil bei dieser Methode ist die Reaktionszeit, die 1 Stunde beträgt.

Die Zirkon-Eriochromcyanin-Methode stellt ein spektrophotometrisches Schnellverfahren dar, das sich für die Überwachung der TWF in den Labors der Wasserwerke und Institutionen des Gesundheitswesens sehr gut bewährt und von Laboranten durchführbar ist. Bereits innerhalb von 5 Minuten kann die Bestimmung vorgenommen werden, die im Bereich von 0—1,4 mg/l eine Genauigkeit von $\pm$ 0,02 mg/l aufweist, was den Anforderungen für eine wissenschaftliche Kontrolle der TWF entspricht.

Beide Verfahren werden hinsichtlich ihrer Genauigkeit durch verschiedene Inhaltsstoffe im Wasser wie Eisen, Mangan, Aluminium, Calcium, Magnesium,

Chloride, Sulfate und Phosphate beeinträchtigt, wenn diese in höheren Konzentrationen vorliegen. Bei störenden Inhaltsstoffen ist entweder eine Destillation vor der eigentlichen Fluoridbestimmung vorzunehmen, durch die das Fluor-Ion abgetrennt wird, oder bei den analytischen Betriebskontrollen sind die Analysenfehler bei der Direktbestimmung entsprechend zu berücksichtigen. Für die Fluordestillation wurden Apparate entwickelt, mit denen nach einiger Einarbeitungszeit genaue Untersuchungsergebnisse erzielt werden, wie z. B. die jahrelangen Erfahrungen der Überwachung der TWF in Karl-Marx-Stadt gezeigt haben.

Die analytische Überwachung der TWF umfaßt die Kontrolle der Fluorchemikalie, bei der Flüssigkeitsdosierung die Kontrolle der Konzentration der Dosierungslösung, den Fluoridgehalt des Rohwassers, wenn notwendig den Fluoridgehalt des Wassers nach den einzelnen Aufbereitungsstufen und den Fluoridgehalt des Reinwassers nach Verlassen der Aufbereitungsanlage und im Rohrnetz. Durch die TWF muß gewährleistet sein, daß zu jeder Zeit an jeder Stelle des Rohrnetzes ein einheitlicher Fluoridgehalt vorhanden ist. Schwankungen des Fluoridgehaltes durch Vermischung mit nicht fluoridiertem Trinkwasser müssen vermieden werden oder innerhalb eines bestimmten Versorgungsbereiches genau bekannt sein. Die analytische Kontrolle ist an einer oder mehreren Stellen in der Aufbereitungsanlage und im Rohrnetz möglichst täglich durchzuführen. Geringfügige Schwankungen des Fluoridgehaltes und kurzzeitige Unterbrechungen der Dosierung sind bei der TWF ohne Bedeutung, jedoch sollen die Dosierungsschwankungen nicht mehr als ± 5 bis 10% ausmachen. In Karl-Marx-Stadt konnte für die meiste Zeit des Jahres diese Schwankungsbreite eingehalten werden.

Die Kontrolle des Fluoridgehaltes im Rohwasser ist dann von besonderer Bedeutung, wenn Oberflächenwasser fluoridiert wird. In Karl-Marx-Stadt schwankt der Fluoridgehalt der Talsperrenwässer zwischen 0,05 und 0,35 mg/l, was bei der Dosierung berücksichtigt werden muß. Besonders bei Oberflächenwässern genügt deshalb eine Bestimmung des Fluoridgehaltes bei der Aufstellung eines Fluorkatasters nicht.

Die Erfassung des Fluoridspiegels der Trinkwässer eines Landes ist von großer Wichtigkeit, da hieraus Rückschlüsse auf den Gebißzustand der Bevölkerung und die Einführung einer TWF gezogen werden können. In der Deutschen Demokratischen Republik liegt teilweise von einigen Gebieten bereits ein Fluorspiegel vor (Tabelle 10), der aber nur von mit der Problematik vertrauten Wasserchemikern vervollkommnet werden sollte, damit die erzielten Untersuchungswerte und vor allem die Probeentnahmen verläßlich sind.

Betriebliche Arbeitsschutzmaßnahmen bei der TWF

Für die Durchführung der TWF sind einige betriebliche Sicherheitsmaßnahmen notwendig, die dem Schutz des Wasserwerkspersonals in den Fluoridierungsanlagen dienen. Die einzelnen Sicherheitsmaßnahmen sind unter anderem von den verwendeten Fluorchemikalien und den vorhandenen technischen Einrichtungen abhängig. In den europäischen TWF-Städten haben sich trotz unterschiedlicher

Durchführungen der TWF weitgehend einheitliche Schutzmaßnahmen entwickelt (Tabelle 11). Die wichtigsten Schutzmaßnahmen umfassen

1. Schutzkleidung und Staubmasken für alle Arbeiten, bei denen eine Berührung mit festen oder flüssigen Fluorchemikalien möglich ist,
2. Absaugvorrichtungen bei den Chemikalienbunkern,
3. ärztliche Kontrolluntersuchungen des Bedienungspersonals.

Tabelle 10

Fluoridgehalte einiger Trinkwässer in der DDR

Ort	< 0,20 mg/l	0,2 – 0,5 mg/l	>0,5 mg/l
Auerbach	0,05		
Berlin			0,51 – 0,56
Boizenburg			0,97
Brandenburg		0,38	
Cottbus		0,20 – 0,49	
Dresden		0,25 – 0,30	
Dessau		0,38	
Erfurt		0,31	
Eisenach		0,35	
Frankfurt		0,23	
Gera		0,38	
Greifswald		0,48	
Gehringswalde			2,81
Halle		0,32	
Hohenstein-Ernstthal		0,25	
Karl-Marx-Stadt			1,0
Magdeburg		0,35	
Neubrandenburg			0,65
Neustrelitz		0,42	
Oberhof	0,18		
Potsdam			0,52
Schwerin		0,43	
Suhl		0,24	
Senftenberg	0,10		
Zittau	0,06		

Von Wichtigkeit ist außerdem die einwandfreie Beseitigung des Chemikalienverpackungsmaterials, damit es nicht unkontrolliert weiterverwendet werden kann. Bei Verpackungsmaterial aus Papier scheint die Verbrennung am zweckmäßigsten zu sein.

Bis jetzt liegen aus Fluoridierungsanlagen keine Berichte über Erkrankungen vor, die auf den Umgang mit Fluorchemikalien zurückzuführen sind, so daß die vorhandenen Sicherheitsmaßnahmen allen Ansprüchen des Arbeitsschutzes genügen dürften.

Die Kosten der TWF

Die Kosten für die TWF sind im Verhältnis zu den Mitteln, die jährlich pro Kopf der Bevölkerung für die Sanierung des Gebisses ausgegeben werden, unbedeutend. Im Weltmaßstab gesehen, liegen die jährlichen TWF-Kosten pro Einwohner in den bis jetzt vorhandenen TWF-Städten zwischen 2–25 amerikanischen Cents (Tabelle 12). Karl-Marx-Stadt gehört zu den Städten mit der billigsten TWF.

Tabelle 11

Betriebliche Schutzmaßnahmen für die TWF

Ort	Chemikalien-verpackung	Beseitigung der Verpackung	Arbeitsschutz für Personal
Anglesey	Papiersäcke	wird verbrannt	Gummihandschuhe, Gesichtsmaske, Schürze
Karl-Marx-Stadt	4fache Papiersäcke	wird verbrannt	Absaugvorrichtung, Schutzanzug, Brille, Staubmaske. Monatliche Arbeitsschutzbelehrung
Kassel	bitumenkaschierte Jutesäcke	wird verbrannt	Schutzkleidung, Handschuhe, Gasmaske
Kilmarnock	polyäthylenververstärkte Papiersäcke	wird verbrannt	Gummihandschuhe, Gesichtsmaske, Schutzanzug, Absaugvorrichtung
Tiel	4fache Papiersäcke	wird verbrannt und Asche abgeschwemmt	Schutzkleidung, Urinanalysen, Durchleuchtung des Rückgrates
Szolnok	3fach imprägnierte Papiersäcke in Jutesäcken	wird verbrannt	Absaugvorrichtung, Arbeitsschutzkleidung, PVC-Schürze, Staubmaske
Watford	polyäthylen-verstärkte Papiersäcke	wird verbrannt und Asche abgeschwemmt	ärztliche Untersuchung in bestimmten Zeitabständen, Schutzkittel, Atmungsmaske.

Tabelle 12

Kosten der TWF pro Jahr und Einwohner

Städte in Europa	USA-Cents
Aigle	15
Anglesey	8
Assesse	4
Braine-l'Alleud	4
Goeree-Overflakkee	5
Karl-Marx-Stadt	2
Kassel	15
Kilmarnock	12
Szolnok	10
Tabor	13
Tiel	11
Watford	5
Städte in USA	
Grand Rapids	6
Newburgh	10
Evanston	11
Madison	4
Milwaukee	5

Die Kosten für den Bau einer TWF-Anlage sind unter anderem abhängig von den Fluoridierungsverfahren und der Größe der Anlage. So kostete zum Beispiel die TWF-Anlage in Kassel, an die etwa 6000 Menschen angeschlossen sind, 10000 DM und in Karl-Marx-Stadt, wo etwa 300000 Menschen fluoridiertes Wasser erhalten, 120000 DM. Beide Anlagen arbeiten nach dem Prinzip der Flüssigkeitsdosierung und mit Dosierungspumpen der gleichen Herstellerfirma. Die Dosierungspumpe in Karl-Marx-Stadt kostete etwa 20000 DM. Ein Vergleich der TWF-Kosten in Europa mit denen in USA zeigt keine wesentlichen Unterschiede.

Kariesrückgang durch TWF

Die ersten Auswertungen des Kariesrückganges in den TWF-Städten der ČSSR, der DDR, Großbritanniens, Hollands und Schwedens haben gezeigt, daß bei einer Fluoridkonzentration von 1 mg/*l* die gleiche Kariesreduktion in Europa wie in den USA erzielt wird (Tabelle 13). Unter Berücksichtigung des jeweiligen Alters der Kinder und der Fluoridierungszeit wird nach den bisherigen Erfahrungen ein Kariesrückgang bis zu etwa 80% erreicht.

Tabelle 13

Kariesrückgang durch TWF in europäischen Städten

Ort	Fluorierungszeit	ermittelte Kariesreduktion	
Anglesey	$5^1/_2$ Jahre	bei 3jährigen 68% *o*	bei 6jährigen 25% *x*
		bei 4jährigen 51% *o*	bei 7jährigen 9% *x*
		bei 5jährigen 56% *x*	
		(berechnet nach dem dmf(T)-Index pro Kind)	
Brünn	3 Jahre	bei 3–4jährigen 70%, in anderen Altersklassen 18% (Durchschnitt)	
Kassel		Durchschnitt 28%	
Kilmarnock	5 Jahre	bei 3jährigen 55% *o*	bei 6jährigen 24% *x*
		bei 4jährigen 56% *o*	bei 7jährigen 15% *x*
		bei 5jährigen 42% *x*	
		(berechnet nach dem dmf(T)-Index pro Kind)	
Norrköping	7 Jahre	bei 7jährigen 52%	bei 14jährigen 31%
		(berechnet nach dem DMF(S)-Index pro Kind)	
Tabor	3 Jahre	bei 3–4jährigen 80%,	bei 7–10jährigen 25%
Tiel	6 Jahre	bei 11–15jährigen 67–22%	
Watford	5 Jahre	bei 3jährigen 73% *o*	bei 6jährigen 25% *x*
		bei 4jährigen 53% *o*	bei 7jährigen 10% *x*
		bei 5jährigen 44% *x*	
		(berechnet nach dem dmf(T)-Index pro Kind)	

o = gesamtes Milchgebiß
x = nur Milcheckzähne und Milchmolaren

Für die zahnärztliche Kontrolle der TWF wird das Kariesgeschehen einer Vergleichsstadt, die der Struktur der TWF-Stadt vor allem hinsichtlich des Fluorgehaltes im Rohwasser weitgehend entsprechen muß, zur TWF-Stadt ins Verhältnis gesetzt. Solange in den europäischen Ländern die TWF noch in der Entwicklung begriffen ist, muß zu jeder TWF-Stadt eine derartige Vergleichsstadt zugehörig sein.

Nach den ersten drei Jahren ist bereits bei einer kontinuierlichen gleichbleibenden TWF mit den ersten Erfolgen eines Kariesrückganges zu rechnen. Erst nach einer 5—10jährigen Fluoridierungszeit sind aufschlußreiche Resultate einer Kariesreduktion zu verzeichnen.

Entfluoridierung von Trinkwasser

Es gibt vereinzelt Trinkwässer, auch in der Deutschen Demokratischen Republik, bei denen der Fluoridgehalt teilweise weit über 1,5 mg/*l* liegt und die demzufolge Dentalfluorose verursachen. Um den Fluoridgehalt solcher Wässer auf den kariesprotektiven Fluoridwert von 1 mg/*l* zu senken und somit der Dentalfluorose vorzubeugen, ist es notwendig, entweder das stark fluoridhaltige Wasser mit fluoridarmem Wasser zu mischen oder eine teilweise Entfluoridierung durchzuführen.

Für die Entfluoridierung wurden verschiedene Chemikalien und Materialien wie Aluminiumsulfat, Natriumaluminat, Natriumsilikat, Eisen-III-Chlorid, Kieselsäuregel, Kalk, Zeolithe, Bauxit und mehrere adsorbierende Tone und Erden untersucht. Mit Ausnahme des Aluminiumsulfats sind alle anderen Stoffe mehr oder weniger für die Praxis ungeeignet, da für den verhältnismäßig geringen Fluoridgehalt im Wasser ein großer Chemikalienüberschuß benötigt wird, der teilweise im Wasser zurückbleibt.

Bei der Entfluoridierung mit Aluminiumsulfat entsteht beim Flockungsprozeß ein Aluminiumfluorid-Komplex, und es erfolgt eine Adsorption an der Aluminiumhydroxydflocke. Die Aluminiumsulfat-Entfluoridierung kann hinsichtlich der Leistung gesteigert werden, wenn Koagulationsbeschleuniger wie Tone oder aktivierte Kieselsäure verwendet werden. Die durch die Aluminiumhydroxydausfällung erzielte teilweise Entfluoridierung kann gewissen Schwankungen unterworfen sein, die abhängig sind von der Rohwasserbeschaffenheit, von unterschiedlichen Fluoridgehalten, von der Reaktionszeit, vom pH-Wert und der nachfolgenden Filtration. Im allgemeinen können jedoch z. B. 4 mg/*l* Fluor-Ion durch Aluminiumsulfatkonzentrationen zwischen 335 und 513 mg/*l* aus dem Wasser eliminiert werden. Für eine Senkung des Fluoridgehaltes von 6 auf 1 mg/*l* wurden in einem Fall 891 mg/*l* Aluminiumsulfat benötigt, während in einem anderen Fall 860 mg/*l* Aluminiumsulfat für die Senkung des Fluoridgehaltes von 8,5 auf 1 mg/*l* in Frage kam. Zur Erzielung maximaler Entfluoridierungswerte ist besonders auf einen gleichbleibenden pH-Wert zu achten, der zweckmäßigerweise durch Versuche genau ermittelt wird. In einigen Wasserwerken in den USA konnten in herkömmlichen Fällmittelanlagen eine stufenweise partielle Entfluoridierung z. B. von 6,0 auf 3,5 mg/*l* und von 3,5 auf 1,0 mg/*l* erreicht werden, indem bei jeder Stufenbehandlung 100 mg/*l* Aluminiumsulfat, 100 mg/*l* Ton und 25 mg/*l* Calciumhydroxyd zu dem zu behandelnden Wasser zugegeben wurden.

Eine weitere, in gewissen Grenzen Erfolg versprechende, bis jetzt nur versuchsweise durchgeführte Entfluoridierungsmethode stellt das Dolomitverfahren dar, bei dem das Fluorid an Magnesium absorbiert wird. Allerdings ist dieses

Verfahren nur bis Fluorkonzentrationen von 3 mg/l anwendbar, da es sonst unökonomisch ist.

Die Eliminierung des überschüssigen Fluoridgehaltes aus dem Trinkwasser zur Verhütung der Dentalfluorose stellt zwar im Verhältnis zur TWF nur eine vereinzelt notwendige Wasseraufbereitungsmaßnahme dar, sollte aber überall dort, wo der Fluoridgehalt in der öffentlichen Wasserversorgung 1,5 mg/l wesentlich übersteigt, durchgeführt werden.

Literatur

[1] Answers to Criticism of Fluoridations. Amer. Dental Assn. May 1961

[2] A Report on Fluoridation in the United States. Prepared by the Division of Dental Public Health, Public Health Service, Department of Health and Welfare (1959)

[3] Auermann, E., W. Borris und H. Lingelbach: Folgeprobleme der Trinkwasserfluoridierung. Das Dtsch. Gesundheitswesen **17** (1962), 705–710

[4] Auermann, E. und W. Borris: Fluorgehalt in Trinkwässern. G. I. **9** (1961), 281–286

[5] Backer-Dirks, O.: Trinkwasserfluoridierung in den Niederlanden. Dtsch. Stomat. **11** (1961), 289–293

[6] Bartzsch, W.: Die künstliche Regelung des Fluorgehaltes im Trinkwasser von Karl-Marx-Stadt als Prophylaxe der Zahnkaries. WWT **5** (1960), 208–213

[7] Bellack, E. and F. J. Maier: Dilution of Fluosilicic Acid. J. Am. Water Works Assn. **48** (1956), 199–200

[8] Bellack, E.: Simplified Fluoride Distillation Method. J. Am. Water Works Assn. **50** (1958), 530–536

[9] Bellack, E. and P. J. Schouboe: Rapid Photometric Determination of Fluoride in Water. Anal. Chem. **30** (1958), 2032–2034

[10] Bellack, E.: Automatic Fluoride Distillation. J. Am. Water Works Assn. **53** (1961), 98–100

[11] Berichte aus den seit längerer Zeit laufenden Trinkwasserfluoridierungsanlagen. Dtsch. Dokumentenstelle für zahnärztl. Schriftt., Stuttgart, 1962

[12] Black, A. P.: Feasibility of Water Fluoridation. The Journal of The Amer. Dental Assn. **65** (1962), 588–594

[13] Böttrich, A., H. Lingelbach und K. E. Quentin: Zahnärztliche Überwachung der Trinkwasserfluoridierung in Europa. DZZ **11** (1963), 561–569

[14] Boorsma, H. J. und G. L. Röder: La Fluoridation des Eaux d'Alimentation pour Combattre la Carie Dentaire. La Techn. sanit. et Municipale **11** (1954), 187–193

[15] Collins, J. R.: Fluoridation and the Waterworks Engineer. Health Education Journal, May 1960

[16] Dublin, L. J.: Water Fluoridation: Facts, not Myths. Public Affairs pamphlet No. 251

[17] Elvove, F.: Estimation of Fluorides in Waters. Pub. Health Rep. **48** (1933), 1219 bis 1222

[18] Elvove, E.: Removal of Fluoride from Water. Pub. Health Rep. **52** (1937), 1308 bis 1314

[19] Fleming, J. R.: Engineering Objectives in controlled Fluoridation of Public Water Supplies. Paper given at the 1962 Meeting of the National Dental Health Conference in Chicago on May 1 (1962)

[20] Fluoridation of Water Supplies endorsed by Commission at annual Meeting. Chronic Illness 4 (1954)

[21] Gad, G. und E. Fürstenau: Eine Betriebsmethode zur Bestimmung des Fluors im Wasser und Ermittlung des Fluorspiegels im westdeutschen Raum. G. I. **21/22** (1954), 352–356

[22] Galagan, D. J.: The nature of the fluoridation controversy in the United States. Australian Dental Journal, June 1959

[23] Gezondheidsraad. Cariëspreventie met Fluoriden. **7** (1960)

[24] Heyroth, F.: Toxicological Evidence for the safety of the Fluoridation of Public Water Supplies. Am. J. of Pub. Health **12** (1952), 1568–1575

[25] Hodge, C.: Metabolism of Fluorides. Journal of the American Medical Assn. **177** (1961), 313–316

[26] Hoffmann, R. und A. Knappwost: Grundlagen und Möglichkeiten der Kariesprophylaxe durch Fluor. Der öffentl. Gesundheitsdienst **6** (1957), 221–228

[27] How Fluoridation has reduced Dental Bills. Dental Times, Sept. 15 (1960)

[28] Hürny, T.: Die erste schweizerische Trinkwasserfluoridierungsstation in Betrieb. Rev. mens. suisse Odonto-Stomatol. **70** (1960), 991–998

[29] Hürny, T.: Die Entwicklung der Trinkwasserfluoridierung in den USA. Bulletin der Schweiz. Akademie der Med. Wissensch. **18** (1962), 351–355

[30] Hugelmann, H.: Die Fluoridierung des Trinkwassers in Kassel. GWF **18** (1953), 507–510

[31] Hutten, Linscott and Williams: Final report of local Studies on Water Fluoridation in Brantford. Canadian Journal of Pub. Health **47** (1956), 89–92

[32] Indinger, J.: Über die Bestimmung kleiner Fluormengen in Lebensmitteln und Wässern. Diss. Universität München 1957

[33] Knutson, J. W.: Fluoridation, where are we today? The Amer. Journal of Nursing, **60** (1960)

[34] Kostlàn, J. und M. Jiraskovà: Fluorizace vody v Ceskoslovensku. Ceskosl. Stomat. **59** (1959), 299–304

[35] Kruse, H.: Zur Frage der Trinkwasserfluoridierung. GWF **18** (1953), 511–515

[36] Lingelbach, H.: Fluoridiertes Trinkwasser. Chemie in der Schule **2** (1960), 74–79

[37] Lingelbach, H.: Organisierung, Durchführung und Erfahrungen der Trinkwasserfluoridierung in Karl-Marx-Stadt. Arch. oral. Biol. **4** (1961), 199–203

[38] Lingelbach, H.: Chemisch-technische Erfahrungen der Trinkwasserfluoridierung in Karl-Marx-Stadt. Arch. oral. Biol. **6** (1961), 193–197

[39] Lingelbach, H.: Eine Möglichkeit zur Trinkwasserfluoridierung in Kleinwasserwerken ländlicher Gemeinden. (Vortrag ORCA-Kongreß 1963 in Genf)

[40] L'adjonction de fluor à l'eau d'alimentation Essai Tiel-Culemborg Pays-Bas. Broschure No. 1, mars 1953

[41] Maier, F. J.: Fluoridation of Public Water Supplies. J. Am. Water Works Assn. **42** (1950), 1120–1132

[42] Maier, F. J.: Engineering Problems in Water Fluoridation. Am. J. Pub. Health **42** (1952), 249–254

[43] Maier, F. J. and E. Bellack: Fluorspar for Fluoridation. J. Am. Water Works Assn. **49** (1957), 34–40

[44] Maier, F. J.: Advances in the Use of Fluorspar for Fluoridation. J. Am. Water Works Assn. **52** (1960), 97–105

[45] Maier, F. J. and E. Bellack: Continuous Recording of Fluoride in Water. Amer. J. Pub. Health **47** (1957), 1296–1304

[46] Maier, F. J.: Study of permanent Color Comparators for Fluorides-Fluoridation Materials and Methods. J. Am. Water Works Assn. **49** (1957), 417–426

[47] Maier, F. J.: Further Study of permanent Color Comparators for Fluorides. J. Am. Water Works Assn. **53** (1961), 989–993

[48] Maier, F. J.: A System of fluoridating individual Water Supplies. Am J. Pub. Health **48** (1958), 717–723

[49] Maier, F. J.: Methods of Removing Fluorides from Water. Am. J. Pub. Health **37** (1947), 1559–1566

[50] Maier, F. J.: Defluoridation of Municipal Water Supplies. J. Am. Water Works Assn. **45** (1953), 879–888

[51] Maier, F. J.: Partial Defluoridation of Water. Public Works Nov. 1960

[52] McClure, F. J.: Fluoride Drinking Waters. Public Health Service Publication No. 825 (1962)

[53] McNeil, D. R.: The Fight for Fluoridation. New York, Oxford University Press 1957

[54] Meer fluoride in drinkwater. Uitgegeven door de Commissie Voorlichting Fluoidering Drinkwater Okt. 1961
[55] Megregian, S. and F. J. Maier: Modified Zirconium Alizarin Reagent for Determination of Fluoride in Water. J. Am. Water Works Assn. **44** (1952), 239–246
[56] Megregian, S. and I. Solet: Critical Factors in Fluoride Distillation Technique. J. Am. Water Works Assn. **45** (1953), 1110–1116
[57] Megregian, S.: Rapid Spectrophotometric Determination of Fluoride with Zirconium-Eriochrome Cyanine R Lake. Anal. Chem. **26** (1954), 1161–1166
[58] Megregian, S.: Analytical Applications of Zirconium Elektrode. Anal. Chem. **29** (1957), 1063–1065
[59] Norman and Gerrie: Factors governing tho cost of Fluoridation Equipment for Public Water Supplies. Division of Dental Public Health, U.S. Public Health Service
[60] Oelschläger, W.: Zur Bestimmung geringster Fluormengen. Zeitschr. f. analyt. Chem. **6** (1962), 408–416.
[61] Parma, C.: Fluoridierung des Trinkwassers. Dtsch. Zahnärztebl. **22** (1956), 857–863
[62] Pearlman, S.: Untested alternatives to Fluoridation of domestic Water Supplies. The Journal of the Am. Dental Assn. **46** (1953), 286–289
[63] Pilz, W.: Einige Hinweise zur chemisch-physiologischen Bedeutung des Fluors und der Notwendigkeit, den Bedingungen, Möglichkeiten sowie Gefahren einer kariesprophylaktischen Nutzung in der Praxis. Dtsch. Stomat. (1963) 312–326
[64] van Pinxteren, J. A. und O. Bakker-Dirks: Het gehalte aan fluoriden van het Nederlandse leidingwater. Tijdschrift voor Tandheelkunde, **3** (1960)
[65] Quentin, K. E.: Quantitative Fluoridbestimmung und Überwachung der Trinkwasserfluoridierung. Odontologisk Revy **8** (1957), 6–18
[66] Quentin, K. E.: Der Fluorgehalt bayerischer Wässer. G. I. **21/22** (1957), 1–4
[67] Quentin, K. E.: Beiträge zur Analytik kleiner Fluormengen in Lebensmitteln und Wässern. Zeitschr. f. Lebensmitteluntersuchung und -forschung **1** (1958), 53–61
[68] Quentin, K. E. und H. Lingelbach: Trinkwasserfluoridierung in Europa. Arch. oral. Biol. ORCA-Jahrbuch (1963), 23–32
[69] Quentin, K. E. und H. Lingelbach: Trinkwasserfluoridierung in Europa – ihre chemisch-technische Durchführung. G. I. **5** (1963), 139–145
[70] Ruzicka, J. A., L. Mrklas und A. Plackova: Die Anwendung von Magnesiumfluorsilikat für die Trinkwasserfluoridierung. DZZ **8** (1963), 420–423
[71] Schmidt, H. J.: Weiteres zum Fluorproblem (14). DZZ **12** (1961), 843–848
[72] Shaw, J. H.: The Safety of Fluoridation. Postgraduate Medicine **28** (1960), 641–649
[73] Spitz, Grace, Taylor and Harris: Experience in maintaining constant Fluoride Concentrations. Am. J. of Pub. Health **48** (1958), 1451–1459
[74] Statement on Fluoridation of Public Water Supplies. Am. Medical Assn. Dec. 1957
[75] Taylor, F. B.: Cumulative Distribution Method for Evaluating series of Fluoride Ion Test Results. J. Am. Water Works Assn. **52** (1960), 466–470
[76] The Conduct of the Fluoridation Studies in the United Kingdom and the Results Achieved after Five Years. Reports of Public Health and Medical Subjects No. 105 (1962)
[77] U.S. Department of Health, Education and Welfare, Better teeth for life – Fluoridation. Public Health Service Publication No. 636 (1960)
[78] WHO Expertenkommission über die Trinkwasserfluoridierung. Erster Bericht. Technische Berichtserien No. 146
[79] Auermann, E., W. Borris und H. Lingelbach: Die Trinkwasserfluoridierung – eine kommunalhygienische Forderung. Ztschr. ges. Hyg. H. **10** (1963)

G. Sachse, R. Winkler

Zentralinstitut für Kernphysik, Bereich Radiochemie, Rossendorf und
VEB Atomkraftwerk Rheinsberg

Natürliche ionenaustauschfähige Stoffe zur Entfernung radioaktiver Verunreinigungen aus dem Wasser

I. Teil: Natürliche anorganische Austauscher

Zusammenfassung: In einem Überblick über die Anwendungsmöglichkeiten natürlicher anorganischer Ionenaustauscher zur Konzentrierung radioaktiver Ionen werden die Vorteile von austauschfähigen Tonen beschrieben. Neben der Verwendung von Tonen als Ionenaustauscher zur Reinigung hoher radioaktiver Abfallösungen ist der Einsatz bei Fällprozessen zur Reinigung radioaktiver Abwässer möglich. Außer verbesserten Reinigungsergebnissen, besonders bei der Anwendung von cäsiumselektiven Tonen für das sonst schwer zu entfernende Nuklid Cs-137 ergibt sich durch die Kolloideigenschaften der Tone eine Verbesserung beim Absetzen der Fällprodukte.

Die Eigenschaften von Tongesteinen, die in der DDR vorkommen, entsprechen besonders in bezug auf Austauschkapazität nicht den Erfordernissen für die Verwendung als Zusatz bei Fällprozessen. Auf Grund der Kapazitätsuntersuchungen, die im Zentralinstitut für Kernphysik an über 40 verschiedenen Proben durchgeführt wurden, ergeben sich nur für importierte Bentonittone aus der VR Ungarn oder der ČSSR Einsatzmöglichkeiten bei der Entfernung radioaktiver Stoffe aus dem Wasser.

Für die Unterstützung bei der Durchführung der Untersuchungen danken wir Herrn Prof. Dr.-Ing. K. Schwabe.

Einleitung

Für die Abwasserreinigung entstand in den letzten 15 Jahren durch die ständige zunehmende Erforschung und Anwendung von Radioisotopen und durch die Entwicklung einer Kerntechnik eine neue, besonders schwierige Aufgabe — die Entfernung radioaktiver Verunreinigungen aus dem Wasser.

Die Untersuchung von geeigneten Reinigungsverfahren erfordert die Mitarbeit des Radiochemikers. Probleme der endgültigen und sicheren Lagerung von radioaktiven Konzentraten sind darüber hinaus nur unter der Mitwirkung von Geologen bzw. Hydrogeologen lösbar.

Die Reinigungsmethoden für radioaktiv verseuchtes Wasser beruhen in vielen Fällen auf Verfahren, die auch bei der allgemeinen Wasserreinigung Verwendung finden. Neben der Destillation kommen vor allem Mitfällungs- und Adsorptionsverfahren in Betracht. Im gewissen Umfang werden auch Ionenaustauscher zur Reinigung radioaktiver Abwässer eingesetzt, Austauscherharze spielen jedoch bei der Entseuchung von Wasser nicht die gleiche Rolle, wie in der modernen Wasseraufbereitung. Ursache dafür ist der mit der Regeneration der Austauscher verbundene Verdünnungseffekt für die am Austauscher konzentrierte Radioaktivität. Wegen des relativ hohen Preises synthetischer Austauscherharze ist eine einmalige Verwendung des Austauschers und eine anschließende Einlagerung des radioaktiven Materials nicht möglich. Eine Regenerierung bedeutet aber nicht nur die Verminderung einer angestrebten und erreichten Konzentrierung radioaktiver Ionen, sondern gleichzeitig auch eine Erhöhung des Anteils inaktiver Bestandteile in Form der für die Regenerierung erforderlichen Chemikalien. Damit erhöhen sich das zur endgültigen Beseitigung gelangende Abfallvolumen und die dabei entstehenden Kosten.

Vorteile bei der Nutzung austauschfähiger Tone

Ein Ausweg bietet sich durch die Verwendung von natürlich vorkommenden Austauschermaterialien, die auf Grund ihrer niedrigen Gestehungskosten ohne Regenerierung verwendet werden können. Geeignete Produkte sind sowohl Stoffe wie Torf oder Braunkohle, bei denen Huminsäuren Träger der Austauscheigenschaften sind, als auch anorganische Stoffe, wie z. B. bestimmte Tone oder Tongesteine. Auf die Anwendung von natürlichen organischen Austauschern zur Reinigung radioaktiver Abfalllösungen oder Abwässer soll im 2. Teil dieses Beitrages eingegangen werden.

Natürliche anorganische Austauscher, vorzugsweise handelt es sich um silikatische Tone der Montmorin- oder Glimmergruppe, können gleichzeitig als Einbettungsmaterial für eine sichere endgültige Einlagerung verwendet werden. Durch einen Glühprozeß bei ca. 1000 °C verändert sich die Struktur der Tone und die eingetauschten radioaktiven Ionen werden fest im neugebildeten Kristallgitter eingebaut. Die Auslaugbarkeit solcher gebrannter radioaktiver Tone durch Wasser ist sehr gering. In der Literatur [1] werden Werte von 0,1—0,03%, teilweise auch wesentlich niedriger, angegeben.

Die Vorteile, die geeignete Tone bei der Reinigung radioaktiver Abfallösungen bieten, führen immer wieder zur Untersuchung der verschiedensten Mineralgemenge oder Tongesteine. Auch in letzter Zeit sind zahlreiche Veröffentlichungen bekannt geworden [2—10], darunter auch Arbeiten über die Steigerung der Austauschkapazität natürlicher Materialien durch thermische Behandlung oder mit Phosphationen [11]. Zum Teil konnten für austauschfähige Stoffe besondere Eigenschaften nachgewiesen werden, die für die Reinigung radioaktiver Abfalllösungen günstig sind, wie z. B. die Cäsiumselektivität. So hat Clinoptilolit ein 30mal größeres Sorptionsvermögen für Cäsiumionen gegenüber dem für Calciumionen aus Leitungswasser [12]. Tonaustauscher werden auch im Zusammenhang mit anderen Reinigungsverfahren, beispielsweise der Elektrodeionisation, untersucht [13].

Daß die Ermittlung des Austauschverhaltens von silikatischen Tonmineralen, die gleichzeitig Bestandteile des Erdbodens sind, auch für das Einleiten radioaktiver Abwässer in Bodenschichten bedeutsam ist, sei hier nur am Rande erwähnt.

Die Verwendung von Tonaustauschern zur Aufnahme von radioaktiven Ionen aus wäßrigen Lösungen und die anschließende thermische Fixierung der Ionen im Austauschergitter dürfte für hochradioaktive Abfallösungen am aussichtsreichsten sein. Der Kostenaufwand infolge eines relativ großen Beseitigungsvolumens kann für flüssige mittelaktive Abfälle beträchtlich werden. Vielfach wird gerade der wesentliche Teil der Gesamtkosten für ein Verfahren zur Bearbeitung von radioaktiven Abfällen, der bei einer sicheren endgültigen Lagerung der Bearbeitungskonzentrate erforderlich ist, unterschätzt. Der Aufwand ist vor allem auf die langen Lagerzeiten zurückzuführen, für die eine unkontrollierbare und unbeeinflußbare Verteilung radioaktiver Substanzen ausgeschlossen werden muß. Für hochaktive langlebige Spaltprodukte resultieren Lagerzeiten zwischen 300 und max. 600 Jahren, bevor der natürliche Zerfall zu einer ausreichenden Aktivitätsminderung führt und eine Gefährdung durch die verbleibende Restaktivität ausgeschlossen ist.

Liegen die radioaktiven Abfallstoffe bereits in einer Form vor, die eine weitere Konzentrierung nicht erforderlich macht, ist das Einschmelzen dieser Abfallstoffe in Gläser günstiger. Solche Schmelzen können größere Mengen radioaktiver Verbindungen aufnehmen als austauschaktive Tone, deren Aufnahmevermögen durch die Austauschkapazität begrenzt wird.

Tone als Ionenaustauscher zur Reinigung hochaktiver Lösungen

Austauschersäulen mit ionenaustauschfähigen Tonen wurden zur Reinigung hochradioaktiver Abfallösungen im halbtechnischen Maßstab erprobt [14]. Pro Austauschersäule können 105 C aktiver Spaltproduktkationen bei einer Füllmenge von ca. 5—10 kg aufgenommen werden. Nachdem die Beladung des Austauschers erreicht ist, wird die überschüssige aktive Lösung mit dest. Wasser in eine 2. Säule gewaschen, die anschließend mit der Abfallösung völlig beladen wird. In der ausgewaschenen Säule erfolgt nach einem Trockenprozeß mit Heißluft, durch Heizspiralen, die im Säulenkörper eingebaut sind, das Brennen des Tones bei 1200—1250 °C. Es sind also jeweils 2 Säulen für die einzelnen Prozeßabschnitte im Betrieb. Auf Grund der hohen Aktivität muß eine ferngesteuerte Arbeitsweise in heißen Zellen gewährleistet sein. Durch die beim radioaktiven Zerfall freiwerdende Wärme hat die zu reinigende Lösung eine Temperatur von 70 °C. Der gesamte Säulenkörper einschließlicn der Heizspiralen aus Fe-Cr-Al-Co-Legierung wird dann eingelagert.

Die Verwendung von Tonaustauschern in Säulen erfordert bis auf wenige Ausnahmen eine Stabilisierung des Tones. Die hohe Quellfähigkeit des Materials führt sonst dazu, daß die Austauschersäulen schnell verstopfen bzw. Tonkolloide die ausfließende Lösung trüben. Unter solchen Umständen ist es nicht möglich, radioaktive Lösungen bis zur Kapazitätserschöpfung des Austauschers zu reinigen, weil die Radioisotope vorzugsweise an den hochdispersen Tonteilchen adsorbiert werden und mit diesen die Säule verlassen.

Als Stabilisierungsmittel werden Polyelektrolyte verwendet. Besonders durch die anglo-amerikanische Literatur ist das Krilium bekannt geworden, das auch als Bodenverbesserungsmittel zur Erzielung einer Krümelstruktur bei Lehmböden benutzt wird. Darüber hinaus existieren eine Reihe handelsüblicher Produkte auf der Basis von Polyacrylsäure-Abkömmlingen (Polyacrylamid, Polyacrylsäure und Polyacrylate), Copolymeren der Maleinsäure sowie langkettige tert. Alkylammoniumbasen.

Die Verwendung von Tonen bei Fällprozessen

Außer als Ionenaustauscher in Säulen lassen sich austauschfähige Tone als Zusätze bei Fällprozessen verwenden. Durch die Anwesenheit von bentonitischen Tonen bei der Fällung von $Fe(OH)_3$, $Al(OH)_3$ oder $CaCO_3$ werden für verschiedene Isotope günstigere Reinigungseffekte erzielt. Der Zusatz von 100 mg/*l* Ton zu einer Cs-137-haltigen Lösung vergrößert die adsorbierte Menge von 0–6% auf 35–65% [15]. Der Effekt ist naturgemäß von der Art des zugesetzten Tones abhängig. Kaolinitische Tone zeigen auf Grund ihrer geringeren Austauschkapazität für kationische Verunreinigungen einen geringeren Einfluß als bentonitische Tone. Bei Abwässern, die J-131 als Jodid enthalten, ergeben sich bei der Fällung von Eisenhydroxyd oder Aluminiumhydroxyd beim gleichzeitigen Vorhandensein von Kaolinit günstigere Reinigungseffekte als mit bentonitischen Tonen [16]. Besonders wertvoll sind cäsiumselektive Tone, da Cs^{137} an den verschiedenen Niederschlägen nicht oder nur sehr geringfügig adsorbiert wird. In der Wasserreinigungsanlage der Oak Ridge National Laboratories wird neben anderen Bearbeitungsmöglichkeiten eine Kalk-Soda-Fällung unter Verwendung cäsiumselektiver Tone durchgeführt [17].

In der Tabelle 1 sind Literaturwerte [18] über die Wirkung von Ton bei verschiedenen Fällprozessen zusammengestellt.

Tabelle 1

Isotop	Reinigungseffekt durch 100 mg/*l* Ton	Reinigungseffekt durch $Al(OH)_3$-Fällung	$Al(OH)_3$-Fällung mit Ton (103 mg/*l*)
Ce–144	80%	89%	max. 98,4%
Y–91	34%	35%	max. 97,0%
Sr–89	30%	0%	max. 18,7%

Anwendungsprobleme

Da es in der DDR in verschiedenen radioaktiv arbeitenden Instituten Fällanlagen zur Reinigung der verseuchten Abwässer gibt, ist die Verwendung besonders von cäsiumselektiven Tonen zur Verbesserung der Reinigungswirkung bei der Fällung naheliegend. Leider stehen im eigenen Land keine geeigneten Tone zur Verfügung. Die vorhandenen Lagerstätten an Kaolinen, die besonders für die Porzellan- und Keramikindustrie eine Rolle spielen, liefern ein Material mit sehr niedriger Austauschkapazität (meist weniger als 5 mval/100 g). In der Tab. 2 sind die Kapazitäten einiger handelsüblicher Kaolinqualitäten zusammengestellt, die im Zentralinstitut für Kernphysik unter dem Aspekt des Einschmelzens radioaktiver Konzentrate in keramischen Massen untersucht wurden. Die Bestimmung der Kapazität für NH_4-Ionen erfolgte durch eine Stickstoffbestimmung nach Kjeldahl in den erschöpfend mit NH_4-Ionen beladenen Proben. Zur Kapazitätsermittlung für Sr- und Cs-Ionen wurde radiometrisch mit Sr-90 und Cs-137 gearbeitet [19].

Tabelle 2

Austauschkapazität verschiedener Kaolinvorkommen

Material	Kapazität		
	mval NH_4^+/100 g	mval. Sr^{++}/100 g	mval Cs^+/100 g
Börtewitzer Kaolin	3	1	3
Kemmlitzer Kaolin	4	1	4
Hohburger Kaolin	4	2	3
Seilitzer Kaolin	4	3	4

Die unterschiedlichen Sorten der einzelnen Vorkommen, wie beispielsweise die Kemmlitzer Kaoline „Oka“, „Wolfka“ und „Meka“ zeigen nur geringfügige Unterschiede. Durch den Zusatz besonders von hydrozyklon-aufbereiteten Qualitäten bei einer $Fe(OH)_3$-Fällung läßt sich eine bessere Auflockerung des Niederschlages feststellen

Handelsübliche Steinguttone, Kapseltone, und Ofentone zeigen gegenüber Kaolinen nur leicht erhöhte Austauschkapazitäten. Werte über 20 mval/100 g werden nur in Ausnahmefällen erreicht. In der Tab. 3 sind einige Tone zusammengefaßt. Die Kapazitäten sind für die Anwendung als Zusatzstoffe bei Fällungen noch nicht ausreichend.

Tabelle 3

Austauschkapazitäten verschiedener Tonvorkommen

Material	Kapazität		
	mval NH_4^+/100 g	mval Sr^{++}/100 g	mval Cs^+/100 g
Malliser Ton	4	8	10
Rohton Werbellinsee	5	8	10
Löthainer Ton	8	4	7
Fliesenton Friedland	22	10	17
Bernstädter Kapselton	6	2	4
Brandiser Fetton	13	7	15
Guttauer Rohton	6	6	13
Blauton Friedland	20	16	25
Glasur-Lehm von Reutsch-Dommitsch	9	4	11
Ton von Thonberg	10	4	20

Tabelle 4 zeigt eine Zusammenstellung von verschiedenen Gesteinen, die durch das Vorhandensein von austauschfähigen Mineralen über eine Ionenaustauschkapazität verfügen. Da diese Stoffe kaum wie Tone Kolloide bilden, beeinflussen sie nur in Ausnahmefällen die Sedimentation von Niederschlägen. Die Austauschkapazität dieser Gesteinsproben ist nur unwesentlich höher als die der untersuchten Tone. Deshalb gelten für eine Anwendung bei Fällprozessen die gleichen Feststellungen.

Bentonitische Tone, die über ausreichende Austauscheigenschaften verfügen, können nur durch Import bezogen werden. Ein für die Reinigung radioaktiver Abwässer geeignet erscheinender Bentonitton von Radgendorf [20] bei Zittau

Tabelle 4

Austauschkapazitäten von Gesteinen mit austauschfähigen Mineralanteilen

Material	Kapazität		
	mval NH_4^+/100 g	mval Sr^{++}/100 g	mval Cs^+/100 g
Radeburger Syenit-Zersatz aufber.	16	17	24
Radeburger Syenitzersatz II. Sorte	10	5	30
Augustusburger Glonconit-Sand	10	12	22
Tonschiefer Ludwigsdorf	6	2	8
Nephelintephrit Seifhennersdorf	7	3	15

wird nicht abgebaut. Vom Großhandelsbetrieb Feuerfeste Erzeugnisse, Meißen, werden für industrielle Zwecke Bentonite aus der ČSSR und der VR Ungarn importiert. Der Preis dieser Materialien ist gering.

In der Tab. 5 sind die Austauschkapazitäten von Bentonittonen zusammengestellt, die bis auf den Bentonit F als Zusatzstoffe bei der Abwasserreinigung durch Mitfällung verwendet werden können. Der Bentonit F verfügt über ein extrem großes Quellvermögen und setzt sich in wäßrigen Suspensionen sehr schlecht ab. Für seinen ursprünglichen Verwendungszweck sind diese Eigenschaften erwünscht. Dieser Ton wird als Spülschlempe für Bohrlöcher in der Erdölindustrie verwendet.

Tabelle 5

Material	Kapazität		
	mval NH_4^+/100 g	mval Sr^{++}/100 g	mval Cs^+/100 g
Bentonit ČSSR	82	81	78
Bentonit F VR Ungarn	80	46	73
Bentonit O VR Ungarn	68	61	34
Bentonit K VR Ungarn	35	35	61

Literatur

[1] AMPHLETT, C. B.: Nuclear Engng. **1** (1956), 119
[2] CERRAI, E. u. a.: Energia Nucleare **7** (1960), 253
[3] JACOBS, D. G.: Health Physics **4** (1960), 157
[4] ZEZULA, J.: Chem. zvesti **14** (1960), 301
[5] JACOBS, D. G.: Ornl-2994 (78–95)
[6] TAMURA, TU.: Ornl-2994 (58–78)
[7] SAMMON, D. C. und RE. WATTS: AERE-R-3274
[8] NELSON, J. L.: HW-66796
[9] FRYSINGER, G. R. und H. C. THOMAS: J. Phys. Chem. **64** (1960) 224
[10] THOMAS, K. T. u. a.: CF-60-10-35
[11] RINSHAW, S. W. und WINKLEY: CF-60-4-17
[12] MEREER, B. W.: HW-66276
[13] BURGUS, W. H. und E. S. GRIMMELT: IDO-14367
[14] GROVER, J. R.: J. Brit. Nucl. Energy Conf. **3** (1958) 1, 80
[15] MORTON, R. J. und C. P. STRAUB: J. Am. Water Works Ass. (1956) Mai 545
[16] ELIASSEN, R. u. a.: J. Am. Water Works Ass. (1951) Aug. 618
[17] COWSER, K. E. u. a.: Genf. Konferenz (1958) P/2354
[18] STRAUB, C. P.: J. Am. Water Works Ass. (1951) Okt. 773
[19] SACHSE, G.: Diss. Karl-Marx-Universität Leipzig 1959. S. 37–41
[20] SACHSE, G. und E. LEIBNITZ: Kernenergie **4** (1961), 8, 633; **4** (1961), 9, 697; **5** (1961), 2, 114

R. WINKLER, G. SACHSE
VEB Atomkraftwerk Rheinsberg und Zentralinstitut für Kernphysik,
Bereich Radiochemie, Rossendorf

Natürliche ionenaustauschfähige Stoffe zur Entfernung radioaktiver Verunreinigungen aus dem Wasser

II. Teil: Natürliche organische Austauscher

Zusammenfassung: Neben einem Überblick über den Einsatz von natürlichen organischen ionenaustauschfähigen Stoffen zur Reinigung radioaktiver Abwässer, der insbesondere die Anwendung von Sägespänen, Torf und Braunkohle berücksichtigt, wird auf die Ionenaustauscheigenschaften der Huminsäure eingegangen. Die Huminsäure als Träger der Ionenaustauscheigenschaften der natürlichen organischen Austauscher wurde neben Torf im Rahmen von Forschungsarbeiten im Zentralinstitut für Kernphysik untersucht. Die Anwendungsprobleme von Torf als Ionenaustauscher zur Entfernung radioaktiver Verunreinigungen aus dem Wasser werden ausführlich behandelt. Die Verbrennung der beladenen organischen Austauscher, zur Konzentrierung der radioaktiven Substanzen in einem möglichst kleinen Volumen zur sicheren Lagerung ist am günstigsten durch Naßverbrennung möglich. Abschließend wird auf einen kombinierten Torf–Ton-Austauscher eingegangen, der gegenüber der Verwendung von Torf oder Ton als Austauscher beachtenswerte Vorteile bietet.

Einleitung

Von den natürlichen organischen Ionenaustauschern kommen für eine technische Verwendung vor allem Torfe und Braunkohlen in Betracht. Die in ihnen enthaltenen Huminsäuren sind der hauptsächliche Träger der Austauscheigenschaften. Über die Konstitution der Huminsäuren herrscht noch keine völlige Klarheit. Die klassischen Verfahren der Reinigung und Identifizierung konnten nur in beschränktem Umfang angewendet werden, da Huminsäuren den Charakter polymerer Verbindungen tragen. Die Konstitutionsermittlung stößt auch deshalb auf größere Schwierigkeiten, weil infolge der Empfindlichkeit dieser Stoffklasse mit einem chemischen Abbau weitgehende Zerstörung verbunden ist. Man kann heute etwa soviel sagen, daß das Gerüst der Huminsäuren aus carbozyklischen Sechseringen besteht, die durch -O- und -CH_2-Brücken miteinander verbunden sind. Die außerdem vorhandenen Carboxyl- und phenolischen Hydroxylgruppen bedingen die Acidität und das bereits von BERZELIUS erkannte Basenaustauschvermögen. Die Literaturangaben über das Molekulargewicht schwanken zwischen 1000 und 1600.

Versuche zur Anwendung natürlicher organischer Ionenaustauscher in der Wasserreinigung

In der Zeit vor dem Bekanntwerden der Austauscherharze gab es Versuche, Austauscher auf der Basis von Kohlen herzustellen und in die Technik einzuführen. Der Anwendung gekörnter und teilweise entwässerter Braunkohle als Wasserenthärtungsmittel blieb jedoch der Erfolg wegen der schlechten Alkalibeständigkeit im allgemeinen versagt. Die relativ besten Ergebnisse wurden mit lignitischen Kohlen und alkaliaktivierten Glanzbraunkohlen erzielt.

Sägespäne

Die belgischen Arbeiten über Dekontaminierung von Abwässern mit natürlichen Ionenaustauschern begannen mit der Untersuchung von Sägespänen [1]. Dieses Material eignet sich gut zur Beschickung von Austauschersäulen. Es vermag in Anwesenheit von Fremdionen 0,15 mval/g Strontiumionen zu adsorbieren, in Gegenwart von 150 mg/l Ca^{2+} jedoch nur 0,07 mval/g. Mit zunehmender Verrottung der Sägespäne erhöht sich die Austauschkapazität, bedingt durch die Einführung weiterer austauschaktiver Gruppen. So konnte mit einer bestimmten Menge frischer Sägespäne die 70fache Gewichtsmenge Wasser, mit stark verrottetem Material aber die 170fache Gewichtsmenge Wasser zu 95% von ^{89}Sr befreit werden. Vor allem der Wunsch nach Erreichung höherer Austauschkapazitäten führte zur Untersuchung stärker humifizierten Materials, wie es Torf und Braunkohle darstellt.

Torfe

In Arbeiten von Burkat [2, 3] aus den Jahren 1953 und 1955 wurde die Möglichkeit erörtert, Torfe als Kationenaustauscher zu verwenden. So wird die Herstellung eines Austauschers aus Niedermoortorf durch Behandlung mit 10%iger Salzsäure beschrieben. Später wurde über Versuche aus der Schweiz berichtet, durch fall-out kontaminiertes Zisternenwasser mit Hilfe einer Filtration über Hochmoortorf zu reinigen.

Umfangreiche Versuche im Zentralinstitut für Kernphysik der DDR befaßten sich mit der Reinigung radioaktiver Abwässer durch Hochmoortorfe [4, 5]. Sie bauten auf einer früheren Arbeit über die Adsorption von Uranspaltprodukten an Huminsäuren [6] auf. Torf läßt sich durch Trocknen an der Luft und Zerkleinern in geeigneten Mühlen in eine Form bringen, die seine Verwendung in Austauschersäulen bis zu Schichthöhen von 500 mm gestattet. Eine Extraktion der Bitumenstoffe, Wachse und Fette ist nicht erforderlich. Die Kationen der im Torf enthaltenen Mineralstoffe besetzen teilweise die austauschaktiven Stellen, jedoch ist der Mineralstoffgehalt bei Hochmoortorf meist so gering, daß seine weitere Verminderung kaum lohnt. In Abhängigkeit vor allem vom p_H-Wert der Lösung und von der Wertigkeit der einzutauschenden Kationen werden Gesamtkapazitäten bis 1 mval/g erreicht. Die nutzbare Volumenkapazität ist wesentlich geringer, dennoch kann man mit 1 kg Torf immerhin 170 l mittelharten Wassers (12° d) praktisch vollständig von einer ^{90}Sr-Kontamination befreien. Auch Kolloide, wie sie von Verbindungen der Spaltprodukte Zr, Ru u. a. gebildet werden, lassen sich durch Torf zurückhalten. Versuche mit kleinsten Konzentrationen stehen allerdings noch aus.

Etwa zur gleichen Zeit führten Szalay und Szilagyi [7] Untersuchungen mit Niedermoortorf durch. Sie extrahierten Bitumen und Wachse mit Benzol sowie Harze und niedermolekulare Huminsäuren mit Äthanol. Danach brachten sie das Material durch Behandlung mit Salzsäure in die H-Form. Die Austauschkapazität des Torfs erreichte 2 mval/g und die Anreicherung kationischer Uranspaltprodukte in günstigen Fällen den Wert 10^4. Im Gegensatz zu Cs, Sr, Y, Zr und Seltenen Erden werden die in anionischer Form vorliegenden Spaltprodukte J und Nb nicht adsorbiert. Die genannten Autoren halten die Verwendung von Torf und anderen huminsäurehaltigen natürlichen Stoffen zur Behandlung radioaktiver Abwässer für aussichtsreich.

Braunkohlen

Die belgischen Chemiker gaben bei ihren weiteren Untersuchungen lignitischer Braunkohle den Vorzug gegenüber Torfen, vor allem wegen der für die Beschickung von Austauschersäulen geeigneteren Struktur des Materials. Auf der 2. Genfer Konferenz berichteten Dejonghe, Baetsle und Mosselmans [8] über die Anlage zur Reinigung radioaktiver Abwässer im Kernforschungszentrum Mol. Die Anlage für „warme" Abwässer (Spezifische Aktivität 10^{-3} μC/ml) befand sich zu diesem Zeitpunkt noch im Stadium experimenteller Vorarbeiten. Als Behandlungsmethode wurde die Adsorption der radioaktiven Verunreinigungen an lignitischer Braunkohle vorgeschlagen. Die Gesamtkapazität für den Kationenaustausch beträgt 0,34 mval/g. Von Baetsle [9] wurde sie später auch zu 0,58 mval/g angegeben. Da die austauschaktiven Gruppen zu etwa 50% mit Eisen- und Calciumionen besetzt sind, macht sich eine Vorbehandlung mit verdünnter Säure erforderlich. Der Einfluß kationischer Verunreinigungen auf die Aktivitätsabtrennung wurde bei verschiedenen p_H-Werten untersucht. Als Ergebnis davon wird vorgeschlagen, entsalztes Reaktorkreislaufwasser bei pH 3, aber kontaminiertes Brauchwasser bei p_H 9 zu bearbeiten.

Erfolgversprechende Versuche wurden mit gepulverter Braunkohle als Filtermedium in kontinuierlichen Filtern und Zentrifugen durchgeführt.

Anwendungsprobleme

Ionenaustauscheigenschaften

Die Ionenaustauscheigenschaften der natürlichen organischen Ionenaustauscher werden vor allem durch die schwachsauren und verschieden stark dissoziierten austauschaktiven Gruppen bestimmt. Einen Einblick in die vorliegenden Verhältnisse gestatten unsere Untersuchungen an Huminsäuren, die aus Hochmoortorf abgetrennt wurden. Für die Praxis der Wasserreinigung sind daraus folgende Schlußfolgerungen zu ziehen: Der p_H-Wert des zu reinigenden Wassers muß möglichst hoch, jedoch mindestens 4—5 sein, um eine möglichst günstige Austauschkapazität zu erreichen. Allerdings beginnt die Auflösung der Huminsäure bereits bei p_H-Werten von 7—9, abhängig von Art und Vorbehandlung des Austauschermaterials, so daß einer Steigerung des p_H-Wertes sehr enge Grenzen gesetzt sind. Beim Betrieb von Austauschersäulen ist damit zu rechnen, daß die durch den Austausch freiwerdenden Wasserstoffionen die Dissoziation der austauschaktiven Gruppen zurückdrängen. Es wird dann ein schneller Durchbruch der Aktivität beobachtet, ohne daß die Austauschkapazität bereits erschöpft ist. Diese Schwierigkeit tritt bei salzarmen Wässern verständlicherweise nicht auf. Man könnte versucht sein, sie durch Anwendung des Neutralaustausches ganz zu umgehen.

Dem steht jedoch die Neigung der Alkalisalze der Huminsäuren zur Solvatation entgegen.

Die Bindungsfestigkeit der Kationen am humushaltigen Austauscher ist stark von deren Wertigkeit abhängig. Trivalente Ionen werden beispielsweise so fest gebunden, daß gleichzeitig anwesende mono- und divalente Ionen auf ihre Adsorption praktisch keinen Einfluß haben. Strontiumionen sind gegenüber den Härtebildnern des Brauchwassers, also Calcium- und Magnesiumionen, etwas bevorzugt. Ausgesprochen unbefriedigend ist die Adsorption der Alkaliionen, so daß eine Abtrennung von ^{137}Cs bei gleichzeitiger Anwesenheit nennenswerter Mengen polyvalenter Kationen unter praktisch brauchbaren Bedingungen nicht möglich ist. Von uns durchgeführte Säulenversuche mit Torf [4] zeigten, daß die Dekontamination sehr salzarmer Wässer, z. B. Kühlwasser von Kernreaktoren, durch die inaktiven Bestandteile nur unwesentlich gestört wird. Sind jedoch mehrwertige Kationen in nennenswerter Menge enthalten, so empfiehlt sich ihre Entfernung durch eine Vorfällung (als Kalk-,Kalk-Soda- oder Calciumphosphat-Fällung).

Die Geschwindigkeit der Austauschreaktion ist bei Torf sehr hoch. In weniger als 2 Minuten erfolgt die Gleichgewichtseinstellung. Bei Braunkohle zeigt sich jedoch ein wesentlicher Einfluß der Partikelgröße [9]. Empfohlen wird hier eine möglichst geringe Korngröße bei einer Durchflußgeschwindigkeit von 4 bis 5 $ml/cm^2/min$. Der Temperatureinfluß auf die Austauschreaktion ist gering.

Sorption von Kolloiden

Nach Szalay und Szilagyi [7] werden durch Huminsäuren auch Spaltprodukte wie Y, Zr und Seltene Erden adsorbiert, die bei dem von den Autoren eingehaltenen p_H-Wert zur Bildung von Kolloiden bzw. Radiokolloiden neigen. Wir erhielten ebenfalls gute Ergebnisse mit kolloidalen Hydrolyseprodukten von Zirkonoxynitrat und Nitratonitrosylruthenium.

Die Vorteile natürlicher organischer Austauscher gegenüber Austauscherharzen bei der Adsorption von Kolloiden sind wahrscheinlich auf die großporige, oberflächenreiche Struktur zurückzuführen. So wird die Porengröße von Kohle mit 10—200 nm, die von Austauscherharzen mit nur maximal 2 nm, angegeben [10].

Verhalten in Austauschersäulen

Von wesentlicher Bedeutung ist das Verhalten huminsäurehaltiger Austauscher in Filtereinrichtungen. Torf läßt sich verwenden, wenn er an der Luft getrocknet und dann mit geeigneten Mühlen zerkleinert wird. Bei Versuchen, die restlichen 10—15% Wasser durch Trocknen bei 100 bis 110 °C zu vertreiben, wurde ein schlecht benetzbares Produkt erhalten. Bereits bei Zimmertemperatur verläuft die Entwässerung weitgehend irreversibel und ein Verstopfen von Austauschersäulen durch Quellung des Materials wurde nicht beobachtet.

Die Verwendung von Leitungswasser führte in allen Fällen zur Gasbildung in der Säule, offenbar verursacht durch die aus den Bicarbonaten freigesetzte Kohlensäure. Da bei einem Teil dieser Versuche die nicht adsorbierte Aktivität regellos schwankte, wurde auf eine durch Gasblasen bewirkte Bildung von Rissen in der Austauscherschicht geschlossen.

Bei der Verwendung von Braunkohle in Säulen machte sich vor allem ein Nachteil bemerkbar. Beim Herausspülen des erschöpften Materials aus den Filtern entsteht ein hochaktiver Schlamm, der gesondert behandelt werden muß. Deshalb wurden in Mol die schon erwähnten Versuche durchgeführt, gepulverte Braunkohle in dünnen Schichten als Filtermedium für kontinuierliche Filter und Zentrifugen zu verwenden.

Verbrennung

Humushaltige Austauscher, wie Torf und Braunkohle, lassen sich verbrennen, so daß nur noch das relativ kleine Aschevolumen, in dem die Aktivität angereichert ist, eingelagert werden muß. Die Verbrennung von kontaminiertem Material ist jedoch allgemein noch nicht befriedigend gelöst. Die zur Reinigung der Verbrennungsgase benutzten Kombinationen von Scrubbern, Zyklonen, Glaswattefiltern und anderen Einrichtungen erhöhen den technischen Aufwand und die Anfälligkeit der Anlage gegen Korrosion. Ferner ist zu berücksichtigen, daß verbrauchtes Austauschermaterial vorgetrocknet werden muß.

Auf Grund der von uns durchgeführten Versuche glauben wir, daß sich die genannten Schwierigkeiten durch Anwendung der Naßverbrennung ganz oder teilweise umgehen lassen. Die noch wenig bekannte Naßverbrennung ist eine Oxydation mit Luft oder Sauerstoff unter Druck bei Temperaturen um 200 °C. Die organische Substanz ist dabei in Wasser gelöst oder suspendiert.

Es wird erwartet, daß die Verschmutzung der Abgase durch radioaktive Stoffe bei der Verbrennung in der flüssigen Phase weit aus geringer als bei der normalen Verbrennung ist. Falls eine Reinigung dennoch erforderlich ist, sollte sie ohne ernste Behinderung durch Korrosionsprobleme durchführbar sein. Ein weiterer Vorteil der Naßverbrennung besteht schließlich noch darin, daß die Radioaktivität bei geeigneter Prozeßführung in einem kleinen Flüssigkeitsvolumen und damit in gut zu handhabender Form zur endgültigen Beseitigung anfällt.

Kombinierte organisch-anorganische natürliche Ionenaustauscher

Auf Grund der im Zentralinstitut für Kernphysik durchgeführten Untersuchungen über das Ionenaustauschverhalten von natürlichen anorganischen und organischen Stoffen wurde von R. Winkler ein organomineralischer Austauscher auf der Basis von Torf und Ton vorgeschlagen [11, 12]. Dieser kombinierte Austauscher ermöglicht durch seine einfache Herstellungsweise die gleiche Anwendungsart (einmalige Beladung), die bei unveränderten natürlichen Austauschern für die Reinigung radioaktiv verunreinigter Wasser wirtschaftlich günstig ist.

Zur Herstellung des Torf–Ton-Austauschers wird der gemahlene Torf (am besten eignet sich wegen seines geringen Mineralstoffgehaltes Hochmoortorf) mit Ammoniak im Überschuß versetzt und auf ca. 80 °C erwärmt. In den entstehenden Brei, in dem die Huminsäure in das lösliche NH_4-Humat vorliegt, wird der Ton eingerührt. Bei der anschließenden Trocknung entweicht überschüssiges Ammoniak, und man erhält ein grobkörniges Produkt, das nach Mahlen und Absieben der erwünschten Korngröße als kornstabiles Austauschermaterial in Säulen verwendet werden kann. Der Austauscher liegt in der Ammoniumform vor und besitzt gegenüber den Härtebildnern des Wassers eine Kapazität zwischen 0,8 bis

0,9 mval/g. Gegenüber der Verwendung von Torf oder Ton als Austauscher zeigt die Kombination beider Stoffe einige bemerkenswerte Vorteile:

1. Torf–Ton-Austauscher bilden stabile Partikel.
   Für die Anwendung von Tonaustauschern bestehen durch die große Quellfähigkeit und die Kolloidbildung in elektrolytarmen Lösungen große Schwierigkeiten beim Arbeiten in Austauschersäulen.
2. Bei der Verwendung von cäsiumselektiven Tonen zur Herstellung des Torf–Ton-Austauschers läßt sich auch das Spaltproduktelement Cs-137 mit gutem Erfolg aus dem Wasser entfernen. Torf bildet als Austauscher mit Cäsiumionen leicht lösliches Alkalihumat, wodurch für Cs-137 nur sehr geringe Reinigungseffekte erreicht werden.
3. Der Torf–Ton-Austauscher ist im schwach alkalischen Bereich bis p_H 8,5 einsatzfähig, ohne daß sich wie bei Torf-Austauschern lösliche Alkalihumate bilden.

Herrn Prof. Dr.-Ing. K. Schwabe danken wir an dieser Stelle für die Förderung, die er den Untersuchungen zuteil werden ließ.

Literatur

[1] Dejonghe, P., N. van de Vorde and M. D'Hont: Treatment of radioactive effluents with sawdust or brown-coal. Blg 13, Centre d'etudes pour les applications de l'energie nucleaire
[2] Burkat, S. S. El: Ukrain. Chem. J. **XIX** (1953), 562–566
[3] Burkat, S. S. El: Ukrain. Chem. J. **XXI** (1955), 669–674
[4] Winkler, R. und J. Gens: Isotopentechnik **1** (1960/61), 219–221
Winkler, R. und J. Gens: Isotopentechnik **1** (1960/61), 246–247
[5] Winkler, R.: Isotopentechnik **2** (1962), 50–54
[6] Winkler, R. und E. Leibnitz: Kernenergie **3** (1960), 992–998
[7] Szalay, A. und M. Szilagyi: Acta Physica Acad. Scient. Hungaricae **XIII** (1961), 421–436
[8] Dejonghe, P., E. Baetsle und G. Mosselmans: Second Conference on Peaceful Uses of Atomic Energy, **XVIII** (1958), 231–236
[9] Baetsle, L.: Disposal of Radioactive Wastes, Vol. 1, Conference Proceedings, Monaco, (1959), 181–200
[10] Griessbach, R. und A. Richter: Verhandlungsberichte der Kolloidgesellschaft **17** (1955), 107
[11] Winkler, R.: Kernenergie **3** (1960), 1195–1197
[12] DDR-WP 21910 u. DDR-WP 23850

Die Tagung des Fachverbandes Wasserchemie der Chemischen Gesellschaft in der DDR fand vom 13. bis 15. Mai 1963 in Karl-Marx-Stadt statt. Etwa 150 Wasserchemiker waren zusammengekommen. Nachstehend werden die Kurzreferate der Vorträge, die nicht in diesem Heft und an anderer Stelle wiedergegeben wurden, mitgeteilt.

J. Rochlitzer

Amt für Wasserwirtschaft
bei der Regierung der Deutschen Demokratischen Republik, Berlin

Zur Jahrestagung des Fachverbandes Wasserchemie

Der Fachverband Wasserchemie der „Chemischen Gesellschaft" in der Deutschen Demokratischen Republik leistet eine außerordentlich wertvolle Arbeit in der Durchsetzung des wissenschaftlichen Fortschrittes und kann in dieser Arbeit auf beachtliche Erfolge zurückblicken. Es ist deshalb sehr zu begrüßen, daß die „Fortschritte auf dem Gebiet der Wasserchemie" nunmehr regelmäßig publiziert werden. Dies ist für die weitere Entwicklung der Volkswirtschaft bei der Sicherung der wasserwirtschaftlichen Probleme von großer Bedeutung.

Der VI. Parteitag der Sozialistischen Einheitspartei Deutschlands hat mit der Annahme eines Programms Weg und Ziel für die Etappe des umfassenden Aufbaues des Sozialismus in der Deutschen Demokratischen Republik festgelegt. Neben der umfassenden Aufgabenstellung für die Entwicklung der gesamten Volkswirtschaft ist die besondere Aufgabenstellung der Wasserwirtschaft festgelegt:

„Für die Steigerung der industriellen und landwirtschaftlichen Produktion sowie zur Wasserversorgung der Bevölkerung sind die planmäßige Erschließung, Nutzung und Reinhaltung des Oberflächen- und Grundwassers, die staatliche Lenkung der Gewässernutzung entsprechend dem wachsenden Bedarf an Trink- und Brauchwasser sowie die Verhinderung von Wasser- und Trockenschäden sehr wichtig".

In diesem Programm sind die führenden Zweige der Volkswirtschaft, insbesondere die chemische Industrie als Großwasserverbraucher aufgeführt, durch deren Aufbau der technische Fortschritt der gesamten Volkswirtschaft und damit die Entwicklung der nationalen Wirtschaft der DDR gewährleistet wird. Da bereits heute der überwiegende Teil der wasserwirtschaftlichen Aufgaben der Sicherung der industriellen Produktion dient, muß sich die Wasserwirtschaft in den nächsten Jahren um so gründlicher auf die Sicherung der Entwicklung dieser führenden Zweige orientieren. Die hierbei zu lösenden Aufgaben sind sehr vielfältig. Die in den derzeitigen Ballungsgebieten der Industrie zur Auflösung des Widerspruches zwischen Wasserdargebot und Wasserinanspruchnahme gewonnenen Erfahrungen und die daraus entwickelten Grundsätze schaffen gute Voraussetzungen für die Lösung dieser Aufgaben.

Diese Grundsätze, wie die sparsamste Verwendung des Wassers besonders in seiner Funktion als Produktionsmittel, die höchstmögliche Zurückhaltung zur weitgehenden Beherrschung des Abflußvorganges im Grund- und Oberflächenwasser, die wiederholte Nutzung des Wassers in Verbindung mit der Abwasserbehandlung und weitere bewährte Prinzipien für die Durchsetzung einer Wasserbewirtschaftung mit hohem Nutzeffekt müssen mit den für alle Wirtschaftszweige geltenden ökonomischen Forderungen der schnellen Steigerung der Arbeitsproduktivität auf der Grundlage des wissenschaftlich-technischen Fortschritts, der sozialistischen Rekonstruktion und einer auf die Hauptaufgabe orientierten Erweiterung der Grundmittel koordiniert werden.

Durch die Regierung wurde das Amt für Wasserwirtschaft beauftragt, Rechtsnormen auszuarbeiten, die die weitere Entwicklung der wasserwirtschaftlichen Aufgaben in der Periode des umfassenden Aufbaues des Sozialismus in der DDR sichern. In einer Zentralen Kommission unter Vorsitz des Stellvertreters des Vorsitzenden des Ministerrates, Herrn P. SCHOLZ, wurden diese ausgearbeitet und die Volkskammer der DDR verabschiedete am 17. April 1963 das „Gesetz über den Schutz, die Nutzung und die Instandhaltung der Gewässer und den Schutz vor Hochwassergefahren" — kurz „Wassergesetz" genannt.

Es kann eingeschätzt werden, daß mit diesem Gesetz eine Rechtsnorm geschaffen wurde, die eine wirksame Grundlage für die weitere Arbeit auf dem komplizierten Gebiet der Wasserwirtschaft sein wird.

Besondere Bedeutung wird der Wasserrückhaltung und der Wasserüberleitung gewidmet. Dem in der DDR sowie in allen hochindustrialisierten Staaten eingetretenen hohen Wasserbedarf und insbesondere dem Abwassernotstand, der zu einem ernsten Hemmnis für die wiederholte Wassernutzung geworden ist, wird der Grundsatz gerecht, der Verschmutzung und Verschwendung von Wasser entgegenzutreten. Die Industrie wird verpflichtet, solche Verfahren anzuwenden, die eine möglichst geringe Verschmutzung und sparsame Verwendung von Wasser gewährleisten; sie wird weiter verpflichtet, die Behandlung und Einleitung der Abwässer nach dem wissenschaftlich-technischen Höchststand so durchzuführen, daß ein größtmöglicher Reinigungseffekt erzielt und eine wiederholte Verwendung des Wassers möglich ist.

Die eingeleitete Orientierung auf die verstärkte Rekonstruktion vorhandener Anlagen, auf die Konzentration von neuen Maßnahmen, auf die Entwicklung neuer Verfahren und die rasche Überführung der Forschungsergebnisse in die Praxis, aller im Plan „Neue Technik" zusammengefaßten Maßnahmen gilt es, weiterzuführen.

Aus der Sicherung der Entwicklung der führenden Zweige der Volkswirtschaft ergeben sich auch die Forschungs- und Entwicklungsaufgaben, die auf dem Gebiet der Wassermengen- und Wassergütewirtschaft zu lösen sind.

Die Entwicklung des Institutes für Wasserwirtschaft in Berlin zum wissenschaftlich-technischen Zentrum schafft Voraussetzungen, neben der Bearbeitung von eigenen Forschungsthemen der Wasserwirtschaft noch stärkeren Einfluß auf die

Forschungsarbeit in den wissenschaftlichen Einrichtungen der wassernutzenden Zweige zu nehmen. Die Überwindung der Zersplitterung von Forschungsthemen und deren Zusammenfassung mit dem Ziel der raschen Überführung in die Praxis muß weitergeführt werden. In den wissenschaftlichen Einrichtungen der Wasserwirtschaftsdirektionen ist die Forschung über die für das Großeinzugsgebiet typischen Probleme insbesonders auch auf dem Gebiet der Wassergütewirtschaft zu verstärken.

Neben der Vertiefung der Forschungs- und Entwicklungsaufgaben zur raschen Erreichung des wissenschaftlich-technischen Höchststandes ist die Stärkung der materiell-technischen Basis eine wichtige Voraussetzung für die bessere Lösung der wasserwirtschaftlichen Aufgaben. Die Regierung widmet deshalb der Erweiterung vorhandener und der Schaffung neuer Kapazitäten für die Produktion von Ausrüstungen für Wasserwerke und Kläranlagen, die Produktion von Meßgeräten für die Wasserentnahme und Abwasserableitung große Aufmerksamkeit.

Die Standardisierung und Typung im Wirtschaftszweig Wasserwirtschaft als ein entscheidender Hebel zur Durchsetzung des technisch-wissenschaftlichen Fortschritts bei der Steigerung der Arbeitsproduktivität zeigt gute Fortschritte. Eine Zentralstelle für Standardisierung, bzw. Büros für Standardisierung und die Leitstelle für Typung treffen mit dem Amt für Standardisierung und dem VEB Typenprojektierung die notwendigen Abstimmungen.

Durch die vom Exekutivkomitee des Rates für gegenseitige Wirtschaftshilfe gebilligten Vorschläge der „Tagung der Leiter der wasserwirtschaftlichen Organe der Mitgliedsländer des Rates für gegenseitige Wirtschaftshilfe“ wurde eine breite Basis für das organisierte Zusammenwirken zur Lösung der im sozialistischen Lager anstehenden wasserwirtschaftlichen Probleme und damit eine höhere Form der wissenschaftlich-technischen Zusammenarbeit geschaffen. Solche für die Volkswirtschaft der DDR vordringlichen Fragen, wie die Reinhaltung der Grenzgewässer, der Standardisierung und Typisierung, der Kooperation in der wasserwirtschaftlichen Forschung und Produktion von Ausrüstungen, können unter Auswertung der Erfahrungen und der Möglichkeiten aller Mitgliedsländer nunmehr koordiniert durchgeführt werden.

Da die Bearbeitung dieser Themen in Arbeitsgruppen unter Teilnahme aller Länder erfolgt, ist damit eine breite Möglichkeit des direkten Erfahrungsaustausches auf wissenschaftlich-technischem Gebiet gegeben.

Die von der Regierung beschlossenen Maßnahmen erfordern ein großes Verständnis der für deren Durchführung verantwortlichen staatlichen Organe und der Betriebe und Einrichtungen der Industrie, um diese Beschlüsse zu einer Anleitung des Handelns und einer Quelle des rasch wachsenden volkswirtschaftlichen Nutzeffektes der wasserwirtschaftlichen Maßnahmen im Interesse der Volkswirtschaft zu machen.

J. Nowacki, J. Pilotek
Hydroprojekt, Gliwice

Die Anwendung der biologischen Verfahren in halbtechnischen Kläranlagen bei der Reinigung der Sulfatzelluloseabwässer

Die Versuchskläranlage wurde als Ergebnis der in den Jahren 1953–1956 durchgeführten Laboratoriumsuntersuchungen bei einer Sulfatzellulosefabrik entworfen, der Bau der Anlage im Jahre 1961 beendet. Sie besteht aus zwei hintereinander geschalteten Spültropfkörpern (Rauminhalt 32 m^3) mit Vor- und Nachklärbecken und aus einem Belüftungsbecken (24 m^3 Rauminhalt) mit Gouldstufenbelüftung mit Vor- und Nachklärbecken. Der biologischen Kläranlage werden alle industriellen Abwässer mit Ausnahme der Kondensate zugeführt.

In einem Saturationsturm werden die toxische und schlecht riechende Schwefelverbindungen enthaltenden Kondensate auf physikalisch-chemischem Wege gereinigt.

Ende des Jahres 1961 wurden die Untersuchungen begonnen. Das Belebtschlammverfahren wurde bei einer Belastung von 400–1900 g BSB_5/m^3 bei 1600–8400 g Trockensubstanz des Belebtschlammes auf 1 m^3 Belüftungsbecken durchgeführt. Der erzielte Reinigungsgrad dieser Belebtschlammanlage entsprach einer Abnahme des BSB_5 und des $KMnO_4$-Verbrauchs von 40–60%.

Mit Spültropfkörpern wurde bei einer Belastung von 750–2800 g BSB_5/m^3 und 0,99–2,70 m^3 Abwasser/m^2 gearbeitet. Der Reinigungsgrad dieser Tropfkörperanlage entsprach einer Abnahme des BSB_5 von 50–80% und einer Abnahme des $KMnO_4$-Verbrauchs von nur 11–23%.

Weitere Untersuchungen werden durchgeführt

K. Günther

Wasserwirtschaftsdirektion Mittlere Elbe — Sude — Elde, Magdeburg

Die Wasserbeschaffenheit der mittleren Elbe während der Frostperiode 1963 und die Auswirkungen auf die Trinkwasserversorgung Magdeburgs

Wie alljährlich ergab sich auch im Winter 1962/63 mit sinkenden Temperaturen eine Hemmung der Abbauvorgänge im Fluß, die zu einem Anstieg der Konzentrationen der organischen Verunreinigungen führte. Dieser Konzentrationsanstieg wurde besonders auffällig, als die Abflüsse kleiner als *MNQ* wurden und während des Frostwetters anhielten. Die Situation wurde verschärft, als nach dem 10. Januar 1963 phenolhaltige Abwässer aus der ČSSR in die Elbe abflossen. Die Abbauvorgänge waren zu der Zeit bereits so weit gehemmt, daß ein Abbau der Phenole praktisch nicht mehr erfolgte. Weitere organische Stoffe, darunter Phenole, wurden der Elbe durch Zufluß der Schwarzen Elster, der Mulde und Saale zugeführt. Eine Verdünnung der in der Elbe abgeführten Phenolwelle erfolgte nicht, eher war eine geringfügige Erhöhung des Phenolgehaltes zu beobachten. Die laufend durchgeführten Untersuchungen der Elbe bei Magdeburg ergaben Werte für den Gehalt an wasserdampfflüchtigen Phenolen, die um etwa 1 mg/*l* höher lagen als die unter gleichen Witterungsbedingungen an dieser Stelle gemessenen Werte von 0,5 bis 0,7 mg/*l*. An zehn aufeinanderfolgenden Tagen lag der für die Elbe bei Magdeburg gemessene Wert über 1 mg/*l* wasserdampfflüchtiger Phenole.

Die Stadt Magdeburg wurde zu der Zeit noch mit einem Trinkwasser versorgt, das zu etwa gleichen Teilen aus Grundwasser der Letzlinger Heide und aufbereitetem Oberflächenwasser aus der Elbe vom rechten Ufer bestand. Der Wasserverbrauch der Stadt war mit rund 80000 m^3/d relativ hoch. Gleichzeitig mit dem Anstieg des Phenolgehalts in der Elbe bei Magdeburg schloß sich infolge des strengen Frostes die Eisdecke auf der Elbe bis oberhalb Saalemündung. Die geschlossene Eisdecke bewirkte eine sonst erst bei Tangermünde zu beobachtende vollkommene Vermischung von Elbe und Saale bereits oberhalb Magdeburgs. Die durch die geschlossene Eisdecke bedingte Vermischung führte dazu, daß die Versalzung der Saale sich stärker an der Entnahmestelle des Magdeburger Elbewasserwerkes auswirkte. Die für diese Stelle geltenden Grenzwerte 250 mg/*l* Chlor-Ionen und 17 °d Gesamthärte wurden überschritten. Es wurden Spitzenwerte der Versalzung mit 955 mg/*l* Chlor-Ionen und 39 °d Gesamthärte ermittelt, die mit einem Gehalt von 1,4 mg/*l* wasserdampfflüchtiger Phenole zusammentrafen. Diese außergewöhnlichen Konzentrationen konnten von den Aufbereitungsanlagen des Elbewasserwerkes nicht bewältigt werden, so daß bei dem genannten Mischungsverhältnis von Grundwasser und aufbereiteten Elbewasser im Magdeburger Trinkwasser Gehalte von 0,25 mg/l wasserdampfflüchtiger Phenole zu messen waren. Da das Trinkwasser in geschmacklicher Hinsicht ungenießbar war, wurden zunächst eingerichtete Zapfstellen an der Grundwasserleitung sowie vorhandene Brunnen für die Trinkwasserversorgung genutzt. Die Grundwasserentnahme kann aus hydrogeologischen Gründen z. Zt. nicht über 40000 m^3/d gesteigert werden. Um der Bevölkerung und der Lebensmittelindustrie ein auch in geschmacklicher Hinsicht einwandfreies Trinkwasser bereitzustellen, wurde eine Trennung des Wasserversorgungsnetzes der Stadt Magdeburg durchgeführt. Nach der durchgeführten Netztrennung wird der Bevölkerung und der Lebensmittelindustrie ein zum größten Teil aus Grundwasser bestehendes Trinkwasser geliefert, während die anderen Industrien mit aufbereitetem Elbewasser aus dem Elbewasserwerk versorgt werden.

W. Niemitz
Untersuchungsanstalt für Städtehygiene, Hamburg

Zum Problem der Auswertung langjähriger Vorfluter-Querschnittsuntersuchungsergebnisse

(Querschnitt Elbe bei Hamburg-Teufelsbrück 3mal wöchentlich an 3 über den Stromquerschnitt verteilten Stellen [seit 1953])

Es ist bekannt, daß die Ergebnisse von Gewässeruntersuchungen, insbesondere abwasserbelasteter Flüsse, in hohem Maß von äußeren Gegebenheiten abhängen. Dazu gehören — ganz abgesehen von den Schwankungen der Abwasserbelastung — in erster Linie Wassertemperatur, Jahreszeit (gleiche Wassertemperatur im Frühjahr und Herbst sind selbstverständlich keineswegs „gleiche Gegebenheiten"), Wasserführung, Sonneneinstrahlung u. a. Bei relativ selten durchgeführten Gewässeruntersuchungen (d. h. etwa einmal monatlich oder noch seltener) ist die Berücksichtigung dieser Faktoren im allgemeinen kein Problem. Das Schwergewicht liegt nämlich bei derartigen Untersuchungen weniger auf den ermittelten Zahlen als auf ihrer sachverständigen Interpretation, die ohne Berücksichtigung der genannten Faktoren nicht denkbar ist. Wesentlich schwieriger liegen die Verhältnisse bei regelmäßig und in dichter Folge durchgeführten Untersuchungen oder gar bei registrierenden Meßstationen, wie sie in jüngster Zeit an den Belastungsbrennpunkten größerer Ströme üblich zu werden beginnen. Hier fällt ein derartig umfangreiches Zahlenmaterial an, daß seine Interpretation im Zusammenhang mit den äußeren Gegebenheiten durch sachverständige Berichte kaum noch möglich erscheint.

Ein solcher Brennpunkt liegt an der Unterelbe, unmittelbar unterhalb der Stadt Hamburg. Es werden die verschiedenen Möglichkeiten diskutiert, in welcher Form die zahllosen Ergebnisse der hier seit 10 Jahren regelmäßig durchgeführten und weiterlaufenden Untersuchungen beim Querschnitt Teufelsbrück für die verschiedenen in Betracht kommenden Feststellungen am zweckmäßigsten ausgewertet werden können. Im Laufe der Zeit hat sich dabei gezeigt, daß ohne Zuhilfenahme moderner Auswertemittel eine dem außerordentlichen Untersuchungsaufwand einigermaßen adaequate Aussage nicht mehr möglich ist. Es wurde daher die Lochkartenmethode für den vorliegenden Zweck herangezogen, deren Anwendung für diesen speziellen Fall erläutert wird. Wenn auch mangels Zeit noch keine näheren Auswerteergebnisse und -erfahrungen mitgeteilt werden können, so läßt sich doch bereits jetzt soviel sagen, daß nach der verständlicherweise etwas langwierigen Erfassung des zurückliegenden Materials (die laufende Ergänzung des Lochkartenmaterials ist kein Problem) in wesentlich kürzerer Zeit und mit wesentlich geringerem Arbeitsaufwand ungleich gesichertere Aussagen möglich sind als bisher. Abschließend werden einige Beispiele gegeben, in welcher Weise die Lochkartenmethode noch für andere Zwecke des Fachgebietes erfolgreich angewendet werden kann.

R. Obenaus
Physiologisch-chemisches Institut der Universität Rostock

Huminsäuren natürlicher Gewässer

Huminsäuren haben in Oberflächenwässern eine nahezu ubiquitäre Verbreitung. Sie bilden einen großen Teil der durch Bestimmung des Kaliumpermanganatverbrauches erfaßbaren organischen Substanz im Wasser. Untersuchungen des Huminsäuregehaltes in der Warnow und in den Gewässern eines Verlandungshochmoores, der Rostocker Heide, zeigen, daß Beziehungen zwischen Huminsäure- und Eisengehalt bestehen. Gleichsinnig mit den Huminsäuren werden auch deren Oxydierbarkeit und der Eisengehalt auf der Fließstrecke der Gewässer vermindert. Das besondere Verhalten von Huminsäuren gegenüber Fe-Ionen dürfte für den Transport des Eisens im Wasser von Bedeutung sein.

Die Kenntnis des Huminsäurehaushaltes unserer Gewässer ist für den Wasserchemiker besonders bei der Aufbereitung von Oberflächenwässern zu Trinkwasser von Interesse. Hier wird der Huminsäuregehalt mitbestimmend für die Wahl der Aufbereitungsanlage sein.

H. SCHROEDER
Groß-Berliner Wasser- und Entwässerungswerke

Einleitungsbedingungen für Abwasser in städtische Kanalisationsnetze

Die Bedingungen für die Einleitung von Abwässern in die Kanalisation werden vielfach noch unterschiedlich gehandhabt. Zum Teil ist dies durch die örtlichen Gegebenheiten der einzelnen Stadtentwässerungen, insbesondere durch die Wasserführung (Verdünnungsfaktor), durch die besondere Ausbildung (Länge und Gefälle) des Abwassernetzes und durch die Art der Abwasserverwendung, ob biologische Reinigung oder Einleitung in einen Vorfluter, bedingt. Die Richtlinien müssen außerdem sowohl vom Standpunkt des Arbeitsschutzes als auch der technischen Fortleitung von Abwasser (Bautenschutz) betrachtet werden. Die seinerzeit für Industrieabwasser aufgestellten und in der Zeitschrift „Wasserwirtschaft – Wassertechnik" veröffentlichten Richtlinien wurden einer kritischen Betrachtung unterzogen, wobei an Hand von ausgewählten Beispielen noch Ergänzungen gegeben wurden.

W. Wieschke
Zentralinstitut für Automatisierung, Dresden

Automatisches Regenerieren und Spülen von Austauschern und Filtern in Wasseraufbereitungsanlagen

Zur Aufbereitung des Wassers für Industrie und Haushalt ist u. a. eine große Anzahl von Austauschern und Filtern erforderlich.

Die Bedienung der Anlagen bindet vor allem beim Regenerieren und Spülen viele Arbeitskräfte, die nach einem vorgeschriebenen Programm eine bestimmte Anzahl Stellglieder und Aggregate betätigen müssen.

Die Teil- und Vollautomatisierung solcher Anlagen wird, ausgehend vom Stand der Technik, an Hand von Beispielen beschrieben. Dabei wird jeweils auf die verwendeten Programmgeber, Überwachungs-, Verriegelungs- und Auswahlsysteme und die Antriebe der Stellglieder eingegangen.

Die Möglichkeiten des Einsatzes von automatischen Analysengeräten und die Programmierung des Prozesses wird abschließend im Zusammenhang mit den verschiedenen Aufbereitungsverfahren erläutert

A. Becker
Institut für Wasserwirtschaft, Berlin

Grenzen der Nutzung der Binnengewässer zu Kühlzwecken

Unter gleichem Titel wurde im September 1962 eine von der Technischen Universität Dresden – Fakultät für Bauwesen – als Dissertation genehmigte Arbeit fertiggestellt, die 1964 als „Besondere Mitteilung zum Deutschen Gewässerkundlichen Jahrbuch" veröffentlicht wird. Über die wichtigsten Ergebnisse dieser Arbeit sei im folgenden kurz berichtet.

Problematik

Stand man früher vor allem von seiten der Kühlwassernutzer vielfach auf dem Standpunkt, daß die Nutzung unserer Gewässer zu Kühlzwecken gar nicht schädlich sei, da ja die entnommenen Kühlwassermengen lediglich erwärmt, jedoch in unveränderter Qualität und verlustlos zum Entnahmegewässer zurückgeleitet werden, so hat man inzwischen auf Grund zahlreicher, vor allem in den Industriegebieten gemachter, unerfreulicher Erfahrungen erkennen müssen, daß durch die Kühlwassernutzung je nach dem Zustand des zu Kühlzwecken genutzten Gewässers Gewässerschäden hervorgerufen werden können.

Die Nutzbarkeit eines Binnengewässers zu Kühlzwecken oder der Grad der zulässigen Gewässeraufwärmung sind entscheidend vom allgemeinen Zustand des Gewässers abhängig. Dies wurde in den neu ausgearbeiteten Bemessungsformeln und -diagrammen dadurch berücksichtigt, daß die sich im Fluß nach Einleitung des erwärmten Kühlwassers ergebende Mischungstemperatur bzw. im stehenden Gewässer die Endtemperatur der Kühlwasserabkühlung bei der Festlegung der einem bestimmten mitteleuropäischen Gewässer entnehmbaren Kühlwassermenge nachträglich vorgegeben werden können.

Eine andere Seite des Kühlwasserproblems in modernen Industriestaaten ist die Tatsache, daß der einen bedeutenden Teil des gesamten Industriewasserbedarfs ausmachende Kühlwasserbedarf infolge der fortschreitenden Industrialisierung in ähnlichem Maße ständig weiter ansteigt wie der Gesamtwasserbedarf. Die in den Industriegebieten meist schon jetzt mit Abwässern überbelasteten Flüsse kommen jedoch entsprechend dem oben Gesagten nur noch in Ausnahmefällen für eine weitere Nutzung zu Kühlzwecken infrage, weshalb in immer stärkerem Umfang die Nutzung stehender Gewässer zu Kühlzwecken ins Auge gefaßt werden muß. Letztere ist aber insofern kritisch, als das vom Kühlwassernutzer kommende erwärmte Kühlwasser nicht wie im Fluß abgeführt wird, sondern im Gewässer verbleibt und wie in einem Rückkühlsystem wieder abgekühlt werden muß. Hier liegt also ein echtes thermisches Bemessungsproblem vor, das auf möglichst allgemeiner Grundlage zu lösen war.

Schließlich muß bei der Nutzung zuflußarmer stehender Gewässer noch darauf geachtet werden, daß die infolge der erhöhten Gewässeroberflächentemperaturen zusätzlich zur natürlichen Verdunstung eintretenden Verdunstungsverluste nicht so hoch sind, daß es in Trockenperioden zu Austrocknungserscheinungen kommt.

Das Ziel der Arbeit bestand demnach in der Lösung folgender 3 Teilaufgaben: es waren Unterlagen zu schaffen

1. zur Festlegung der einem stehenden Gewässer ständig entnehmbaren Kühlwassermenge,
2. zur Festlegung der einem Fluß ständig entnehmbaren Kühlwassermenge (evtl. zur Ermittlung der zur Kühlwasserabkühlung nötigen Flußstrecken),
3. zur Abschätzung der bei Nutzung eines Gewässers zu Kühlzwecken eintretenden zusätzlichen Verdunstungsverluste.

Alle 3 Aufgaben konnten zufriedenstellend gelöst werden. Die Lösungswege, auf die hier nicht eingegangen wird, sind in der eingangs zitierten Arbeit ausführlich beschrieben. Im folgenden werden lediglich die erhaltenen Ergebnisse kurz erläutert.

Diagramme zur Bestimmung der aus stehenden mitteleuropäischen Gewässern entnehmbaren Kühlwassermengen

Unter Berücksichtigung der Tatsache, daß für die Kühlwirkung eines Gewässers nicht dessen Tiefe, sondern die Oberfläche maßgebend ist, und unter Zuhilfenahme der an einem mecklenburgischen Flachsee (Goldberger See) erhaltenen Meßergebnisse wurden ausgehend von einer für die Gewässeroberflächenschicht aufgestellten Wärmebilanz über eine nach Merkel und Lewis vereinfachte, nach Spangemacher integrierte sog. „Hauptgleichung für den Wärme- und Stoffaustausch an Gewässeroberflächen" die zur Abkühlung der Kühlwassermenge W in 3 ausgewählten heißen Sommerwitterungsperioden notwendigen Gewässeroberflächen F berechnet. Die Beschränkung auf heiße Sommerwitterungsperioden empfahl sich, weil in ihnen die vom Standpunkt der Gewässerabkühlung kritischsten Verhältnisse in zu Kühlzwecken genutzten mitteleuropäischen Gewässern vorliegen. Die sich mit den berechneten F-Werten für die 3 betrachteten Sommerwitterungsperioden ergebenden Abkühlungskurven ließen sich zwanglos zu einer einzigen allgemeinen Abkühlungskurve zusammenfassen, an Hand derer die in Abb. 1 und Abb. 2 gezeigten Diagramme zur Bestimmung der stehenden mitteleuropäischen Gewässern entnehmbaren Kühlwassermengen W aufgestellt wurden. Die Einteilung der Diagramme in einen zulässigen, kritischen und unzulässigen Bereich wurde auf Grund allgemeiner Gesichtspunkte vorgenommen und ist nicht verbindlich.

In der Praxis wird es generell so sein, daß, wenn ein bestimmtes stehendes Gewässer mit bekannter Oberfläche F für die Nutzung zu Kühlzwecken ins Auge gefaßt wird, zunächst entsprechend dem allgemeinen Zustand dieses Gewässers die zulässige Endtemperatur der Kühlwasserabkühlung festgelegt wird; z. B.: das Kühlwasser soll in für die Gewässerabkühlung ungünstigen heißen Sommerwitterungsperioden im Mittel immer wieder bis $t_{em} + 2$ °C abgekühlt werden, bis zu einer Temperatur also, die um 2 °C über der mittleren natürlichen Gewässeroberflächentemperatur t_{em} liegt. Mit dieser Temperatur und der vom Kühlwasser-

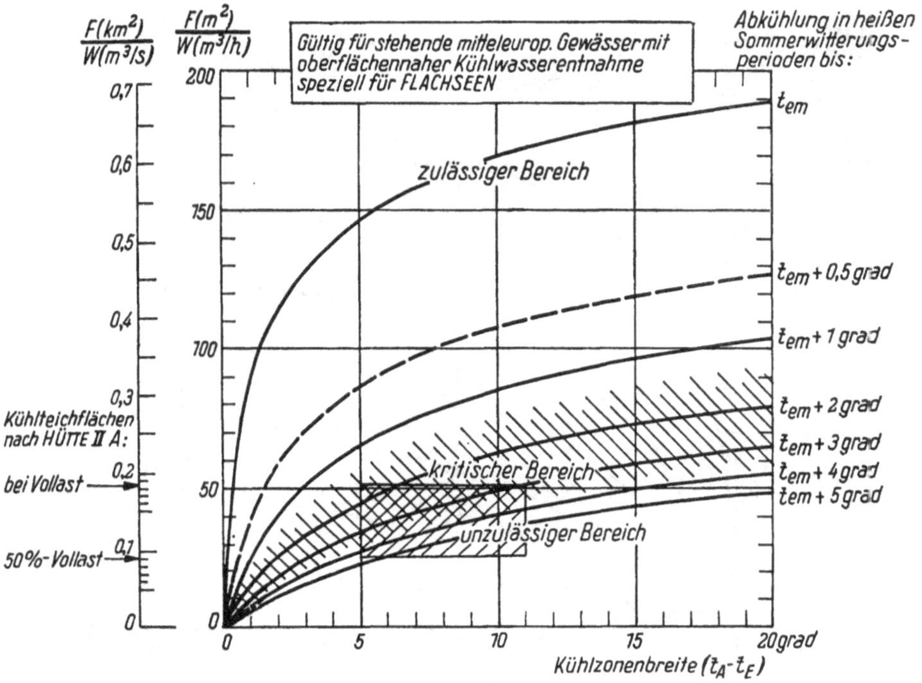

Abb. 1: Diagramm zur Bestimmung des Verhältnisses F/W.
F = zur Abkühlung der Kühlwassermenge W notwendige Oberfläche stehender bzw. schwach bewegter mitteleuropäischer Gewässer, denen das Kühlwasser in geringer Tiefe (oberhalb 2 m Tiefe) entnommen wird, t_{em} = mittlere natürliche Gewässeroberflächentemperatur in heißen Sommerwitterungsperioden (Wochen- bis Monatsmittel; in °C); t_A = Kühlwasseraustrittstemperatur; t_E = Kühlwassereintrittstemperatur

nutzer vorzugebenden Kühlzonenbreite ($t_A - t_E$) wird sodann in das jeweils infrage kommende Diagramm eingegangen und das Verhältnis F/W (bzw. F'/W) bestimmt, aus dem mit der Oberfläche F des betrachteten Gewässers die diesem Gewässer ständig entnehmbare Kühlwassermenge W berechnet werden kann. Analog kann jede der vier in den Abb. 1 und 2 erscheinenden Variablen bei Vorgabe der restlichen 3 Variablen bestimmt werden.

Bei der Anwendung des Diagrammes in Abb. 2, das sich zwar prinzipiell, aber nicht entscheidend von dem unter allen Umständen gültigen Diagramm in Abb. 1 unterscheidet, spielt der Faktor Zeit eine Rolle.

Welcher Fortschritt mit den Diagrammen in Abb. 1 und 2 erzielt wurde, geht deutlich aus Abb. 1 hervor, in dem der aus Hüttes Taschenbuch für den Maschinenbau (Teil II A) entnommene, auf Grund von Erfahrungswerten festgelegte Flächenbedarf sog. Kühlteiche, die zur Kühlwasserabkühlung angelegt werden, eingetragen ist (schraffiertes Rechteck). Bei Vollast sollen 0,182 km² pro m³/s Kühlwasser, bei 50%-Vollast 0,091 km² zur Kühlwasserabkühlung notwendig sein. Über die Kühlzonenbreite wird in der Hütte II A nichts ausgesagt. Die Werte beziehen sich also sicher auf mittlere, allgemein übliche Kühlzonenbreiten von ca. 5 bis 11 °C. Daß das sich mit diesen aus der Erfahrung gewonnenen Bemessungswerten

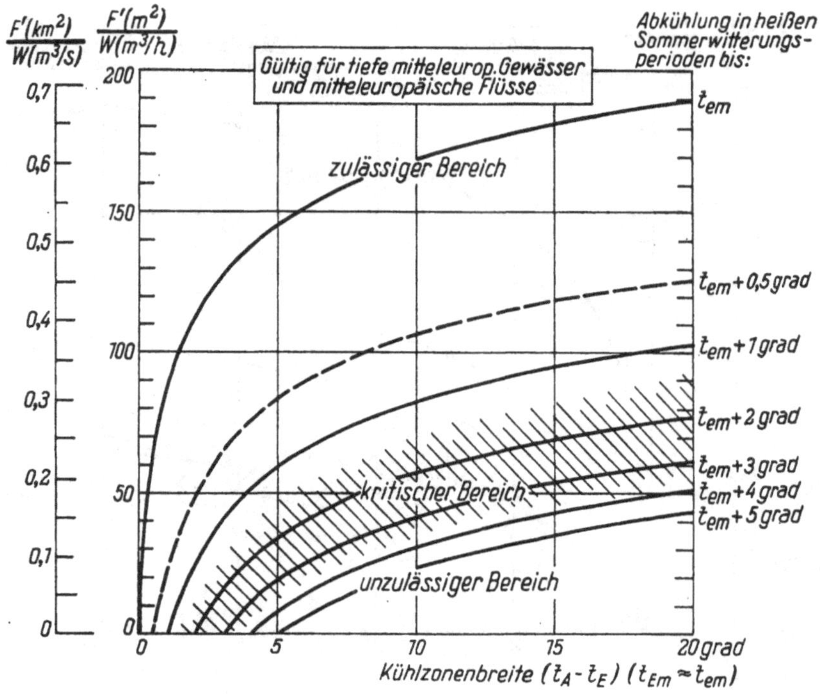

Abb. 2: Diagramm zur Bestimmung des Verhältnisses F'/W.
F' = zur Abkühlung der Kühlwassermenge W notwendige Oberfläche tiefer mitteleuropäischer Gewässer, denen das Kühlwasser unterhalb 2 m Tiefe entnommen wird, sowie mitteleuropäischer Flüsse; t_{em} = mittlere natürliche Gewässeroberflächentemperatur in heißen Sommerwitterungsperioden (Wochen- bis Monatsmittel; in °C); t_{Em} = mittlere Kühlwassereintrittstemperatur während des gleichen Zeitraumes (in °C); t_A = Kühlwasseraustrittstemperatur; t_E = Kühlwassereintrittstemperatur

ergebende schraffierte Rechteck in Abb. 1 im kritischen bis unzulässigen Bereich des Diagrammes liegt, spricht für die Richtigkeit des Diagrammes, da in zur Kühlwasserabkühlung angelegten Kühlteichen auf wassergütewirtschaftliche Probleme selbstverständlich keine Rücksicht genommen zu werden braucht, ein Arbeiten im kritischen Bereich aus Gründen der Platzersparnis also richtig ist.

Die einem Fluß entnehmbaren Kühlwassermengen und die zur Kühlwasserabkühlung notwendigen Flußstrecken

Zur Bestimmung der einem Fluß entnehmbaren Kühlwassermenge W wurden zwei einfach aufgebaute Formeln aufgestellt. Die erste Formel bringt die wassermengenwirtschaftliche Grundbedingung zum Ausdruck, daß einem Fluß nicht mehr Wasser entnommen werden kann als in ihm abfließt:

$$W \leqq NQ_i^{(k)} \tag{1}$$

$NQ_i^{(k)}$ ist der mittlere Niedrigwasserabfluß einer k-tägigen Niedrigwasserperiode, der im Mittel alle i Jahre einmal erreicht oder unterschritten wird. Dem Nutzer kann also der Abfluß $NQ_i^{(k)}$ während des vorgegebenen Jahresintervalles i kurzzeitig auch einmal nicht zur Verfügung stehen, weil es auf Grund wahrscheinlichkeitstheoretischer Überlegungen möglich ist, daß innerhalb eines sehr langen Zeitraumes einmal der Abfluß „Null" eintreten kann.

Die zweite Formel wurde aus einer Wärmemengenbilanz abgeleitet, der die Forderung zugrunde gelegt wurde, daß die sich bei völliger Durchmischung der in den Fluß zurückgeleiteten erwärmten Kühlwassermenge W mit der im Fluß verbliebenen Wassermenge ergebende Mischungstemperatur kleiner ist als die vorzugebende höchstzulässige Flußtemperatur t_{max}:

$$W \leqq NQ_i^{(k)} \frac{t_{max} - t_{e\,max}}{t_A - t_E} \tag{2}$$

$t_A - t_E$ ist die Kühlzonenbreite des Kühlwassernutzers, $t_{e\,max}$ ein maximaler Tagesmittelwert der Flußtemperatur in heißen Sommern.

Die Formeln (1) und (2) müssen immer gleichzeitig angewandt werden und stets ist der kleinere sich ergebende W-Wert der maßgebende Richtwert.

Es sei ausdrücklich darauf hingewiesen, daß beide Formeln nur für Flüsse gelten, die ein genügend starkes Gefälle aufweisen, so daß ein Rückfluß des wiedereingeleiteten erwärmten Kühlwassers zur flußaufwärts liegenden Kühlwasserentnahmestelle unmöglich ist. Flüsse mit geringem Gefälle, in denen ein solcher Rückfluß eintreten kann (Flachlandflüsse, kanalisierte Flußstrecken etc.), gehören zu den möglichen Übergangsfällen zwischen dem Fluß ohne Rückfluß (Gefälle groß) und dem stehenden Gewässer (Gefälle Null). Diese Übergangsfälle müssen unter Zugrundelegung der für die beiden Grenzfälle — Fluß und stehendes Gewässer — abgeleiteten Ergebnisse jeweils gesondert bearbeitet werden. Häufig interessieren neben der einem Fluß entnehmbaren Kühlwassermenge mit Rücksicht auf die unterhalb von Kühlwassereinleitungen situierten Flußwassernutzer auch diejenigen Flußlängen, längs derer sich das erwärmte Kühlwasser bis zu einer bestimmten Temperatur (t_{em}, $t_{em} + 1$ °C usw.) wieder abgekühlt hat. Zur Abschätzung dieser Flußlängen Z kann das Diagramm in Abb. 2 herangezogen werden, weil vom Standpunkt der Gewässerabkühlung beim Fluß analoge Verhältnisse wie beim stehenden Gewässer vorliegen. Mit der mittleren Flußbreite Y_m und dem aus Bild 2 entnehmbaren F'/W-Wert ergeben sich die gesuchten ungefähren Flußlängen Z_u zu:

$$Z_u = \left(\frac{F'}{W}\right) \cdot \frac{W}{Y_m} \tag{3}$$

Die bei Nutzung eines Gewässers zu Kühlzwecken eintretenden zusätzlichen Verdunstungsverluste

Ausgehend von den eingangs angeführten Ergebnissen konnten ein Diagramm und aus diesem eine überraschend einfache Formel zur Bestimmung der mittleren zusätzlichen Verdunstungsverluste ΔW_{Fm}, die zu Kühlzwecken benutzte mitteleuropäische Gewässer in heißen Sommerwitterungsperioden zusätzlich zur natürlichen Verdunstung erleiden, aufgestellt werden:

$$\Delta W_{Fm}(\%) = 0{,}103\ (t_A - t_E) \tag{4}$$

$t_A - t_E$ ist wieder die Kühlzonenbreite des Kühlwassernutzers in °C; ΔW_{Fm} ergibt sich in Prozent der Kühlwassermenge W. Aus Gleichung (4) folgt, daß die im Sommer bei Durchflußkühlung eintretenden Verdunstungsverluste um 30—50% kleiner sind als die bei Rückkühlung eintretenden.

Allgemeine Schlußfolgerungen

Abschließend sei unter Berücksichtigung wassergütewirtschaftlicher Gesichtspunkte darauf hingewiesen, daß in stehenden mitteleuropäischen Gewässern die Kühlwasserentnahmen stets oberhalb der natürlichen sommerlichen Sprungschicht (in 0—10 m Gewässertiefe) angeordnet werden sollten, da sonst auch die tieferen gleichbleibend kühlen Gewässerbereiche allmählich aufgewärmt und geschädigt werden. Die Kühlwassereinleitung sollte am besten an der Gewässeroberfläche durch offene Gerinne erfolgen, da dann schon auf dem Weg zum Gewässer eine erste Abkühlung stattfinden kann. Letzteres gilt auch für Flüsse, während die Kühlwasserentnahmen am Fluß zweckmäßig so weit wie möglich flußaufwärts von der Kühlwassereinleitungsstelle und in größtmöglicher Tiefe angeordnet werden.

Eine am Schluß der Arbeit durchgeführte Fehlerabschätzung ergab, daß man sich bei der Anwendung der erhaltenen Ergebnisse auf der sicheren Seite befindet, zumal Wellenbewegungen, Zu- und Abflüsse u. a. die Kühlwirkung der Gewässer erheblich vergrößern können. Für die Richtigkeit der Diagramme in Abb. 1 und 2 spricht in erster Linie das gute Hineinpassen der in der Hütte II A mitgeteilten Erfahrungswerte, darüber hinaus von Mikyška an einem Kühlwasserabflußkanal gemessene Abkühlungskurven und von Beiche und Eckoldt am Neckar erhaltene Beobachtungsergebnisse.

J. INCZÉDY

Institut für allgemeine Chemie der Techn. Universität zu Budapest

Über die Anwendung von Ionenaustauschern in der Wasseranalyse

Zusammenfassung: Die Anwendung der Ionenaustauscher in der Wasseranalyse ist eng mit der Entwicklungsgeschichte der Erzeugung von künstlichen Ionenaustauschern verbunden, da diese zuerst auf dem Gebiet der Wasseranalyse zur Anwendung kamen. So bestimmte BAHRDT [1] im Jahre 1927 mit Hilfe von Ionenaustauschersäulen den Sulfatgehalt von natürlichen Wässern durch Austausch der darin enthaltenen Metallionen an einer aus Natriumzeolith hergestellten Säule gegen Natriumionen. Nach Zusatz von Bariumchloridmaßlösung und Abscheiden des Bariumsulfats wurde das überschüssige Barium mit Kaliumpalmitat zurücktitriert.

Die Gesamtsalzbestimmung

Ionenaustauschersäulen eignen sich ausgezeichnet zur schnellen maßanalytischen Bestimmung des Gesamtsalzgehaltes von Wässern [2—5]. Auf die Aufzählung der Vorteile dieser Methode sei hier verzichtet. Diese wurde in unseren Laboratoriumsübungen seit 1945 wie folgt angewandt: 100 m*l* des zu prüfenden Wassers werden mit 0,1 n-Salzsäure gegen Methylorange zur Überführung der Karbonate und Bikarbonate in Chloride titriert, dann läßt man die Lösung durch eine mit Wasserstoffionen beladene Kationenaustauschersäule fließen. Nun können alle Anionen in Form starker Säuren mit 0,1 n-Natriumhydroxydlösung titriert werden. Man erhält den Gesamtsalzgehalt in Milliäquivalenten. Wird aus einer anderen Probe chelatometrisch die Härte bestimmt, so kann aus der Differenz des Gesamtsalz- und Erdalkaligehalts der Gehalt an Alkalien berechnet werden.

Neuerdings entwarfen wir eine Methode, die die unmittelbare maßanalytische Bestimmung des Gesamtsalzgehaltes von Wasser mittels Ionenaustauschermembran gestattet. Das Prinzip der Methode ist eine potentiometrische Titration in Anwesenheit einer Membranelektrode [6—8]. 100 m*l* Wasser werden mit 0,1 n-Salzsäure gegen Methylorange titriert, womit die Karbonat- und Hydrogenkarbonationen in Chloridionen überführt worden sind. Die titrierte Wasserprobe wird in die eine Zelle des in Abb. 1 dargestellten, Anionenaustauschermembran enthaltenen Apparats gegossen. Zwischen den zwei Zellen befindet sich die Anionenaustauschermembran. In die zweite Zelle füllt man 100 m*l* destilliertes Wasser, stellt danach in beide Zellen mit 0,1 n-Kaliumchloridlösung bereite Kalomelektroden und mißt den Potentialunterschied. Zum reinen Wasser wird aus einer Bürette solange 0,1 n-Kaliumchloridlösung unter Rühren zugesetzt, bis der Potentialunterschied 0 beträgt. In Kenntnis des Maßlösungsverbrauches und des Endvolumens läßt sich die Kaliumchloridkonzentration errechnen, die — nach unseren Erfahrungen — mit befriedigender Genauigkeit der Salzkonzentration des Wassers entspricht. Zur Ausarbeitung des Verfahrens ermunterte uns die Erfahrung, daß Chlorid-, Sulfat- und Nitrationen sich an der stark basischen Anionenaustauschermembran sehr ähnlich verhalten. Gießt man in die erste Zelle Kaliumchlorid-, Natriumchlorid- oder Calciumchloridlösung, so stellt sich das 0-Potential zwischen den Elektroden ein, wenn die Chloridkonzentration der Lösung an der anderen Seite der Membran mit der ersten Lösung übereinstimmt. Wir fanden aber, daß bei vorübergehender Sättigung der Anionenaustauschermembran mit Chloridionen und Zusatz von Kaliumsulfat- oder Kaliumnitratlösung in die eine Zelle bei der Titration mit Kaliumchloridlösung die bis zum 0-Potential verbrauchte Menge mit guter Annäherung dem Kaliumsulfat bzw. Kaliumnitrat äquivalent ist.

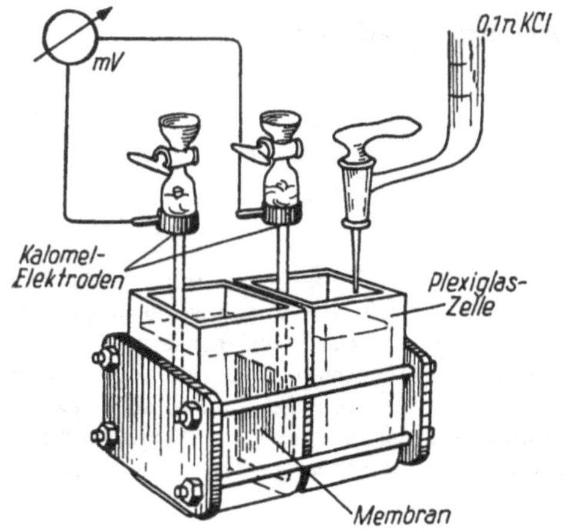

Abb. 1: Anionenaustauschermembranapparat

Da in natürlichen Wässern außer Hydrokarbonaten hauptsächlich Chloride, Sulfate und evtl. Nitrate vorkommen und durch vorhergehende Salzsäuretitration sich die Hydrokarbonate in äquivalente Chloride überführen lassen, kann durch die unmittelbare Titration in Gegenwart von Austauschermembran der Gesamtionengehalt von natürlichen Wässern rasch bestimmt werden.

Wir unternahmen die Bestimmung des Gesamtsalzgehaltes von künstlichen Lösungen und Donauwasser mit einer Ionenaustauschersäule sowie durch potentiometrische Titration in Gegenwart von Ionenaustauschermembran. Unsere Ergebnisse sind in Tabelle 1 zusammengefaßt. Eine größere Abweichung zwischen den theoretischen und potentiometrisch gemessenen Werten ergab sich nur bei Nitraten. Die auf beiden Wegen erhaltenen Resultate bei einem Salzgemisch und bei Donauwasser stimmen gut überein. Da jedoch in natürlichen Wässern die Menge der Nitrationen im Verhältnis zum Gesamtionengehalt meist sehr gering ist, befriedigt die Genauigkeit der Methode zur Bestimmung des Gesamtsalzgehaltes.

Kationenaustauschermembranen sind zur Bestimmung ungeeignet, da die Selektivitätskonstanten der Alkali- und Erdalkaliionen dermaßen abweichend sind, daß keine Gesamtkationenbestimmung möglich ist. Andererseits ist aber die Membran nicht selektiv genug, um z. B. Calcium- neben Alkaliionen titrieren zu können. Bei der Titration in Anwesenheit von Anionenaustauschermembran stört das gelöste Kohlendioxyd nicht. Die Kalomelektroden werden nur nach Zusatz und Umrühren der einzelnen Maßlösungsanteile in die Flüssigkeit getaucht.

Entfernung von störenden Ionen

Das andere große Gebiet der Anwendung von Ionenaustauscher in der Wasseranalyse betrifft die Beseitigung von störenden Ionen. Dies hat besonders bei der schnellen Bestimmung des Chlorid- und Sulfatgehalts von natürlichen Wässern eine Bedeutung. Die störenden Ionen werden mit Hilfe einer mit Wasserstoff- oder mit Natriumionen beladenen Austauschersäule entfernt, danach die Chloride nach Mohr [9], die Sulfate nach beliebiger maßanalytischer [1, 10—13] oder photometrischer Methode [14] bestimmt. Wir fanden, daß bei einem etwas höherem Sulfatgehalt des Wassers sich zur Bestimmung die komplexometrische Methode von Schwarzenbach und Mitarbeitern [11] erfolgreich heranziehen läßt. Die mit 0,1 n-Salzsäure titrierte und eine mit Wasserstoffionen beladene Ionenaustauschersäule passierte Wasserprobe wird zum Sieden gebracht, dann werden mit Bariumchloridlösung die Sulfationen gefällt und der Überschuß an Bariumionen ohne Abfiltrieren des Niederschlags in Gegenwart von Mischindikator mit EDTA-Maßlösung titriert. Nach Effenberger [15] geht die Bestimmung noch besser mit Hilfe von Calcein als Indikator.

Tolnay und Sik [16] bestimmten das Sulfat, indem sie die, die Säule passierte und mit 0,1 n-Lauge titrierte Lösung mit Bariumchloridmaßlösung versetzten, die niederschlaghaltige Lösung erneut auf eine mit Wasserstoffionen beladene Kationenaustauschersäule aufgossen und die passierte Lösung mit Natriumhydroxydlösung alkalimetrisch titrierten. In Kenntnis des Maßlösungsverbrauchs wird der Bariumüberschuß bzw. der Sulfatgehalt berechnet.

Anreicherung von Ionen, die in Spuren vorliegen

Zur Anreicherung von Spurenbestandteilen im Wasser können ebenfalls vorteilhaft Ionenaustauscher angewandt werden. Mehrwertige Metallionen werden gesammelt, indem das Wasser durch eine mit Wasserstoff- oder Ammoniumionen beladene Säule gegossen wird. Man erhält auch noch in sehr verdünnten Lösungen quantitative Ergebnisse. Diese Anwendbarkeit beruht auf dem bekannten physikalisch-chemischen Effekt, daß mit abnehmender Konzentration in gemeinsamer Gegenwart von ein- und mehrwertigen Ionen die Selektivität des Austauschers gegen mehrwertige Ionen in hohem Maße zunimmt [17—19]. Durch Anreicherung in der Kationenaustauschersäule und Eluieren mit verdünnter Salzsäurelösung kann eine Lösung erhalten werden, die in 10- bis 100fach höherer Konzentration die Ionen enthält, als die ursprüngliche Flüssigkeit. Auf gleiche Weise kann man mit Anionenaustauschern Anionen, wie Nitrate [20], Silikate [21] usw. anreichern. Potter und Moresby [22] sammelten derart aus sehr verdünnten Lösungen (mit 0,1—1 $\mu g/l$ Metallionengehalt) mit Kationenaustauschern die Kupfer- und Eisenspuren zwecks quantitativer Bestimmung. Andere Forscher empfahlen ähnliche Methoden zur Kupfer-, Blei-, Zink-, Kobald-, Nickel- [23—24], Strontium 90-Anreicherung [25] bzw. Bestimmung. Es wurde festgestellt, daß sich bei Anreicherung von Eisen(III)-Ionen diese sich auch mit warmer 4 n-Salzsäure nur sehr mühsam eluieren lassen. Nach unseren Versuchen [26—27] gelangt man viel schneller und wirksamer zum Ziel, indem die noch an der Säule gebundenen Eisen (III)-Ionen in Eisen(II) überführt werden. Die Reduktion der Eisen(III)-Ionen erfolgt durch auf die Säule aufgegossene Ascorbinsäurelösung. Die Eisen(II)-Ionen können nach kurzer Eluierung mit verdünnter Salz- oder Schwefelsäure mit 0,01 n-Kaliumpermanganat titrimetrisch oder mit α, α'-Dipyridyl photometrisch bestimmt werden. Mit Hilfe der Reduktion kann man den Anreicherungsfaktor bedeutend vergrößern.

Durch nachherige chromatographische Trennung der an der Austauschersäule angereicherten Ionen läßt sich die Wasseranalyse ebenfalls erheblich beschleunigen und vereinfachen. Nach TSUBOTA [28] kann durch salzsaures selektives Eluieren die Trennung der an der Kationenaustauschersäule gebundenen Schwermetall- und Erdalkaliionen von den Alkaliionen erfolgen. Die Separation der Alkaliionen von den Erdalkaliionen spielt besonders bei der flammenphotometrischen Bestimmung des Lithiums und Kaliums eine Rolle [29].

Zur selektiven Anreicherung von Metallionen sind oft Anionenaustauschersäulen am geeignetsten. Manche Metallionen bilden mit gewissen Komplexbildnern solche stabile Komplexe mit negativer Ladung, die auch in der Anwesenheit großer Mengen Kationen oder sogar Anionen sehr selektiv durch Anionenaustauscher gebunden werden. KORKISCH und Mitarbeiter reicherten aus Wasser Uran, Thorium [30] und Titanspuren [31] in Form ihrer Ascorbatkomplexe an. Andere Ionen können hingegen als Halogenatokomplexe selektiv gebunden werden. Wir entwarfen eine Methode zur Zinkbestimmung in Kondenswasser mittels Anionenaustauscher. Das Kondenswasser enthielt neben Zink größere Mengen von Kupferionen, daher konnten keine polarographischen oder photometrischen Zinkbestimmungen ausgeführt werden. 1000 oder 2000 ml der einige $\mu g/l$ Zink enthaltenden Lösung wurden mit so viel Salzsäure versetzt, daß die Salzsäurekonzentration 1 n wurde. Danach ließ man die Lösung eine mit Chloridionen beladene und vorher mit 1 n-Salzsäure gewaschene Anionenaustauschersäule durchfließen, worin die sehr stabilen Zinkchlorokomplex-Anionen selektiv gebunden wurden, während die weniger komplexbildenden Kupferionen durchflossen. Die Zinkionen wurden nachträglich mit 50 bis 100 ml warmer 0,01 n-Salpetersäure eluiert, die gewonnene Lösung eingedampft und die Zinkmenge polarographisch bestimmt. Die Ergebnisse der mit Lösungen verschiedenen Zinkgehalts unternommenen Bestimmungen sind in Tabelle II dargestellt. Wie aus der Tabelle ersichtlich, lassen sich 5–50 μg Zinkionen neben größerer Menge Kupfer aus 2 l Wasser mit befriedigender Genauigkeit bestimmen.

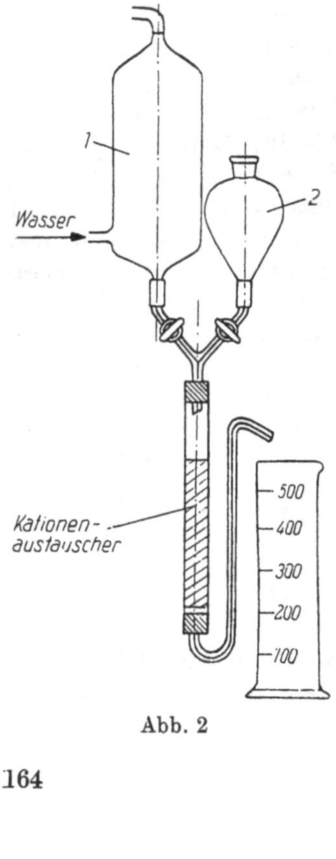

Abb. 2

Weitere Anwendungsmöglichkeiten

Zum Schluß seien auch diejenigen Versuche erwähnt, die wir zur Bestimmung des in Wasser gelösten Sauerstoffs mittels Ionenaustauscher unternahmen. Zu diesem Zweck stellten wir die in Abb. 2 aufgezeigte Apparatur zusammen. Die Kationenaustauschersäule wurde mit Ammoniumionen beladen, dann 10 oder 20 ml 0,1 n-Eisen(II)-Sulfatlösung mit der Pipette auf die Säule gegeben, die Eisen(II)-Ionen enthaltende Säule mit wenig verdünnter Natriumhydroxydlösung durchgewaschen. Die so erhaltene Säule vermag den gelösten Sauerstoff zu reduzieren. Durch die Säule läßt man eine bekannte Menge des aus Gefäß 1 strömenden Wassers passieren. Nach Beendigung der Probenahme und Umdrehen des Hahnes fließt durch Trichter 2 verdünnte Schwefelsäure durch die Säule, die die Eisen(II)-Ionen herauslöst. Ihre Menge wurde nachträglich mit Kaliumpermanganat titrimetrisch bestimmt. Die Differenz zwischen dem ursprünglichen und jetzt bestimmten Eisen(II)-Ionengehalt entspricht der Menge gelösten Sauerstoffs. Die auf diese Weise unternommene Sauerstoffbestimmung hat den Vorteil, daß durch vorhergehend präparierte und vom Luftzutritt abgeschlossene Ionenaustauschersäulen der Gehalt an gelöstem Sauerstoff von Wässern an Ort und Stelle bestimmt werden kann. Nachteilig wirkt sich aus, daß das Verfahren sich nur bei einem pH-Wert des zu bestimmenden Wassers von 7 oder höher bewährt.

Sansoni [32] empfiehlt zum Nachweis oder zur halbqualitativen Bestimmung des gelösten Sauerstoffs mit Leucoindigodisulfonationen oder mit Leucomethylenblau beladene Ionenaustauschersäule. Von der Intensität der entwickelten Farbe kann die Menge an gelöstem Sauerstoff geschätzt werden.

Tabelle 1

Salzgehaltbestimmungen von verdünnten Lösungen nach der Ionenaustauschersäulemethode und nach der direkten potentiometrischen Titrationsmethode in Anwesenheit von Ionenaustauschermembran.

Säule: Amberlite I R-120; ∅ 9 mm, Länge 16 cm; Membran: Nalfilm 2; 4×5 cm.

Zusammensetzung der Lösung	Bestimmung mit	
	Ionenaustauschersäule ml 0,1n -NaOH/100 ml	direkter potentiometrischer Titration ml 0,1 n-KCl/100 ml
5,0 ml 0,1 n-KCl/100 ml		5,05 5,1
2,5 ml 0,1 n-K_2SO_4/100 ml		5,0
5,0 ml 0,1 n-KNO_3/100 ml		6,0
5,0 ml 0,049 n-$CaCl_2$ + 2,5 ml 0,1 n K_2SO_4/100 ml	9,9	10,5
100 ml filtriertes Donauwasser/ + 3,8 ml 0,1 n-HCl	5,41	5,36

Tabelle 2

Anreicherung und Bestimmung von Zink-Ionen in sehr verdünnten Lösungen.
Ionenaustauschersäule: Dowex 1×8; ∅ 9 mm, Länge 16 cm.

Zn μg	Eingewogen Cu μg	Volumen der Lösung ml	Gefunden Zn μg	Abweichung %
100	–	100	103	+ 3,0
100	–	1000	104	+ 4,0
50	–	2000	49	– 1,4
50	500	2000	52	+ 4,0
5	50	2000	6	+ 20

Herrn Professor L. Erdey bin ich dankbar für seine wertvolle Unterstützung, womit er unsere Arbeit förderte.

Literatur

[1] Bahrdt, A.: Z. anal. Chem. **70** (1927), 109
[2] Fedorova, G. V.: Izvest. V. T. I. **15** (1946), 28
[3] Hoek, H.: Chimia **2** (1948), 227
[4] Quentin, K. E.: Z. anal. Chem. **146** (1955), 18
[5] Podgornüj, L. N.: Zavod. Lab. **26** (1960), 717
[6] Gregor, H. P., K. Sollner: J. Phy. Chem. **58** (1954), 409
[7] Sinha, S. K.: J. Indian Chem. Soc. **32** (1955), 35; C. A. **49** (12176)
[8] Parsons, J. S.: Anal. Chem. **30** (1958), 1262
[9] Samuelson, O.: Z. anal. Chem. **116** (1939), 328
[10] Abrahamczik, F. Blumel: Microchim. Acta **1** (1937), 354
[11] Anderegg, G., H. Flaschka, R. Sallmann und G. Schwarzenbach: Helv. Chim. Acta **37** (1954), **113**
[12] Ceauescu, D.: Z. anal. Chem. **165** (1958), 424
[13] Navone, R.: J. Am. Water Works Assoc. **51** (1959), 932; Anal. Chem. **33** (1961), 151 R
[14] Palaty, V.: Chem. Ind. (1960), 176; A. A. **7** (1960), 4233
[15] Effenberger, H.: siehe diesen Band
[16] Tornay, V. und S. Rapp-Sik: Hidrolog. Közl. (1961), 512
[17] Kressman, T. R. E., J. A. Kitchener: J. Chem. Soc. (1949), 1201
[18] Griessbach, R.: Austauschadsorption in Theorie und Praxis, Akademie-Verlag, Berlin, 1957, S. 130
[19] Inczédy, J.: Ioncserélök alkalmazása a kémiai analizisben. Mérnöki Továbbképzö Int, 1960
[20] Westland, A. D. und R. R. Langford: Anal. Chem. **28** (1956), 1996
[21] Wickbold, R.: Z. anal. Chem. **171** (1959), 81
[22] Potter, E. C. und J. F. Moresby: Angew. Chem. **66** (1954), 274
[23] Canney, F. C. und D. B. Hawkins: U.S. Geol. Surv. Profess. Paper **400 B** (1960), 89; A. A. **9** (1962), 2446
[24] Aleskovskij, V. B., R. I. Libina und A. D. Miller: Trudi Leningr. Technol. Inst. Leusov. (1958), 5; A. A. **7** (1960), 1698
[25] Stanley, C. W. und P. Kruger: Nucleonics **14** (1956), 114; A. A. **4** (1957), 2816
[26] Inczédy, J.: Dissertation, Budapest, 1959
[27] Erdey, L., J. Inczédy und I. Markovits: Talanta **4** (1960), 25
[28] Tsubota, H.: J. Chem. Soc. Japan, Pure Chem. Sect. 81 (1960), 927; A. A. 8 (1961), 3045
[29] Rapp-Sik, S.: Hidrolog. Közl. (1961), 339
[30] J. Korkisch und P. Antal: Mikrochim. Acta **5** (1959), 693
[31] Korkisch, J.: Z. anal. Chem. **178** (1960), 39
[32] Sansoni, B.: Angew. Chem. **66**, (1954), 143

A. CHOJNACKI, J. ZAKREWSKI

Technische Hochschule, Warszawa

Die technologische Untersuchung der Grundwasserenteisenung und Entmanganung durch Belüftung in geschlossenen Vorrichtungen

Zusammenfassung: Bei technologischen Untersuchungen im Labormaßstab über die Möglichkeiten einer Enteisenung und Entmanganung von Wasser ist zu beachten, daß sich das zu prüfende Wasser durch Luftzutritt, Alterung, Temperatureinflüsse oder Belichtung verändern kann, wodurch fehlerhafte Versuchsergebnisse erzielt werden. Eine geschlossene Apparatur, bestehend aus Beschickungsgefäß, Belüftungsvorrichtung mit Luftmengenmesser, Belüftungskammer und nachgeschaltetem Filter wird beschrieben, durch welche an Ort und Stelle einwandfreie Versuche über Enteisenung und Entmanganung des Wassers durchgeführt werden können.

Die Exploitationsbedingungen kleiner Wasserwerke, die auf Hydroforsystem beruhen, ziehen die Wasser-Enteisenung und -Entmanganung in geschlossenen Aggregaten den offenen vor, da die letzte das Gravitationssystem verlangt.

Bei Durchführung der technologischen Untersuchungen müssen folgende Umstände berücksichtigt werden:

Diese ist so schnell durchzuführen, daß die Wasserqualität keine wesentliche Veränderung im Vergleich zur Ausgangsbeschaffenheit erfährt. Wichtig ist die Bewahrung der natürlichen Wasserbeschaffenheit bezüglich des Gas-, Eisen- und Mangangehaltes und der Temperatur. Deshalb ist günstig, die Untersuchung am Entnahmeort der Wasserproben durchzuführen.

Die Grundlagen der Wasserenteisenungs- und Entmanganungsprozesse

Die technologischen Wassereigenschaften können einen sehr spezifischen Charakter haben. Diese hängen von verschiedenen Faktoren, wie z. B. den allgemeinen physikalischen Wassereigenschaften und der chemischen Zusammensetzung sowie der Herkunft, Menge, Qualität und Quantität der Beimengungen, die beseitigt werden sollen, ab. Eisen und Mangan befinden sich gewöhnlich in Grundwässern als zweiwertige Ionen. Es bestehen verschiedene Methoden zu deren Entfernung, die von der Beschaffenheit des Rohwassers abhängig sind. Der eigentliche Enteisenungs- und Entmanganungsprozeß ist vom physikochemischen Gesichtspunkt sehr kompliziert.

Der ganze Enteisenungsprozeß besteht aus folgenden Erscheinungen:

Hydrolyse der zweiwertigen Eisenverbindungen,

Oxydation der Fe^{++} zu Fe^{+++} (mit der Katalyseerscheinung),

Hydrolyse der dreiwertigen Eisenverbindungen,

Sorption,

Koagulation des durch Hydrolyse entstandenen Eisenhydroxids,

Klärung des Wassers durch Absetzen und Filtration des bei der Koagulation ausgefallenen Eisenhydroxidgels

Je nach Wassereigenschaft und den technologischen Bedingungen können diese Erscheinungen in verschiedenem Maß und mit verschiedener Geschwindigkeit auftreten und sich gegenseitig bedingen. In der Praxis kennzeichnet sich der gegenseitige Einfluß dieser Erscheinungen mit einer Reihenfolge von technologischen Parametern, wie Wasserreaktion bei dem Reinigungsprozeß, Gashaushalt, mechanische und physikochemische Eigenschaften (katalytische) des Filterbettes, Wasserbelüftungsbedingungen, Kontakt mit der Luft, die Luftmenge und die Filtrationsbedingungen (Zeit des Filtrationsbeginns vom Moment der Wasserbelüftung und Filtrationsgeschwindigkeit), die technische Charakteristik des Filter-Bettes usw. Die technologischen Untersuchungen streben nach einer maximalen Ausnutzung der Erscheinungen, wobei die Anpassung einzelner technologischer Parameter über den Enteisenungs- und Entmanganungsprozeß bestimmend sind.

Die Einflußfaktoren betreffen vor allem die Hydrolyse- und Oxidationserscheinungen. Wichtig ist die optimale technische Ausnutzung bei der Wasserenteisenung und Entmanganung. Diese Möglichkeiten sind aber in geschlossenen Vorrichtungen begrenzt. Die technologischen Untersuchungen sollen dieses berücksichtigen. Ein zufälliger Kontakt der Wasserproben mit der Atmosphäre kann im größeren Umfang auch zur Belüftung dienen. Dieser Kontakt macht die genaue Kontrolle des tatsächlichen Einflusses dieses Faktors auf den Enteisenungs- und Entmanganungsprozeß unmöglich. Er fälscht gänzlich das Untersuchungsresultat von anderen technologischen Parametern, wie schon in bezug auf die gegenseitige Einwirkung bemerkt.

Die Beseitigung des Wassers vom leichtabscheidbaren Eisen ist ein charakteristisches Beispiel, das die Bedeutung der richtigen Wasserprobenbelüftung aufzeigt.

Schließlich können die Fe-Partikel kaum den Kolloidzustand erreichen, welcher eine erfolgreiche Beseitigung aus dem Wasser nach vorgenannter Methode und ohne Sorption und Kontaktkoagulation — gewährleistet. Dem Gesagten zufolge soll man für Wasserfiltrationen die richtigen Parameter wählen (Bettkörnung, Höhe der Filterschicht, Filtrationsgeschwindigkeit). Ihre optimale Anwendung ist ohne eine genaue Kenntnis des Belüftungsverlaufs und seiner Wirkungsweise nicht möglich (Einfluß der Methode und des Belüftungsgrades auf die Kinetik der Ausfällung der Eisenverbindungen). Eine zufällige und unkontrollierte Wasserbelüftung während der Probenahme und des Transports kann zu einem falschen Bild der technologischen Eigenschaften des geprüften Wassers führen.

Zu ähnlichen Resultaten kann auch jene Belüftungsmethode führen, die später in geschlossenen industriellen Vorrichtungen nicht zu erreichen wäre. Die Erhöhung der Wassertemperatur, die zumeist bei technologischen Untersuchungen erfolgt und schwer zu vermeiden ist, wird diese Werte differenzieren.

Angewandte Wasserbelüftungsmethode bei technologischen Laboratoriumsversuchen

In der Praxis muß man den Kontakt mit der Atmosphäre auf ein Minimum begrenzen, damit das Resultat nicht verfälscht wird. Das ist nur dann möglich, wenn die technologischen Untersuchungen am Ort der Probenahme stattfinden.

Die Zeitdauer von der Probenahme bis zur Untersuchung soll eine Stunde nicht überschreiten. Allerdings zeigte die Praxis, daß diese Arbeitsregel sehr tolerant ist. Eine Reihe durchgeführter Arbeiten an der Warschauer Hochschule beweist die besondere Bedeutung der Untersuchung am Ort der Probenentnahme und die Bedeutung der technologischen Veränderungen vor allem im Sommer. Während heißer Sommertage und bei sorgsamer Probeaufbewahrung vor Sonnenstrahlen, erfolgten die Beschaffenheitsveränderungen so schnell, daß nach wenigen Stunden die Wasserproben wertlos waren. Gleichfalls bewies die planmäßige Untersuchung über den Umfang und die Methode der Wasserbelüftung sowie über die Zeitdauer der Wasserklärung — nach der Belüftung und vor der Filtration — daß diese Faktoren einen wesentlichen Einfluß auf den Verlauf und Effekt der Enteisenung und Entmanganung ausüben.

Ein weiteres Moment, das über den Wert der Resultate entscheidet, ist die Art der technologischen Untersuchung. Die genaue Bearbeitung des Prozesses erfordert eine schnelle Prüfung verschiedener technologischer Parameter. Man kann die Methode und Technik der Vorprüfung bewußt vereinfachen, indem man zum Beispiel die Wasserproben einem verhältnismäßig großen Atmosphärenkontakt durch Belüftung aussetzt. Während der Dauer der Untersuchung kann daher die Belüftung der Wasserproben mittels eines Kompressors in offenen Gefäßen (Verdüsung) erfolgen. Allerdings ist eine Verminderung der Kontrolle des Absetzverhaltens von belüftetem Wasser fehlerhaft und kann von jenen Untersuchungsergebnissen in geschlossenen industriellen Anlagen abweichen. Bei derartigen Untersuchungen ist die Aufbewahrung eines unveränderten und den künftigen technischen Bedingungen entsprechenden Wassers schwierig. Die Ermittlung des Zeitraumes zwischen Belüftung und Filtration ist für die Praxis von entscheidender Bedeutung, da hierbei eine unerwünschte Erwärmung des Wassers stattfindet.

Sinnvoll ist daher, modellmäßige Untersuchungen, die den technischen Bedingungen ähnlich sind, durchzuführen. Zu diesem Zweck bedienten wir uns einer von der Warschauer Hochschule und in Abb. 1 dargestellten Apparatur.

Der Apparat besteht aus Glas. Das Rohwasser, dem Naturzustand möglichst ähnlich, wird zum Gefäß *A* geleitet und dort gesammelt. Die Art und Weise der Wasserzuführung zum Gefäß ist durch die technologischen Möglichkeiten bedingt. Weniger geeignet ist die Beschickung aus Vorratsgefäßen, die mit dem zu untersuchendem Wasser gefüllt sind. Günstiger ist die Direkt-Beschickung des *A*-Gefäßes vom Entnahmeort. Damit kontinuierlich das Roh-Wasser, chemisch und physikalisch unverändert, entnommen werden kann, muß dem Gefäß *A* eine größere Rohwassermenge — als sie der eigentlichen Filterleistung entspricht — zugeführt werden. Dieser Überschuß wird über ***P*** zum Abfluß gebracht. Die Klemmvorrichtung *S* dient zur Regulierung der Filterleistung. Der Wasserdruck im Gefäß *A* bestimmt zunächst den Gravitationsdurchfluß durch die gesamte Versuchsvorrichtung. Durch die Leitung *1* fließt das Wasser in die Gaswaschflasche ***Pt*** bis zum Niveau der porösen Platte; danach fließt es durch die Gaswaschflasche in vertikaler Richtung von unten nach oben. Die Gaswaschflasche enthält im unteren Teil eine poröse Platte zur Luftverteilung von unten (siehe Zeichnung). Der Durchflußmesser *G* gestattet die Kontrolle und Regulierung der eingeführten Luftmenge. Der Luftüberschuß wird durch den Entlüftungsapparat *O* in die Atmosphäre abgeführt. Die mit der Luft fortgerissenen wenigen Wassertröpfchen fließen in das untergestellte Gefäß *N* ab. Die Klemme *S 3* dient zur Trennung der Luft vom Wasser während des Stillstandes des Apparates. Aus der Gaswaschflasche *Pt* strömt das Wasser durch Leitung *2* zum Filter *F* und anschließend als Reinwasser durch Leitung *3* bei *Od* aus. Die Klemme *S 2* dient zur genauen Regulierung der Filterleistung. Da ein Teil der gepreßten Luft

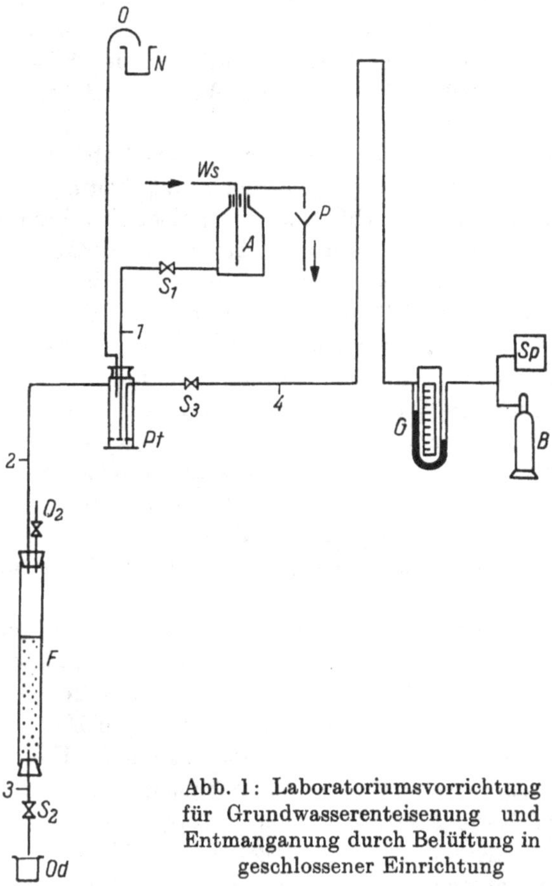

Abb. 1: Laboratoriumsvorrichtung für Grundwasserenteisenung und Entmanganung durch Belüftung in geschlossener Einrichtung

aus der Gaswaschflasche *Pt* mit dem Wasser auf das Filter geführt wird, ist das Filter mit einer zusätzlichen Entlüftungseinrichtung *O 2* ausgerüstet. Durch Verwendung von Gaswaschflaschen verschiedener Größe kann die Belüftungsdauer nach Belieben verändert werden. Eine Volumenveränderung der Gaswaschflasche ist durch Einbringen von Glaskugeln erreichbar. Das Filterfüllmaterial hat sich dem Ziel der Untersuchung anzupassen. Eine entsprechende Anpassung des freien Raumes der Kolonne über dem Filterbett, erlaubt auf die Regulierung des Zeitraumes zwischen der Belüftung und dem Wasserkontakt mit dem Filterbett Einfluß zu nehmen. Das geschilderte Schema der Einrichtung erleichtert die technologische Prüfung, ohne das Wasser mit der Atmosphäre in Berührung zu bringen. Durch die Wahl der Apparatur-Größe lassen sich die technologischen Untersuchungsbedingungen denen von geschlossenen Betriebsanlagen angleichen. Diese Apparatur erlaubt auch eine Untersuchung anderer Prozesse, wie zum Beispiel die Beseitigung des Schwefelwasserstoffes oder — unter dem Belüftungseinfluß — die Verbesserung organoleptischer Wassereigenschaften. Die Möglichkeit einer Zusammenstellung des Apparates auf einem einfachen Gestell läßt seine Benutzung in Feldverhältnissen zu.

Die Benutzung einer Druckluftflasche mit gepreßter Luft macht von elektrischer Energie unabhängig.

Die Glaskonstruktion begrenzt allerdings den Betriebsdruck, so daß diese nachteilige Erscheinung halbtechnische Versuche unbedingt erforderlich macht.

Diese Gedanken dienten der Prüfstelle der Warschauer Hochschule als Grundlage zur Bearbeitung und Anwendung der Wasserenteisenung und Entmanganung durch eine Belüftungsmethode.

M. EFFENBERGER

Wasserwirtschaftliches Forschungsinstitut, Praha-Podbaba

Chelatometrische Sulfatbestimmung in Wässern mit hohem Magnesiumgehalt unter Verwendung von Calcein als Indikator

Die Verfahren der Wasseranalyse sollen bei genügender Genauigkeit schnell und in einem weiten Konzentrationsbereich anwendbar sein. Obwohl in der Literatur eine Reihe von Schnellmethoden zur Bestimmung der Sulfate beschrieben wird, verwendet man immer noch größtenteils die gravimetrische und für kleine Konzentrationen die turbidimetrische Methode [1]. Das gravimetrische Verfahren stellt große Zeitansprüche und seine Genauigkeit ist für den Großteil der durchgeführten Analysen überflüssig. Die teilweise Beschleunigung, in den amerikanischen Standard Methods [1] empfohlen, bedeutet eine Verkürzung der Operation um die Rückstandsverbrennung. Seine Anwendung ist jedoch dadurch stark beeinträchtigt, daß die Bestimmung durch die Verfärbung und Trübung der Probe gestört wird. (Beide störenden Einflüsse können zwar beseitigt werden, aber dadurch verliert das Verfahren an Geschwindigkeit.) Besonders störend wirkt der Fakt, daß der Sulfatgehalt der analysierten Probe in bestimmten Grenzen gehalten werden muß. Für den optimalen Konzentrationsbereich von 10 bis 40 mg/l SO_4^{2-} wird eine Genauigkeit von $\pm 10\%$ [1] angegeben.

Mit der Ausarbeitung einer Schnellmethode zur Bestimmung der Sulfate befaßte sich eine Reihe von Verfassern. In den letzten Jahren erschienen Arbeiten, die dieses Problem durch chelatometrische Titration zu lösen versuchten. Zur Sulfatbestimmung mittels des Natriumsalzes der Aethylendiamintetraessigsäure wurde die Titration der überschüssigen Bariumionen im Filtrat nach der Fällung des Bariumsulfates vorgeschlagen und zwar mit Benutzung von Eriochromschwarz T [2—9], Phthaleinkomplex [10] und α-Naphthol [11] als Indikatoren, weiter die Titration des überschüssigen Reagenzes, nach der Auflösung des gefällten Bariumsulfates in ammoniakaler Lösung von Chelaton durch ein Magnesiumsalz, auf Eriochromschwarz [12] und endlich die direkte Titration der Sulfate mit einer Bariumchloridlösung in Gegenwart eines Magnesium-Chelatkomplexes mit Eriochromschwarz als Indikator [13]. STJUNKEL und JAKIMEC [14] verglichen und bewerteten alle bisher beschriebenen Methoden der chelatometrischen Sulfatbestimmung, bei denen Eriochromschwarz T oder der Phthaleinkomplexon als Indikator benutzt wurden und stellten fest, daß die chelatometrische Bestimmung bei der Anwendung beider Indikatoren nur zu Orientierungsanalysen dienen kann. Nach ihrer Meinung hat die Übereinstimmung der Ergebnisse der chelatometrischen Verfahren mit beiden angeführten Indikatoren und des gravimetrischen Verfahrens nur einen zufälligen Charakter, der allein von den günstig gewählten

Bedingungen der Titration für jeden einzelnen Fall abhängt. Ihre experimentellen Beobachtungen belegten sie mit einigen theoretischen Erwägungen.

Zur chelatometrischen Bestimmung der Erdalkalimetalle bereiteten DIEHL und ELLIGBOE [15] einen Metallchrom-Indikator vor, den sie Calcein benannten. Unabhängig von ihnen stellten KÖRBL und VYDRA [16] denselben Indikator her. Der so vorbereitete Indikator, den die Autoren Flurescein-Komplexon nennen und der unter dem Namen Fluorexon von der Firma Lachema in Brünn hergestellt wird, ist ein typischer Fluoreszenz-Indikator. Die Fluoreszenz wird im alkalischen Milieu von den Erdalkaliionen hervorgerufen. Bei der Titration mit der Chelatonlösung erlischt die Fluoreszenz im Endpunkt, während beim Calcein eine unangenehme Restfluoreszenz bleibt, die die Titration erschwert.

In meinen Versuchen verwendete ich Fluoreszein-Komplexon (Fluorexon) bei der chelatometrischen Sulfatbestimmung durch indirekte Titration der überschüssigen Bariumionen [17]. Bei Wasserproben mit geringem Magnesiumgehalt wird die Bestimmung durch Eisen, Kupfer, Zink und Aluminium gestört. Der Kalziumgehalt, der bei der Titration gleichzeitig mit dem Barium bestimmt wird, wird in einer separaten Analyse von dem Ergebnis subtrahiert. Der störende Einfluß von Eisen, Kupfer und Zink wird durch Zugabe von Kaliumzyanid, der Einfluß von Aluminium durch Triäthanolamin eliminiert. Bei Wasserproben mit höherem Magnesiumgehalt wird der Endpunkt sehr unscharf. In diesem Falle ist es nötig, die Probe einer Filtration über einen Kationenaustauscher zu unterwerfen und die Sulfatbestimmung nach Beseitigung der Kationen im Filtrat durchzuführen. Wenn bei der chemischen Wasseranalyse auch die Bestimmung des Salzgehaltes durch Ionenaustauscher durchgeführt wird, ist es möglich, dasselbe Filtrat auch zur Bestimmung der Sulfate mit Chelaton bei Anwendung von Fluorexon als Indikator zu verwenden.

Eine 0,02 M Dinatriumsalzlösung der Aethylendiamintetraessigsäure (der Wert der Lösung wurde auf Grund reinsten Kalziumkarbonats bestimmt), weitere 0,02 M und 0,005 M Bariumchloridlösungen wurden aus Reagenzien p. a. vorbereitet. Der Lachema Fluorexon-Indikator wurde im Gemisch mit Kaliumchlorid im Verhältnis 1:100 benützt. Zur Beseitigung des störenden Einflusses von Magnesium und der übrigen Kationen wurde ein Polystyrol-Kationenaustauscher KPS 200 (DDR) in einer Kolonne von 50 m*l* Kationenaustauschergehalt verwendet. Zu seiner Regeneration verwendete man eine 5%ige Salzsäure in der Menge von 200 m*l* zu 50 m*l* Austauscher. Alle übrigen verwendeten Reagenzien waren von p. a. Grad.

Aus den erzielten Ergebnissen ging hervor, daß die Größe des Überschusses des Bariumchlorides zur Fällung der Sulfationen keinen Einfluß auf die Genauigkeit der Bestimmung hat.

Ferner wurde der Polystyrol-Kationenaustauscher KPS 200 bei der Beseitigung des störenden Effektes des Magnesiums und der übrigen Kationen überprüft. Es wurde eine Filterionenaustauschkolonne [1] vorbereitet, in die 50 m*l* des in der üblichen Weise bei analytischer Anwendung von Ionenaustausch einige Tage geweichten, gewaschenen und regenerierten Kationenaustauschers [18] zugegeben wurden. Durch die Kolonne wurden künstlich hergestellte Proben aus Kaliumsulfat- und Magnesiumchloridstandardlösungen filtriert. Aus dem aus der Kolonne abgehenden Filtrat wurden einzelne Anteile von je 100 m*l* zur Titration entnommen. Der erste Anteil wurde immer verworfen. Zur Illustration führen wir die gefundenen Werte für zwei Versuchslösungen an (Tab. 1).

Tabelle 1 zeigt, daß die Ergebnisse für alle chemischen Wasseranalysen ganz zufriedenstellend sind. Die wahrscheinliche mittlere Abweichung einer Bestimmung von +0,82% rel., gerechnet für das ursprüngliche Verfahren zur Sulfatbestimmung in Wässern mit geringerem Magnesiumgehalt [17], vergrößert sich nicht einmal bei Wässern mit hohem Magnesiumgehalt bei Anwendung von Ionenaustauschern. Die Methode ist rasch, einfach und anwendbar auch in Feldverhältnissen.

Tabelle 1

Lösung *A*: 80,0 mg/*l* SO_4^{2-} + 100,0 mg/*l* Mg^{2+}

Entnommener Anteil	SO_4^{2-} mg/*l* gefunden Kolonne 1	Kolonne 2
1	verworfen	verworfen
2	78,0	78,0
3	79,8	79,8
4	79,8	79,8
5	80,6	80,6

Lösung *B*: 400,0 mg/*l* SO_4^{2-} + 250,0 mg/*l* Mg^{2+}

Entnommener Anteil	SO_4^{2-} mg/*l* gefunden Kolonne 1	Kolonne 2
1	verworfen	verworfen
2	372,0	400,5
3	398,0	402,5
4	401,0	402,0
5	401,5	402,0

Nun will ich noch den empfohlenen Arbeitsvorgang anführen. Durch die mit 50 m*l* Kationenaustauscher KPS 200 angefüllte Kolonne, die durch Salzsäure (5%) regeneriert und mit destilliertem Wasser bis zum Verschwinden der saueren Reaktion durchwaschen wurde, werden etwa 400 m*l* der Probe filtriert, wobei die einzelnen je 100 m*l*-Anteile des Filtrates getrennt entnommen werden. Je nach Bedarf wird zur Analyse entweder der dritte und vierte Anteil oder nur der vierte Anteil genommen. Zu 100 m*l* des Filtrates werden 5 m*l* einer 0,1 N HCl-Lösung zugegeben und das Reaktionsgemisch wird zum Sieden gebracht. Mit einer Pipette wird eine genügende Menge von 0,02 M oder 0,005 M Bariumchloridlösung zugegeben (je nach dem erwarteten Sulfatgehalt) und dann läßt man das Gemisch 2 Minuten sieden. Nach zwanzig Minuten auf dem Wasserbade wird das abgeschiedene Bariumsulfat über einen Papierfilter filtriert, mit einigen m*l* heißen Wassers durchwaschen und abgekühlt. Dann werden 5 m*l* der 1M Kaliumhydroxydlösung, eine Messerspitze des Indikators zugegeben und mit der Chelatonlösung bis zum Endpunkt titriert. Die Berechnung wird nach dem Verhältnis 1 m*l* 0,02 M $BaCl_2$ entspricht 1,92 mg SO_4^{2-} durchgeführt.

Literatur

[1] Standard Methods for the Examination of Water and Wastewater, New York 1960
[2] BOND, R. D.: Chem. and Ind., London (1955), 941
[3] GWILT, J. R.: Chem. and Ind. London (1954), 309
[4] HOL, J.: Chem. Weekbl. **50** (1954), 21
[5] MANNS, T. J., M. J. RESCHOVSKY und A. J. CERTA: Z. anal. Chem. **143** (1954), 205
[6] MUNGER, I. R., R. V. NIPPLER und R. S. INGOLS: Anal. Chem. **24** (1952), 908
[7] SIJDERIUS, R.: Anal. Chim. Acta **11** (1954), 28
[8] WILBER, G. und J. HUNT: J. Am. Water Works Assoc. **45** (1953), 535
[9] BELCHER, R., D. GIBBONS und T. S. WEST: Chem. and Ind. London, (1954), 850
[10] ANDEREGG, G., H. FLASCHKA, R. SALLMANN und G. SCHWARZENBACH: Helv. Chim. Acta **37** (1954), 113
[11] CASINI, A.: Ann. chim. **46** (1956), 697
[12] BELCHER, R., D. GIBBONS und T. S. WEST: Chem. and Ind. London, (1954), 127
[13] BAKÁCS-POLGÁR, E.: Magyar Kém. Folyóirat **61** (1955), 48
[14] STJUNKEL, T. B. und E. M. JAKIMEC: Zavodskaja lab. **22** (1956), 653
[15] DIEHL, H. und J. L. ELLINGBOE: Anal. Chem. **28** (1956), 882
[16] KÖRBL, J. und F. VYDRA: Chem. listy **51** (1957), 1457
[17] M. EFFENBERGER: Chem. listy **52** (1958), 1501
[18] MADĚRA, V., J. HAMÁČKOVÁ, M. EFFENBERGER, M. PAVLÍK: Příručka pro analýzu vody, Praha, 1961

A. CHOJNACKI, M. SUCHNICKA, J. SAŁBUT
Technische Hochschule, Warszawa

Regeneration des Koagulanten mittels Kalziumhydroxyd

Zusammenfassung: Aus den Erfahrungen und Versuchen kann gefolgert werden, daß verschieden angewandte Mengen von CaO im Verhältnis zu der stöchiometrisch berechneten, einen deutlichen Unterschied in der prozentualen Rückgewinnung des Koagulanten ergeben. Die höchste Rückgewinnung von 80–90% wurde bei 15% der CaO-Menge im Verhältnis zu der stöchiometrisch berechneten erzielt. Der dabei erreichte Effekt wurde auf die Koagulantenmenge bezogen, die in den Schlamm übergegangen war.

Bei verschiedenen Mengen des zugeführten $Ca(OH)_2$ konnten keine merklichen Unterschiede in der Verunreinigung der Lösung des regenerierten Koagulanten, gemessen am $KMnO_4$-Verbrauch, Trockenrückstand und Glühverlust festgestellt werden.

Die Menge des regenerierten Koagulanten und die Qualität der gewonnenen Lösungen hingen praktisch nicht von der Kontaktzeit des Nachkoagulationsschlammes mit Kalkwasser nach guter Durchmischung ab.

Die Versuche der Wiederverwendung des regenerierten Koagulanten mittels dieser Methode, im Laboratoriumsmaßstab durchgeführt, erwiesen die Anwendungsmöglichkeit seiner Mischung mit einem neuangewandten Koagulanten bei der Weichselwasseraufbereitung unter Einhaltung des richtigen pH-Wertes für das Koagulationswasser.

Die Laboratoriumsuntersuchungen der Koagulantenrückgewinnung aus dem Nachkoagulationsschlamm mit $Al(OH)_3$-Gehalt, der mit Säure oder Alkalien behandelt war, erwiesen den Erfolg der beiden Methoden.

Die gewonnenen Lösungen des regenerierten Koagulanten bei Schwefelsäureverwendung charakterisierten sich durch einen höheren Grad der Verunreinigung als die Lösungen des regenerierten Koagulanten mittels Kalziumhydroxydverwendung.

Bei der Auswahl der Koagulantenregenerationsmethode wird außer technischen und ökonomischen Rücksichten von entscheidender Bedeutung die Anpassungsmöglichkeit des regenerierten Koagulationsmittels an die Eigenschaften des zu koagulierenden Wassers sein.

Einleitung

Im ersten Teil der durchgeführten Untersuchungen über die Rückgewinnung des Aluminiumkoagulanten aus dem Nachkoagulationsschlamm wurde die Regenerationsprüfung mittels Schwefelsäure erprobt [1].

Es wurde festgestellt, daß mit dieser Methode ca. 50–60% des Koagulanten aus dem Klärschlamm zurückgewonnen werden können.

Unter Alkalieinwirkung bilden sich aus dem Aluminiumhydroxyd des Nachkoagulationsschlammes gelöste Aluminate, die teilweise bei der nochmaligen Wasseraufbereitung als Koagulant verwendet werden können.

Die Regenerationsversuche des Nachkoagulationsschlammes mit Aluminiumhydroxydgehalt hat A. Kljaczko mittels Kalziumhydroxyd durchgeführt [2]. Aus seinen Erfahrungen geht hervor, daß es bei einem 200% stöchiometrischen Überschuß von Kalziumhydroxyd gelingt, eine Rückgewinnung bis zu 60% des Koagulanten in Umrechnung auf Al_2O_3 zu erzielen. Außerdem wies er nach, daß für dieses Resultat ein Schütteln der Schlammpröbchen mit $Ca(OH)_2$ von 3 Stunden Dauer erforderlich war.

Aus den Forschungen von A. Kljaczko ergab es sich ferner, daß die gewonnene Koagulantenlösung eine relativ große Reinheit besaß.

Die Untersuchung von Szpiliew [3] und die Ergebnisse der Forschungsstelle für Wasserversorgung und Kanalisation am Schlesischen Polytechnikum ergaben, daß bei der saueren Regeneration die Lösung des neuregenerierten Koagulanten einen höheren Verunreinigungsgrad aufweist.

Eigene Untersuchungen

Ziel und Bereich

Zur Lösung wurde das Kalziumhydroxyd, als praktisch eines der billigsten und erreichbarsten Chemikalien, angewandt. Nach Literaturangaben und eigenen Erfahrungen hat man bei dieser Arbeit als zweckmäßig folgende Forschungsdurchführung erkannt:

a) Wirkungsuntersuchungen der Kontaktzeit des Nachkoagulationsschlammes mit Kalziumhydroxyd auf die Prozeßleistung,
b) Wirkungsuntersuchung der Kalziumhydroxydmenge auf den Effekt der Rückgewinnung des Koagulanten und auf dessen Reinheit,
c) Qualitätsvergleich des regenerierten Koagulanten mit neuangewandtem und im Gemisch,
d) Vergleich der Koagulationswirkung von Weichselwasser mittels des regenerierten Koagulanten und seiner Mischung mit neuangewandtem.

Untersuchungsmethodik

In den filtrierten Lösungen wurden Reinheit und Quantität des regenerierten Fällungsmittels festgestellt. Seine Qualität und Quantität wurden im Verhältnis zum Aluminiumoxydgehalt gravimetrisch, durch Permanganatverbrauch, sowie durch Trockenrückstand, Glühverlust (flüchtige Bestandteile) und pH-Wert ermittelt.

Der Effekt der durchgeführten Koagulation wurde durch Beobachtung der Flokulation, der Sedimentation und Dekantation, sowie durch Untersuchung der physiko-chemischen Eigenschaften des rohen und koagulierten Wassers bestimmt.

Die Untersuchungsausführung und Besprechnung der Ergebnisse

Untersuchung des Nachkoagulationsschlammes

Die ersten allgemeinen 5 Untersuchungsserien des regenerierten Nachkoagulationsschlammes ergaben einen durchschnittlichen Wassergehalt von 99,6% sowie einen Trockenrückstand von 591 mg/g und einen Glühverlust der eingeführten Koagulantenmenge von 191 mg/g.

Wirkungsbestimmung der optimalen Dosis des zugefügten Kalziumhydroxyds auf die Regenerationsleistung und auf die Qualität der gewonnenen regenerierten Koagulantenlösung

Die Untersuchungsresultate zeigen, daß:

a) die Lösungsfähigkeit des Aluminiumhydroxyds im Nachkoagulationsschlamm in hohem Maße von der Kalkwasserdosis abhängt,

b) bei der Regeneration mit Kalkwasser, dessen CaO-Gehalt 50 – 100% bezogen auf die stöchiometrisch berechnete Menge betrug, nur ein unwesentlicher Prozentsatz des Aluminiumhydroxyds in Lösung ging.

Tabelle 1

Die Wirkung von verschiedenen zugefügten Kalkmengen im Verhältnis zur stöchiometrisch berechneten Menge auf die Ausbeute des Verfahrens, bei einer bestimmten Zeit des Schüttelns (3 Stunden)

	$Ca(OH)_2$ Überschuß in % im Verhältnis zur stöchiom. berechn. Menge	Koag. Rückgewinnung in %	pH-Wert	$KMnO_4$-Verbrauch in mg O_2/g	Trock. Rückst. in mg/l g	Glühverlust in mg/l g
I. Serie	70,3	5,7	7,4	11,7	237	120
	140,6	98,2	7,4	20,0	276	109
	210,9	102,0	7,6	22,7	544	283
	281,2	84,1	8,65	19,0	700	296
II. Serie	50,0	4,8	7,5	7,8	311	95
	100,0	65,9	8,0	8,3	400	146
	150,0	96,9	9,6	12,3	725	246
	200,0	44,8	9,6	11,5	582	213
III. Serie	38,7	8,1	7,3	8,0	178	63
	77,5	16,8	7,7	8,6	281	101
	116,2	67	10,1	11,1	552	167
	155,0	47	11,2	10,9	637	291
IV. Serie	67,5	12,3	9,2	8,1	192	41
	135,0	76,0	10,1	19,2	357	154
	202,5	68,8	11,8	21,6	500	400
	270.0	55,9	12,0	18,9	837	509
	47,8	26,4	7,5	14,1	140	50
	95,7	45,3	9,3	13,1	196	81
	143,5	92,5	9,7	23,0	405	231
	191,4	79,4	11,0	21,9	389	204

Anmerkung: die Resultate wurden auf 1 g des neuangewandten Aluminiumsulfat ($Al_2(SO_4)_3$), das in Koagulationsproben eingeführt war, bezogen.

Dagegen ist beim Kalziumhydroxydüberschuß (15% der stöchiometrisch berechneten Menge) die prozentuale Menge der Koagulantenwiedergewinnung ziemlich hoch und steigt auf 80 – 90%.

Die weitere Überschußvergrößerung von Kalziumhydroxyd verschlechtert die Lösungswirkung der Aluminiumhydroxyds.

c) $KMnO_4$-Verbrauch und Glühverlust (als Maßstab für die flüchtigen Bestandteile) in den gewonnenen Lösungen des regenerierten Fällungsmittels hängen praktisch nicht von der stöchiometrischen Menge des zugefügten Kalziumhydroxyds ab.

Die Feststellung der optimalen Schüttelzeit des Nachkoagulationsschlammes nach der Kalkwasserzugabe mit Rücksicht auf die Verfahrensausbeute und die Reinheit des regenerierten Koagulanten

Die Untersuchungsergebnisse dieser Serie erlauben uns zu behaupten, daß

a) die mit Kalkwasser angewandten Schüttelzeiten des Nachkoagulationsschlammes keinen wesentlichen Unterschied der prozentualen Rückgewinnung des Koagulanten geben. Die beobachteten geringen Unterschiede liegen in den Grenzen des Bestimmungsfehlers.

b) Der Verunreinigungsgrad der gewonnenen regenerierten Koagulantenlösung unterscheidet sich nicht viel bei verschiedenen Schüttelzeiten; die Verunreinigungskonzentration bleibt in den gewonnenen Grenzen der ersten Versuchsserie.

Tabelle 2

Der Zeiteinfluß des Schüttelns von Schlammproben mit Kalkwasser auf die Ausbeute des Prozesses

	Schüttel-Zeit in Stunden	Koag.-Rückgewinnung in %	pH-Wert	$KMnO_4$-Verbrauch in mg/l g	Trock. Rückstand	Glühverlust in mg/l g
I. Serie	0,5	83,9	9,6	15,1	310	110
	1,0	79,5	9,9	14,4	290	81
	1,5	85,2	9,85	14,8	360	130
	2,0	69,0	10,5	15,5	405	179
II. Serie	ohne Schütt.	73	9,8	14,8	396	61
	0,5	55,5	9,2	17,2	338	66
	1,0	70,8	9,75	16,1	460	66
	2,0	70,3	9,75	16,1	336	62
III. Serie	ohne Schütt.	86,7	10,7	11,1	442	132
	0,5	82,0	10,1	12,5	356	160
	1,0	85,2	10,5	12,1	310	150
	2,0	84,1	10,3	11,9	380	148
IV. Serie	ohne Schütt.	68,8	9,4	19,1	322	132
	0,5	69,3	9,4	19,1	360	192
	1,0	69,3	9,2	21,2	390	118
	2,0	66,6	9,5	20,7	337	173
V. Serie	ohne Schütt.	83,2	9,4	14,4	406	90
	0,5	68,5	9,0	15,8	288	130
	1,0	71,8	9,1	15,8	250	100
	2,0	69,6	9,9	15,2	418	178

Anmerkung: die Resultate wurden auf 1 g des zugefügten Koagulanten bezogen.

Auf Grund dieser Ergebnisse wurde beschlossen, sich bei weiteren Lösungsversuchen mit Nachkoagulationsschlamm nur auf dessen genaue Mischung mit Kalkwasser und dann auf die Filtration zu beschränken. Damit gelang es, das mühsame Schütteln zu vermeiden. Gleichzeitig konnte man bemerken, daß die regenerierte Koagulantenlösung durch Filterpapier leichter zu filtrieren ist.

Wirkungsvergleich der Wasserkoagulation mit einem regenerierten und einem neuangewandten Koagulanten

Die neue angewandte Koagulantenlösung von 1% Aluminiumsulfatkonzentration besaß einen pH-Wert von 3,9. Die regenerierte Koagulantenlösung in Umrechnung auf $Al_2(SO_4)_3$ enthielt 0,12% Aluminiumsulfat mit einem pH-Wert von 11,5.

Tabelle 3

Vergleich der Eigenschaften verschiedener Lösungen des regenerierten Koagulanten. Die Schlämme kamen von der Koagulation her, die bei Verwendung des schon zuvor einmal regenerierten Koagulanten, des neuangewandten u. einer Mischung der beiden in verschiedenen Proportionen.

	Mischungsverhältnis des reg. mit n. angew. Koag. in % / Bezeichnungen	100% neuangew. 0% reg.	75% n. angew. 25% reg.	50% n. angew. 50% reg.	25% n. angew. 75% reg.
I. Serie	Koag.-Rückgewinnung %	81,1	78,3	79,2	75,4
	pH-Wert	10,0	8,6	9,5	10,1
	$KMnO_4$-Verbrauch mg O_2/l g	14,4	15,2	21,2	24,8
	Trock. Rückstand mg/l g	552	486	536	593
	Glühverlust mg/l g	164	166	182	200
II. Serie	Koag.-Rückgewinnung %	78,4	69,2	74,0	70,7
	pH-Wert	11,2	10,8	11,2	11,5
	$KMnO_4$-Verbrauch mg O_2/l g	200	21,6	14,0	13,2
	trock. Rückst. mg/l g	224	384	335	298
	Glühverlust mg/l g	182	168	184	170
III. Serie	Koag.-Rückgewinnung %	89,2	87,5	82,4	78,9
	pH-Wert	11,4	11,7	11,7	11,4
	$KMnO_4$-Verbrauch mg O_2/l g	15,2	14,0	16,8	16,0
	trock. Rückst. mg/l g	484	446	552	248
	Glühverlust mg/l g	170	226	230	122
IV. Serie	Koag.-Rückgewinnung %	85,6	78,7	81,0	72,1
	pH-Wert	11,4	11,2	11,6	11,7
	$KMnO_4$-Verbrauch mg O_2/l g	17,6	15,2	11,2	13,2
	trock. Rückst. mg/l g	458	470	238	373
	Glühverlust mg/l g	106	160	122	102
V. Serie	Koag.-Rückgewinnung %	842	85,1	76,3	73,8
	pH-Wert	11,3	11,5	11,6	11,4
	$KMnO_4$-Verbrauch mg O_2/l g	14,2	14,8	15,3	15,5
	trock. Rückst. mg/l g	321	389	405	435
	Glühverlust mg/l g				

Anmerkung: die Resultate wurden bezogen auf 1 g des zugefügten Koagulanten. Der Koagulant bildete in diesem Falle die Mischung des neuangewandten mit dem regenerierten.

Tabelle 4

Analysenergebnisse über die Koagulation mit Weichselwasser

Unter-suchungs-Nr.	Bezeichnungen	Einheit	Roh-Wasser	Wasser nach der Koagulation				
				100% n. angew. 0% reg.	75% n. angew. 25% reg.	50% n. angew. 50% reg.	25% n. angew. 75% reg.	0% n. angew 100% reg.
I. Serie	1. Durchsichtigkeit	cm	18,5	24	19	23	17	10
	2. Farbe	mg/*l* Pt	40	10	14	15	15	25
	3. pH-Wert		7,8	7,3	7,8	8,0	8,75	9,15
	4. $KMnO_4$-Verbrauch	mg/*l* O_2	12,0	10,6	12,2	11,7	13,3	13,5
	5. Eisen	mg/*l* Fe	0,62	0,1	0,1	0,11	0,1	0,39
	6. Alkalität							
	gegen Methylorange	mval/*l*	2,51	1,62	2,32	2,66	3,05	3,52
	gegen Phenolphtalein	mval/*l*	—	—	—	0,05	0,31	0,41
II. Serie	1. Durchsichtigkeit	cm	13	20	25	21,15	20,5	11
	2. Farbe	mg/*l* Pt	35	10	10	17	22	35
	3. pH-Wert		7,9	7,2	7,4	7,6	8,1	8,8
	4. $KMnO_4$-Verbrauch	mg/*l* O_2	13,7	10,7	10,5	12,4	12,9	13,9
	5. Eisen	mg/*l* Fe	0,71	0,1	0,1	0,1	0,11	0,41
	6. Alkalität							
	gegen Methylorange	mval/*l*	2,57	1,56	2,12	2,38	2,64	3,0
	gegen Phenolphtalein	mval/*l*	—	—	—	—	0,05	0,20

III. Serie	1. Durchsichtigkeit	cm	13,5	23	25,5	25,5	16	11
	2. Farbe	mg/l Pt	35	10	14	12	15	32
	3. pH-Wert		7,9	6,9	7,5	7,6	8,2	8,5
	4. $KMnO_4$-Verbrauch	mg/l O_2	13,7	10,5	10,0	10,9	13,2	13,7
	5. Eisen	mg/l Fe	0,52	0,1	0,1	0,1	0,12	0,28
	6. Alkalität							
	gegen Methylorange	mval/l	2,53	1,88	2,02	2,28	2,64	2,95
	gegen Phenolphtalein	mval/l	0,05	—	—	—	0,05	0,26
IV. Serie	1. Durchsichtigkeit	cm	14	16	21	28,5	23	15,5
	2. Farbe	mg/l Pt	30	10	11	10	10	30
	3. pH-Wert		7,6	6,9	7,4	7,6	8,2	8,7
	4. $KMnO_4$-Verbrauch	mg/l O_2	14,8	11,7	11,9	11,7	14,6	14,6
	5. Eisen	mg/l Fe	0,49	0,1	0,11	0,1	0,1	0,24
	6. Alkalität							
	gegen Methylorange	mval/l	2,53	1,86	2,12	2,38	2,64	3,05
	gegen Phenolphtalein	mval/l	—	—	—	—	0,05	0,31
V. Serie	1. Durchsichtigkeit	cm	16,5	18	20	20,5	17	12
	2. Farbe	mg/l Pt	35	10	12	10	15	32
	3. pH-Wert		7,7	6,9	7,3	7,8	8,2	8,9
	4. $KMnO_4$-Verbrauch	mg/l O_2	13,9	10,6	10,9	11,8	13,2	13,7
	5. Eisen	mg/l Fe	0,57	0,1	0,1	0,11	0,13	0,36
	6. Alkalität							
	Bgegen Methylorange	mval/l	2,56	1,63	2,02	2,36	2,62	3,12
	Bgegen Phenolphtalein	mval/l	—	—	—	—	0,05	0,34

	Mischungsverhältnis des reg. Koag. mit neuangew. in % / Zeit vom Ende der Schnellmischung bemessen	100% neuangew. 0% reg.	75% neuangew. 25% reg.
		1	2
I. Serie	1.	Opaleszenz	Opaleszenz
	2.	Opaleszenz	Opaleszenz
	3.	kleine Flocken	Opaleszenz
	4.	kleine Flocken	kleine Flocken
	5.	kleine Flocken	kleine Flocken
	10.	große deutliche Flocken	kleine Flocken
	20.	große absetzende Flocken	kleine Flocken
	35.	teilweise Flock. abgesetzt	deutliche kleine Flock.
	60.	Mehrheit Flock. abgesetzt	deutliche kleine Flock.
	80.	Mehrheit Flock. abgesetzt	große suspendierte Fl.
	120.	Mehrheit Flock. abgesetzt	große abgefallene Fl.
II. Serie	1.	kleine Flocken	kleine Flocken
	2.	kleine deutliche Flocken	kleine Flocken
	3.	kleine deutliche Flocken	kleine Flocken
	4.	kleine deutliche Flocken	kleine Flocken
	5.	kleine deutliche Flocken	kleine Flocken
	10.	gr. suspendierte Flocken	gr. abgefallene Flocken
	20.	gr. absetzende Flocken	gr. absetzende Flocken
	35.	gr. Fl. teilweise abgesetzt	gr. Fl. teilweise abgesetzt
	60.	Mehrheit Fl. abgesetzt	zum gröst. Teil Fl. abg.
	80.	Mehrheit Fl. abgesetzt	zum gröst. Teil Fl. abg.
	120.	Mehrheit Fl. abgesetzt	zum größt. Teil Fl. abg.
III. Serie	1.	Opaleszenz	Opaleszenz
	2.	Opaleszenz	kleine suspend. Flocken
	3.	kleine suspend. Flocken	kleine deutl. Flocken
	4.	kleine suspend. Flocken	kleine deutl. Flocken
	5.	kleine suspend. Flocken	große Flocken
	10.	gr. suspend. Flocken	groß. deutl. Flocken
	20.	gr. suspend. Flocken	gr. absetzende Flocken
	35.	gr. deutl. Flockenв	gr. Flocken teilw. abg.
	60.	gr. absetzende Flocken	gr. Flocken teilw. abg.
	80.	Fl. teilweise abgesetzt	zum gr. Teil Fl. abgesetzt
	120.	F. teilweise abgesetzt	zum gr. Teil Fl. abgesetzt
IV. Serie	1.	Opaleszenz	kleine deutl. Flocken
	2.	kleine Flocken	kleine deutl. Flocken
	3.	kleine Flocken	kleine deutl. Flocken
	4.	kleine Flocken	kleine deutl. Flocken
	5.	kleine Flocken	große Flocken
	10.	gr. suspend. Flocken	groß. deutl. Flocken
	20.	gr. suspend. Flocken	gr. absetzende Flocken

50% neuangew. 50% reg.	25% neuangew. 75% reg.	0% neuangew. 100% reg.
3	4	5
Opaleszenz	Opaleszenz	
Opaleszenz	Opaleszenz	Opaleszenz
Opaleszenz	kleine Flocken	
kleine Flocken	kleine Flocken	
kleine Flocken	kleine Flocken	
kleine Flocken	kleine Flocken	
große absetzende Flocken	große absetzende Flocken	
teilweise Flocken abgesetzt	teilweise Flocken abgesetzt	kleine Flocken
Mehrheit Flocken abgesetzt	Mehrheit Flocken abgesetzt	
Mehrheit Flocken abgesetzt	Mehrheit Flocken abgesetzt	
Mehrheit Flocken abgesetzt	Mehrheit Flocken abgesetzt	
kleine Flocken	kleine deutliche Flocken	
kleine Flocken	kleine deutliche Flocken	
kleine deutliche Flocken	kleine deutliche Flocken	
kleine deutliche Flocken	kleine deutliche Flocken	
kleine deutliche Flocken	kleine deutliche Flocken	
große suspendierte Flocken	große suspendierte Flocken	Opaleszenz
große absetzende Flocken	große absetzende Flocken	
große Flocken teilw. abgesetzt	große Flocken teilweise abgesetzt	
Mehrheit Flocken abgesetzt	Mehrheit Flocken abgesetzt	
Mehrheit Flocken abgesetzt	Mehrheit Flocken abgesetzt	
Mehrheit Flocken abgesetzt	Mehrheit Flocken abgesetzt	
kleine Flocken	kleine Flocken	
kleine deutliche Flocken	kleine deutliche Flocken	
kleine deutliche Flocken	kleine deutliche Flocken	
kleine deutliche Flocken	kleine deutliche Flocken	
kleine deutliche Flocken	kleine deutliche.Flocken	
große absetzende Flocken	große deutliche Flocken	Opaleszenz
große absetzende Flocken	große absetzende Flocken	
große Flocken teilw. abgesetzt	teilweise abgesetzt	
große Flocken teilw. abgesetzt	teilweise abgesetzt	
z. gr. Teil Flocken abgesetzt	z. gr. Teil Flocken abgesetzt	
z. gr. Teil Flocken abgesetzt	z. gr. Teil Flocken abgesetzt	
kleine deutl. Flocken	kleine deutl. Flocken	
kleine deutl. Flocken	kleine deutl. Flocken	
kleine deutl. Flocken	kleine deutl. Flocken	
große deutl. Flocken	große Flocken	Opaleszenz
große deutl. Flocken	große Flocken	
große absetzende Flocken	große deutl. Flocken	
große absetzende Flocken	große absetzende Flocken	

Tabelle 5 (Fort-

	Mischungsverhältnis des reg. Koag. mit neuangew. in % / Zeit vom Ende der Schnellmischung bemessen	100% neuangew. 0% reg.	75% neuangew. 25% reg.
		1	2
IV. Serie	35.	gr. absetzende Flocken	gr. Fl. teilw. abgesetzt
	60.	gr. absetzende Flocken	gr. Fl. teilw. abgesetzt
	80.	gr. absetzende Flocken	zum gr. Teil Fl. abg.
	120.	zum gr. Teil Fl. abgesetzt	zum gr. Teil Fl. abg.
V. Serie	1.	Opaleszenz	kleine Flocken
	2.	kleine Flocken	kleine Flocken
	3.	kleine Flocken	kleine Flocken
	4.	kleine Flocken	kleine Flocken
	5.	kleine Flocken	kleine deutl. Flocken
	10.	gr. suspend. Flocken	große Flocken
	20.	gr. absetzende Flocken	große deutl. Flocken
	35.	gr. absetzende Flocken	gr. absetzende Flocken
	60.	Fl. teilw. abgesetzt	gr. absetzende Flocken
	80.	zum gr. Teil Fl. abgesetzt	Fl. teilw. abgesetzt
	120.	zum gr. Teil Fl. abgesetzt	zum gr. Teil Fl. abgesetzt

Letztere Konzentration war daher achtmal niedriger als die des neuangewandten Koagulanten bei sehr starker alkalischer Reaktion. Der $KMnO_4$-Verbrauch der Lösung des neuangewandten Koagulanten war 44 mg O_2/l, des regenerierten 49 mg O_2/l.

Im Umrechnung auf 1 g des Aluminiumsulfats war allerdings der $KMnO_4$-Verbrauch 4,4 mg O_2 und 40,8 mg O_2.

An Hand der Versuchsergebnisse kann man feststellen, daß der Prozeßverlauf der Flokulation und der Sedimentation sowie die Qualität des behandelten Wassers im allgemeinen dieselben waren, sowohl im Falle der Mischung der neuangewandten Aluminiumsulfatlösung mit der regenerierten Koagulantenlösung, wie auch im Falle des allein neuangewandten Koagulanten. Außerdem wurde beobachtet, daß im Falle des Koagulantengemisches Flokulation und Sedimentation besser verliefen. In der Reihenfolge bei der Koagulation der Wasserproben, denen eine Mischung von 25% des neuangewandten und 75% des regenerierten Koagulanten zugefügt war, hat man eine geringere Herabsetzung des $KMnO_4$-Verbrauchs erhalten. Dies kann dem höheren $KMnO_4$-Verbrauch der wiedergewonnenen Koagulantenlösung zugeschrieben werden.

Die wiederholte Regeneration des Nachkoagulationsschlammes

Die aus der Weichselwasseraufbereitung gewonnenen Schlämme mittels des neuangewandten und regenerierten Koagulanten wurden nochmals mit Kalkwasser

setzung) Tabelle 5

50% neuangew. 50% reg.	25% neuangew. 75% reg.	0% neuangew. 100% reg.
3	4	5
gr. Fl. teilw. abgesetzt	Fl. teilweise abgesetzt	
gr. Fl. teilw. abgesetzt	Fl. teilweise abgesetzt	
z. gr. Teil Fl. abgesetzt	z. gr. Teil Fl. abgesetzt	Opaleszenz
z. gr. Teil Fl. abgesetzt	z. gr. Teil Fl. abgesetzt	
kleine Flocken	kleine Flocken	
kleine Flocken	kleine Flocken	
kleine deutl. Flocken	kleine deutl. Flocken	
kleine deutl. Flocken	kleine deutl. Flocken	
kleine deutl. Flocken	kleine deutl. Flocken	
große suspend. Flocken	kleine deutl. Flocken	Opaleszenz
große suspend. Flocken	große suspend. Flocken	
große absetzende Flocken	große absetzende Flocken	
große absetzende Flocken	große absetzende Flocken	
Flocken teilweise abgesetzt	Flocken teilweise abgesetzt	
Flocken teilweise abgesetzt	Flocken teilweise abgesetzt	

behandelt, bei Verwendung des 1,5fachen Überschusses von $Ca(OH)_2$ im Verhältnis zu der stöchiometrisch berechneten Menge. In den Lösungen des regenerierten Koagulanten wurden Aluminiumgehalt, $KMnO_4$-Verbrauch, Trocken-Rückstand und Glühverlust bestimmt. Nach Untersuchungsergebnissen kann man beurteilen, daß die wiederholte Regeneration des Nachkoagulationsschlammes nur eine unbedeutend kleinere prozentuale Rückgewinnung des Koagulanten im Verhältnis zu der ursprünglichen Regeneration ergibt und daß der Verunreinigungsgrad der regenerierten Koagulantenlösung keine sichtbare Erhöhung aufweist. Daraus folgt die Notwendigkeit einer Nachprüfung im halbtechnischen Maßstab, und zwar in bezug auf den Wirkungseffekt der mehrmals wiederholten Regeneration des Nachkoagulationsschlammes, auf die Ausbeute der Rückgewinnung und die Qualität des gewonnenen Koagulanten.

Literatur

[1] Chojnacki, A. und M. Suchnicka, J. Zakrzewski: Untersuchungen über die Koagulantrückgewinnung aus dem Nachkoagulationsschlamm. Wissenschaftliche Hefte der Warschauer Polytechnik (1960), 47

[2] W. A. Kljaczko: Regeneracija koaguljanta iz osadka otstojnikow wodooczistnych stancji, Wodosnabżenije i Sanitarnaja Tiechnika (1940), 8

[3] Regeneracija koaguljanta iz osadka i jego wtoricznoje ispolzowanije, Sbornik Akademii Kommunalnowo Chozjajstwa, MKCh RSFSR 1948.

[4] Versuchsergebnisse über die Koagulantrückgewinnung bei der Forschungsstelle der Wasser- u. Kanalisationsanlagen, durchgeführt am Schlesischen Polytechnikum (Quellenmaterial Z. B. W. u. K. der Schlesischen Polytechnik)

J. Souček, Wasserwirtschaftliches Forschungsinstitut Praha-Podbaba

F. Kopecký, KVRIS Praha

Teil: I

Vorchlorung und optimale Dosis des Klärmittels

Zusammenfassung: Es wurde theoretisch abgeleitet, daß es bei der Chlorung zur Verschiebung der Kurven des Permanganatverbrauchs und weiterer Kennzeichen der Beschaffenheit in Richtung einer geringeren Fällmittelzugabe kommt. Ferner, daß die Kurve der pH-Werte auf ihren steileren Abschnitten ebenfalls in der Richtung der niedrigeren Dosis verschoben ist.

Es ist möglich, die Verschiebung P in Millival auszudrücken, laut der Beziehung $P = [Cl_2]$ (Rest) $+ 2\,[Cl_2]$ (Verbrauch).

Im experimentellen Teil wurde diese Verschiebung quantitativ bestätigt aus der Voraussetzung heraus, daß das empirische Äquivalent des Aluminiumsulfats technischer Reinheit gleich 100 ist.

Die in der Literatur angeführten Erfolge bei der Vorchlorung muß man in erster Reihe der nachgewiesenen Kurvenverschiebung zuschreiben.

Einleitung

In der Literatur wird oft der günstige Einfluß der Vorchlorung auf den Gesamtverlauf und den Effekt der Klärung angeführt [1, 3, 4, 5, 6, 7, 8, 9, 10, 11, 12, 13, 15, 16, 17], ein andermal wird nur eine einfache Chlorung und Dechlorung empfohlen [2, 7, 8, 9], einige Verfasser weisen einen negativen Einfluß auf die Koagulation nach [18].

Versuchsteil

Es wurden acht Serien von Koagulationsversuchen mit Aluminiumsulfat [14] durchgeführt. Das Wasser aus dem Moldaufluß wurde 15 Minuten vor der Koagulation chloriert, für jede Serie mit gleicher Chlordosis. Als Beispiel der Auswertungsmethodik dient die Abbildung.

Auf den ersten Blick ist offenkundig, daß es zur Kurvenverschiebung in der Richtung der kleineren Dosis des Fällungsmittels und zugleich zu einer Herabsetzung des Permanganatverbrauchs kommt. Zur Bewertung der angeführten Verschiebung wurden folgende Werte gemessen: Verschiebung des Minimums des Permanganatverbrauchs, Verschiebung des Minimums des Rest-Aluminiums und Verschiebung der pH-Kurve gemessen in drei Profilen nahe des größten Gefälles der pH-Kurve. Alle Werte wurden in Millival gemessen, keiner dieser Werte hat sich jedoch den theoretischen Werten mit hinreichender Genauigkeit genähert. Zum Ausgleich wurde der Durchschnitt von allen drei Werten errechnet und dieser Durchschnitt stimmte sehr gut mit der Theorie unter der Voraussetzung

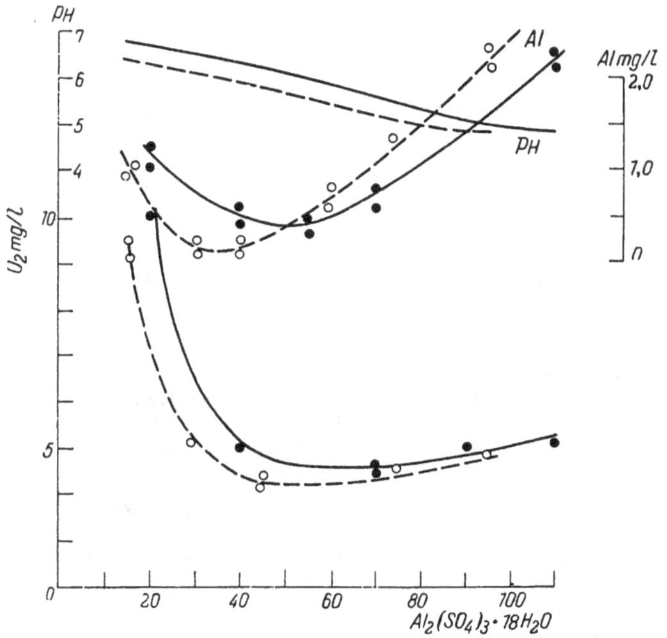

Abb. 1: Die Abhängigkeit des pH, Restaluminiums und Permanganatverbrauchs von der Fällmitteldosis bei der Vorchlorung. Gestrichelte Kurven vorchloriertes, vollgezogene nichtchloriertes Wasser

überein, daß das empirische Äquivalent des Aluminiumsulfats gleich 100 [14] genommen wird. Die Ergebnisse sind in der Tabelle zusammengefaßt, und es geht daraus hervor, daß die gemessene Verschiebung der berechneten Verschiebung entspricht. Die resultierenden Unterschiede sind nicht größer als der Fehler der Titration, und die Summe aller Unterschiede überschreitet ebenfalls diesen Fehler nicht.

	Cl_2 millimol/l		Verschiebung					
				gemessene				
Nr.	Dosis D	Rest d	Theoretische (2 D−d)	minimale Permanganatzahl	minimale Al-Zugabe	pH	∅	Differenz (2 D−d)− ∅
1.	0,04	0,005	0,08	0,06	0,1	0,09	0,08	0,00
2.	0,05	0,025	0,08	0,1	0,09	0,06	0,08	0,00
3.	0,08	0,01	0,15	0,12	0,11	0,21	0,15	0,00
4.	0,08	0,03	0,13	0,12	0,10	0,21	0,14	− 0,01
5.	0,08	0,02	0,14	0,13	0,15	0,12	0,13	+ 0,01
6.	0,155	0,05	0,26	0,30	0,28	0,33	0,30	− 0,04
7.	0,155	0,075	0,24	0,18	0,19	0,25	0,21	+ 0,03
8.	0,155	0,065	0,25	0,28	0,16	0,33	0,26	− 0,01
								− 0,02

Literatur

[1] ADAMS, F. P.: JAWWA, **25** (1933), 1086

[2] ADLER, R.: Reinigung und Sterilisierung des Wassers durch Hochchlorung. G. W. F. **72** (1925), 675

[3] ALMAZOV, B. A.: Primenenije chlornovo železa v kačestve koaguljanta dlja očistki vody. Gor. chozjajstwo Moskvy, **28** (1954) 8, 24–25

[4] GAMMAGE, A. L.: The Prechlorination – Alum Treatment of Soft Colored Waters. Engineering News-Record September 7 (1922)

[5] GANDENBERGER, W.: Die Wasserreinigung im Stuttgarter Wasserwerk Gallenklinge. G. W. F. **89** (1948), 304

[6] KLJUKANOV, M. N.: Gigijena i sanitarija. **3** (1951) 6, 49–53

[7] KULJSKIJ, L. A.: Obezvreživanije i očistka vody chlorom. Izdatelstvo min. kom. chozjajstva, Moskva, 1947

[8] KULJSKIJ, L. A.: Ulučšenije technologii ocistki pitjevoj vody. Izd. AN USSR Kijev, 1955

[9] KULJSKIJ, L. A.: Chimija i technologija obrabotki vody. Izd. AN USSR Kijev, 1960

[10] LINKE, E.: Erfahrungen auf dem Gebiet der Trinkwasserreinigung. G. W. F. (1931) 39, 877

[11] LINKE, E.: Das ADM-Verfahren zur Wasserreinigung. VDI (1931) 6, 170

[12] LINKE, E. und W. GANDENBERGER: Die Entfernung von Trüb- und Farbstoffen durch Ausfällung. Vom Wasser X, (1935), 99

[13] RODZIŃSKI, B.: Sposob oczyszcenia wód powierzchniowych. Polnisches Patent 38037, 25. 08. 55

[14] SOUČEK, J.: Beitrag zur Theorie der Klärung von Oberflächenwasser. Sammlung der Chem.-techn. Hochschule in Prag. Fakultätsabteilung für die Technologie von Brennstoffen und Wasser. Prag, 1957, Seite 37 (tschechisch)

[15] VENTRE, E. K.: Coagulation with Lime and Chlorine. JAWWA 24 (1932), 733

[16] WESTON, R. S.: The Use of Chlorine to Assist Coagulation. JAWWA **11**, (1924), 446

[17] WHITLOCK, E. A.: Some Established and Prospective Uses for Chlorine in Industrial Water Treatment. Chemistry and Industrie 1955, 1432-8

[18] MILBAUER, L.: Über die Klärung des Moldauwassers. Chem. Blätter 30 (1936), 283 (tschechisch)

J. Moravec, Prager Wasserwerke,

S. Souček, Wasserwirtschaftliches Forschungsinstitut Praha-Podbaba

Vorchlorung und Permanganatverbrauch

Teil: II

Zusammenfassung: Das Chlorieren setzt den Permanganatverbrauch des Huminwassers nur wenig herab. Das Chlor reagiert hauptsächlich mit Ammoniak, die übrigen Reaktionen äußern sich bei quantitativer Verfolgung der Vorgänge nicht so nachdrücklich und betreffen am meisten offensichtlich die gelösten Stoffe.

Die Herabsetzung der Färbung, soweit sie nicht durch bessere Koagulation bei niedrigerem pH in Übereinstimmung mit der vorherigen Schlußfolgerung erzielt wurde, ist den Additionreaktionen zuzuschreiben, die zwar die Färbung herabsetzen, die Huminstoffe jedoch nicht abbauen.

Die Vorchlorung von Huminwasser wegen Beseitigung der Schutzkolloide hat keinerlei Begründung. Die Vorchlorung einzuführen hat nur dort einen Sinn, wo dies einen anderen speziellen Grund hat, wie zum Beispiel die Beseitigung von Mangan.

Einleitung

Die vorhergehende Arbeit [25] hat gezeigt, daß der günstige Einfluß der Chlorung vor der Koagulation, die sich durch eine niedrige Dosis an Klärungsmittel äußert, auf eine andere Art zu erläutern ist, als die Voraussetzung des Abbaues der Schutzkolloide. Es blieb noch die Frage der Änderung des Permanganatverbrauchs unaufgeklärt, die man voraussetzen kann und die gleichfalls bei den meisten Versuchen vorkommt.

Experimenteller Teil

Im wesentlichen handelt es sich um die graphische Auswertung der Koagulationsversuche in den Achsen Klärungsmitteldosis — verfolgter Anzeiger. In unserem Falle interessiert uns hautpsächlich der Permanganatverbrauch zu den Bedingungen, daß die Koagulation in 2,5 Minuten nach der Chlorung durchgeführt wurde, so wie es in den Betrieben laufend möglich ist.

Wir haben diese Koagulationsversuche mit Aluminiumsulfat miteinander verglichen:

für rohes Moldauwasser,
für dasselbe Wasser mit Vorchlorung mit 10 mg/*l* Cl_2,
für Rohwasser mit Zugabe von 0,2 mval/*l* HCl und schließlich
für Rohwasser mit einer Zugabe von 0,2 Alkalität und Vorchlorung mit 10 mg/*l* Cl_2.

Nach der vorhergehenden Arbeit [25] können wir aus dem Restchlor und dem verbrauchten Chlor die Kurvenverschiebung berechnen. Die Formel lautet:

$$\text{mval}/l_{\text{Verschiebung}} = \frac{\text{mg}/l\,\text{Cl}_{2\text{Rest}}}{71}\;\frac{\text{mg}/l\,\text{Cl}_{2\text{Verbrauch}}}{71}$$

Für das Moldauwasser und eine Dosis von 10 mg/l Cl_2 kommt grob gerechnet 0,2 mval/l heraus.

Ebenso hat die Zugabe von Salzsäure in einer Menge von 0,2 mval/l die gleiche Verschiebung zur Folge, demgegenüber bewirkt die Erhöhung der Alkalität um 0,2 mval/l die gleiche Verschiebung, jedoch im gegenteiligen Sinne. Der Versuch, wie aus der Abbildung im I. Teil ersichtlich ist, fiel innerhalb der Grenzen der experimentellen Fehler aus, die — wie zu erwarten — beträchtlich sein können. Aus diesem Versuche und auf Grund früherer Beobachtungen können wir eindeutig urteilen, daß die Verschiebung des Minimums und daher die Minderung der optimalen Dosis in erschöpfender Weise mit der entstehenden Salzsäure erläutert werden kann.

Die zweite markante Erscheinung ist die Kurvenverschiebung der Oxydationsfähigkeit in der Richtung der niedrigeren Werte des Permanganatverbrauchs. Auf den ersten Blick würde es scheinen, daß diese ganze Verschiebung durch eine Art des Abbaues der organischen Stoffe verursacht wurde. Wenn jedoch das überschüssige Chlor beseitigt ist, erniedrigt sich diese Verschiebung im Minimum sehr beträchtlich und die Permanganatverbrauchskurven bei nichtchloriertem und bei vorchloriertem Wasser, aus dem das überschüssige Chlor durch Ausblasen beseitigt wurde, unterscheiden sich nur wenig.

Diskussion

Die angeführten Ergebnisse erwecken Zweifel, ob das Chlor unter den Bedingungen der Wasseraufbereitung überhaupt mit irgendwelchen Stoffen reagiert. Um diese Frage auf das richtige Maß zu bringen, müssen wir folgende Umstände hervorheben:

Es gelang nicht ganz, die Herabsetzung des Permanganatverbrauchs nach der Chlorung durch Beseitigung des überschüssigen Chlors mittels Durchlüftung zu annullieren.

Beim Chlorieren kommt es zur Herabsetzung der Färbung des Wassers [2, 6, 12, 14, 15, 16, 17, 18, 19, 31, 32, 33, 34]. Diese Verminderung der Färbung haben wir ebenfalls beobachtet.

Durch die Chlorung wird der Geschmack und Geruch des Wassers geändert, wenn auch kein Restchlor vorhanden ist [9, 10, 11, 15, 16, 19, 21, 23, 27, 28, 33, 35].

Das Moldauwasser hat auf der Chlorungskurve den typischen Brechpunkt [13, 14, 15, 16, 26].

Es ist festgestellt worden, daß das Chlor mit Ammoniak und Aminostoffen [4, 5, 13, 14, 16, 26, 29, 30] reagiert. So kann zum Beispiel nach 24stündiger Chlorwirkung im Wasser mehr als 90% β-Alanin, dl-Leuzin abgebaut werden, demgegenüber baut sich Glutathion um weniger als 10%, Kasein nur um 20—30% ab [4].

Chlor [29], Albuminstickstoff werden in einfachen Aminosäuren stark abgebaut, langsamer als in Eiweiß-Stoffen [30].

Huminstoffe addieren Chlor zu Doppel-Bindungen [20, 32].

Wir können jedoch nicht der Ansicht zustimmen, daß die Huminstoffe oxydiert und dadurch zerstört werden [3, 14, 19]. Nach unseren Versuchen verringerte die etwaige Chloraddition auf Doppelbindungen keineswegs das Schutzvermögen der Huminstoffe.

Fassen wir diese Ansichten zusammen, dann ist es möglich, eine bestimmte Zerstörung des Wassers mit Proteinschutzkolloiden zu erwarten, die viel seltener sind, als man ursprünglich dachte [24]. Jedoch diese Zerstörung macht niedermolekulare Stoffe frei, welche die Koagulation nicht beseitigt. Die Farbenbeseitigung durch Chlorieren erscheint von diesem Gesichtspunkt aus als ungeeignet, weil die Farbstoffe nur entfärbt werden, jedoch im Wasser verbleiben. Weit vorteilhafter scheint es, das pH durch Benützung von Säuren oder höheren Mengen von Klärungsmitteln herabzusetzen und dadurch eine vollkommenere Koagulation zu erzielen [24].

Literatur

[1] ADAMS, F. P.: JAWWA **25** (1933–), 1086–1088
[2] ADAMS, R. B.: JAWWA **52** (1960–) 219–228
[3] ADLER, R.: GWF **72** (1925), 675
[4] ANONYM: GWF **95** (1954), 53
[5] BAKER, R. J.: JAWWA **51** (1959), 1185–1190
[6] BEDULEVIČ, T. S., M. N. SVETLAKOVA und N. N. TRACHTMAN: Gig. i san. **5** (1953), 10, 14–17
[7] BRILLING, C.: Korotkoje rukovodsstvo po vodosnabženii, Moskva 1928
[8] BURTSCHELL, R. H.: JAWWA **51** (1959), 205
[9] CHRIST, W. und CH. SIEGERT: Mitteilungen des Institutes für Wasserwirtschaft Nr. 8, Berlin, 1959
[10] DODD, R. J.: JAWWA **26** (1934), 760–764
[11] FLICKY, J. G.: JAWWA **47** (1935), 675–682
[12] GAMMAGE, A. L.: Engineering News Record, September (1922), 7
[13] KULJSKIJ, L. A.: Vlijanija amnijaka i drugich dobavok na chloropogloščajemosť vody. Mort. inst. chimič. techn. AN USSR, 1939
[14] KULJSKIJ, L. A.: Obezvreživanije i očistka vody chlorom. MKCH RSFSR, 1947
[15] KULJSKIJ, L. A.: Ulučšenije technologii očistki pitjevoj vody. Izd. Ak. nauk USSR, Kijev, 1955
[16] KULJSKIJ, L. A.: Chimija i technologija obrabotki vody. AN USSR Kijev, 1960
[17] LEVIEL, R.: Eau **43**, (1956), 147–156
[18] LINK, E.: GWF **38** (1931), 877
[19] LINK, E.: Vom Wasser **10** (1935), 99
[10] LUDMILA, J.: Chemische Blätter (tschechisch) **30** (1936) 38
[21] MORAVEC, J.: Diplomarbeit, Chem. techn. Hochschule Prag, nicht veröffentlicht
[22] ROZANOVA, A. J.: Raboty laboratorii technolog. vody. I. Ch. AN USSR, 1940
[23] SINGWORTH, E. A.: JAWWA **49**, 1507–21
[24] SOUČEK, J.: Sammlung der Chem.-techn. Hochschule in Prag, Fakultätsabteilung für Brennstoffe und Wasser, Prag, 1957 (tschechisch)
[25] SOUČEK, J. und F. KOPECKÝ: Vorchlorung und optimale Dosis des Klärmittels. Im Druck (deutsch)
[26] STUCHLÍK, H.: Desinfektion des Wassers (tschechisch). SNTL, Prag, 1958
[27] SVETLAKOVA, M. N.: Gig. i san. **3** (1953), 94
[28] SVETLAKOVA, M. N.: Gig. i san. **2** (1955), 11
[29] TARAS, M. J.: JAWWA **42** (1950), 462
[30] TARAS, M. J.: JAWWA **45** (1953), 47
[31] VENTRE, E. K.: JAWWA **24** (1932), 733
[32] WESTON, R. S.: JAWWA **11** (1924), 446
[33] WHITLOCK, E. A.: Municipal Engineering (1953), 1343
[34] WHITLOCK, E. A.: Chem. and Ind. 8 (1955), 1432
[35] ŽITROMIRSKIJ, L. G.: Metody profilaktiki i borjby s privkusami i zapachami pri chlorirovanii pitjevoj vody. Rostizd., Rostov na Donu, 1939

ST. KOŁACZKOWSKI, P. ZURAWSKI

Institut für Kommunale Wirtschaft,
Untersuchungsanstalt für Wasserversorgung und Abwasserreinigung, Poznan

Verlauf der Oxydation von Fe^{2+} mit Luftsauerstoff

Zusammenfassung: Es wurde festgestellt, daß Fe(II) in einer $FeSO_4$-Lösung bei einem pH-Wert = 3,6 nicht oxydiert wird, sogar bei einer 20′ dauernden Belüftung nicht. Die beim Oxydieren von $FeSO_4$-Lösungen unter Zusatz von NaOH entstandene Menge des Fe(III) ist proportional dem NaOH-Zusatz. Es ergibt sich daraus, daß nicht Fe^{2+}-Ionen, sondern Fe(II) in Form von Hydroxyd oxydiert wird und die Oxydation auf topochemischem Wege zustande kommt.

Der Zuwachs der pH-Werte während der ersten Minuten des Oxydierens ist den verschiedenen Reaktionsgeschwindigkeiten beim Entstehen von $Fe(OH)_2$ über basisches Ferrosulfat und seine teilweise Oxydation zuzuschreiben, sowie dem Schwinden von $Fe(OH)_2$ bei vollständiger Oxydierung zu Hydroxydon bzw. Oxyhydroxydon des Fe(III).

Für die Technik der Entfernung von Eisenverbindungen aus Wasser ergibt sich hier die Unumgänglichkeit einer genauen Erkennung der Zusammensetzung des Wassers und der Feststellung der optimalen Bedingungen für die Oxydation und Fällung der Eisenverbindungen, denn Belüftung allein, auch sehr starke, muß nicht immer erfolgreich sein.

Einführung

Die Oxydation von Eisenionen und Eisenverbindungen wird häufig in der Trinkwasseraufbereitung und in der Abwasserreinigungstechnik während der Koagulation mit Ferrosalzen zwecks Entfernung des Eisens angewendet.

Als Maßstab der Anwendbarkeit der Reaktion dient in der Technik vor allem ihre Wirksamkeit, die von einer Reihe manchmal schwer zu erfassender und zu präzisierender Faktoren abhängig ist. Der Enteisenungsprozeß ist gewiß schwierig und kompliziert wegen des Vorhandenseins einer Reihe von verschiedenen Kationen, Anionen und organischen Verbindungen im Wasser, die den Oxydationsprozeß beeinflussen.

Das Entfernen der Fe^{2+}-Ionen bzw. die eigentliche Koagulation der Fe(II)-Verbindungen aus dem Wasser basieren auf der sehr geringen Löslichkeit des beim Oxydieren entstehenden Fe(III)-Hydroxyds. In der Fachliteratur wird die Löslichkeit dieser Verbindung eindeutig als $48 \cdot 10^{-6}$ mg $Fe(OH)_3/l$ [1] ausgedrückt. Dieser Ausdruck ist nicht ganz präzis, denn es ist eine Reihe von Hydroxyden bzw. Oxyhydroxyden des Fe(III) von verschiedener Struktur und verschiedenen physikalischen und chemischen Eigenschaften bekannt.

Zahlreiche Untersuchungen darüber sind von A. KRAUSE durchgeführt worden [9]. Eine weitgehende Besprechung der Oxydationsprodukte von $Fe(OH)_2$ ist in einem Aufsatz von FEITKNECHT [2] und bei A. KRAUSE [10] zu finden. Das amorphe dunkelbraune, jedem Analytiker bekannte Hydroxyd Fe(III), das Ortho-Hydroxyd entsteht vor allem durch Ausfällung mit Basen, z. B. Ammoniak aus Lösungen von Fe^{3+}-Salzen oder durch Oxydieren des Gels $FeCO_3$ [11] mittels H_2O_2. Grundsätzlich entsteht es nicht beim Oxydieren von Fe^{2+}-Salzen mit Luftsauerstoff.

Ausnahmsweise können in Gegenwart von Spuren von PO_4''' und SiO_3'' (0,01 m) größere Mengen von amorphem braunem sehr wasserhaltigem Ortho-Ferrihydroxyd entstehen [12].

Infolge Alterung des amorphen Produkts entsteht das röntgenkristalline gelbe α FeOOH. Dieses letzte Produkt, das weniger wasserhaltig ist, entsteht gleichfalls, wenn auch sekundär, beim unmittelbaren Oxydieren von $Fe(OH)_2$ mit Luftsauerstoff. Dies hängt vor allem von der Oxydationsgeschwindigkeit und vom richtigen pH ab. Das gewöhnlichste Produkt rascher Oxydierung von Fe(II)-Hydroxyd mit Luftsauerstoff ist das organgefarbene γ FeOOH.

Wenn das pH der Lösung in diesem Falle den Wert 5,2—5,3 überschreitet, wird das Hydroxyd infolge negativer Ladung des γ FeOOH fähig, sich mit $Fe(OH)_2$ zu binden, welches eine ausgesprochene Base ist und das dunkelbraune sehr wasserarme Magnetit bildet [13—15]. Dabei entsteht der Eindruck, daß die Oxydation nicht vollständig ist. Sind aber außer $Fe(OH)_2$ andere Basen wie z. B. $Mg(OH)_2$, $Ca(OH)_2$ oder andere basische Verbindungen derselben vorhanden, dann entsteht an Stelle des fast schwarzen Magnetits bzw. Ferroferrits gelbbraunes Magnesium bzw. Calciumferrit [16]. Gleichzeitig unterliegt das $Fe(OH)_2$ einer vollständigen Oxydation. Die Ferrihydroxyde sind aneinander genetisch gebunden, durch Alterung d. h. Kristallisieren verliert das amorphe Fe(III) allmählich im wäßrigen Medium Wasser und wird infolge von Polymerisation immer mehr hyprophob.

Der Verlauf des Alterungsprozesses im wäßrigen Medium ist vom pH-Wert abhängig. Im Wasser oder in 0,001 n-NaOH nimmt der Alterungsprozeß die Richtung → poly-ortho-Ferrohydroxyd (dunkelbraun, amorph) → Hydrohämatit und schließlich → α Fe_2O_3 (Hämatit). Ist die NaOH-Konzentration 0,01—2,5 n, entsteht mit verschiedener Geschwindigkeit dunkelbraunes polyortho Hydroxyd, gelbes α FeOOH [18] und schließlich → Goethit [17], gleichfalls eine gelbfarbige und die beständigste im Fe_2O_3/H_2O-System, Verbindung von der Formel (α Fe_2O_3 $\times H_2O$) n. Es fehlt im Alterungssystem das FeOOH welches, wie schon erwähnt, infolge raschen Oxydierens von $Fe(OH)_2$ mit Luftsauerstoff entsteht und bei gelindem Glühen bis 300° [5, 21, 22] das reguläre, stark ferromagnetische Fe_2O_3 bildet, welches bei stärkerem Glühen in das paramagnetische hexagonale α Fe_2O_3 übergeht.

Im Schrifttum sind noch Angaben über das β und das δ FeOOH enthalten. Das β FeOOH entsteht während der Hydrolyse von FeOCl [8] oder von Ferrichloridlösung [23] und als Produkt der Oxydation von Hydroxychlorid $Fe_2(OH)_3Cl$ in feuchter Luft [3]. Dagegen wurde seine Entstehung beim Oxydieren in wäßrigen Lösungen von Fe(II)-Verbindungen nicht wahrgenommen. Das ferromagnetische FeOOH entsteht beim sehr raschen Oxydieren von $Fe(OH)_2$ mit einem Überschuß an Oxydationsmittel (H_2O_2 oder O_2). Manche Autoren geben ihm die Formel δ Fe_2O_3 [4]. Wegen des bedeutenden Wassergehalts (11—12%) scheint die Formel δ FeOOH richtiger zu sein [17].

Diese kurze Übersicht der wichtigsten Verbindungen von Fe(III), die beim Oxydieren des Fe(II)-Hydroxyds entstehen, gibt schon ein Bild der Verschiedenheit der hier vorkommenden Erscheinungen und erklärt die Notwendigkeit einer genauen Kenntnis darüber, wenn die technischen Prozesse richtig durchgeführt werden sollen.

Wie schon zu Anfang erwähnt wurde, basiert die Entfernung von Eisenverbindungen aus Wasser auf der sehr geringen Löslichkeit des infolge von Oxydation entstehenden Fe(III)-Hydroxyds.

D'Ans und Lax [1] geben die Löslichkeit des $Fe(OH)_2 = 1{,}42$ mg/l an.

Im „Poradnik Fizyko-Chemiczny" [20] sind als „Löslichkeitsprodukte" folgende Werte angegeben:

für $Fe(OH)_2$	$4{,}8 \cdot 10^{-16}$
für $Fe(OH)_3$	$3{,}8 \cdot 10^{-38}$

Weiser und Milligan [23] geben als Löslichkeits-Produkt

für $Fe(OH)_2$ den Wert 10^{-15}

an und Feiknecht [2, 3]

für amorphes	$Fe(OH)_3$	den Wert 10^{-37}
für	Fe_2O_3	den Wert $10^{-42,5}$
für	$FeOOH$	den Wert 10^{-44}
für	Fe_2O_3	den Wert 10^{-40}
für	$FeOOH$	den Wert 10^{-42}.

Es ist also die Löslichkeit

des $Fe(OH)_2$	0,44—1,42 mg/l
des $Fe(OH)_3$ bzw. FeOOH	$0{,}4 \cdot 10^{-6}$—$48 \cdot 10^{-6}$ mg/l

Die Unterschiede sind also ziemlich groß. Für die Enteisenungstechnik bedeutet dies, daß die Löslichkeit der Fe(II)-Hydroxyde zu groß ist, und daß sie die zulässige obere Grenze von 0,3 mg Fe/l überschreitet und um so mehr die gewünschte Grenze von 0,1 mg Fe/l.

Mit dem Chemismus der Enteisenung des Wassers hat sich J. Holluta [6, 7] beschäftigt.

Folgendes Schema illustriert den Verlauf der Oxydierung des lösungsfähigen Fe(II) mit Luftsauerstoff:

1. $2\,Fe^{2+} + \frac{1}{2}\,O_2 + H_2O = 2\,Fe^{3+} + 2\,OH^-$
   $2\,Fe^{3+} + 2\,OH^- + (x + 1)\,H_2O = (Fe_2O_3 \cdot x\,H_2O) + 4\,H^+$
   oder
   $2\,Fe(OH)_2 + \frac{1}{2}\,O_2 + (x - 2)\,H_2O = (Fe_2O_3 \cdot x\,H_2O)$
   $4\,(H^+ + HCO_3 = CO_2 + H_2O)$
2. Die kolloidale Umwandlung und Ausfällung des $Fe_2O_3 \cdot x\,H_2O$.
3. Trennung des ausgefällten $Fe_2O_3 \cdot x\,H_2O$ durch Filtrieren.

Auch in seinen weiteren Arbeiten stützte sich Holluta [7] auf die Voraussetzung, daß der Oxydation die Fe^{2+}-Ionen unterliegen, wobei Hydroxyd oder wasserhaltiges Ferrioxyd entstehen.

Aus einer interessanten Arbeit von A. KRAUSE und A. BORKOWSKA [15] ergibt sich, daß der Oxydationsprozeß von Fe(II) in Form von Fe_2SO_4 mit Luftsauerstoff in einem Mittel von verschiedener H^+ und OH^--Ionenkonzentration einen verschiedenen Verlauf hat. Es ist dies gut aus der graphischen Darstellung zu ersehen (Abb. 1).

Die Ergebnisse der Arbeiten von A. KRAUSE [15], J. HOLLUTA [7] und W. FEITKNECHT [2] führten zur Schlußfolgerung, daß der Oxydationsprozeß des zweiwertigen Eisens und seine Abhängigkeit vom pH nicht genügend aufgeklärt ist.

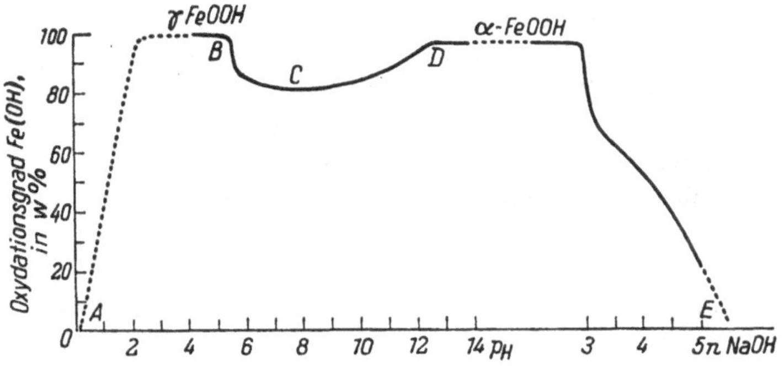

Abb. 1: Verlauf des Oxydationsprozesses von Fe(II) in Form von Fe_2SO_4 mit Luftsauerstoff

Die vorliegende Arbeit wurde zwecks Klärung dieses Problems vorgenommen. Sie umfaßt eine Reihe von Untersuchungen über Oxydierung von Fe^{2+} mit Luftsauerstoff bei verschiedenem pH in Gegenwart von SO_4^{2-}-Ionen:

Arbeitsmethode

Eine konzentrierte, ca. 33% wäßrige Lösung von $FeSO_4 \cdot 7\,H_2O$ wurde mit 3 g 100%iger Schwefelsäure auf 1 *l* Lösung stabilisiert. Diese Grundlösung oxydierte nicht während langdauernder Aufbewahrungszeit. Das Fe^{2+} wurde manganometrisch bestimmt.

Alle Bestimmungen werden an „Arbeits"-Lösungen von 1 g Fe/*l* durchgeführt. Entsprechende Proben wurden quantitativ der Grundlösung entnommen und mit ausgekochtem destilliertem Wasser in Maßkolben verdünnt. Vor dem Auffüllen wurde jeder Probe eine berechnete, dem H_2SO_4 gleichwertige Menge 1 n-NaOH zugesetzt. Der pH-Wert der Arbeitslösungen wurde durch Zugabe von für jede Versuchsreihe um 2 m*l* steigenden Mengen 1 n-NaOH geändert, so daß man über einen pH-Bereich zwischen 4,0 und 10,2 verfügte.

Die Oxydation wurde auf zweierlei Weise durchgeführt: Im geschlossenen und im offenen Belüftungssystem. Bei geschlossener Belüftung wurde die $FeSO_4$-Lösung[1]) mit einer bestimmten Menge Luft in einem geschlossenen Glasgefäß gemischt, im offenen Belüftungssystem wurde Luft in[2]) $FeSO_4$-Lösung eingeführt. Die Menge des Sauerstoffs im geschlossenen System betrug das Zehnfache des theoretischen Bedarfs zur Oxydation des Fe^{2+}. In das offene System wurde soviel

[1]) insgesamt 2,5 *l* Flüssigkeit
[2]) insgesamt 1,0 *l* Flüssigkeit

Luft eingepreßt, daß während jeder Minute das Zehnfache der beanspruchten Menge Sauerstoff zugeliefert wurde.

Messung des pH. Gleichlaufend mit der Probenentnahme aus beiden Belüftungssystemen wurden pH-Messungen durchgeführt, wobei sich erwies, daß das pH während des Oxydationsprozesses sehr veränderlich ist, und zwar ist es niedriger am Ende des Prozesses als zu Beginn. Bei Anwendung eines pH-Graphen mit Glas- und Kalomelelektrode bewegte sich der Galvanometer-Zeiger mit großer Heftigkeit besonders zu Anfang der Reaktion, und das pH-Gramm wurde unleserlich. Nach einigen Minuten beruhigte sich das Galvanometer, jedoch der Zeiger ging zurück. Diese Hindernisse wurden bei pH-Messungen im destillierten Wasser, in das Luft eingeblasen wurde, nicht beobachtet, woraus gefolgert wurde, daß Ursache der Veränderlichkeit der pH-Werte die Oxydation der Fe-(II)-Verbindungen war, z. B. die Entstehung einer sehr feinen Haut von Eisenhydroxyd auf der Glaselektrode, Entstehung von Red-Ox. Potential auf den ausgefällten und oxydierten Hydroxydmolekülen usw. Diese Feststellung war interessant, sie war aber nicht Zweck der vorliegenden Arbeit.

In Anbetracht dessen wurde die pH-Messung nach einer Indikator-Methode — unter Anwendung des Universal-Indikators nach YAMADA (pH-Bereich 4—10,2) — durchgeführt.

Untersuchungsergebnisse

A) Geschlossenes System

Die Ergebnisse der Fe^{2+}-Bestimmungen in mit Luft durchgeschüttelter $FeSO_4$-Lösung unter Zugabe einer genau abgemessenen Menge von NaOH-Lösung sind in der Tabelle 1 aufgestellt.

In der 7. Spalte wurden die Mengen des innerhalb 20 Minuten oxydierten Eisens-(II), in der Spalte 8 die Differenz zwischen der berechneten und der analytisch festgestellten Menge angegeben. Es ist daraus zu ersehen, daß eine konstante Differenz (im Mittel 23,99 mg/l = 2,4% des in der Lösung enthaltenen Fe) vorkommt. Sie ließ sich sofort beim ersten NaOH-Zusatz erkennen und wuchs nicht mit Erhöhung der NaOH-Zusätze. Nur zum Schluß der Untersuchung, als das Verhältnis $FeSO_4$:NaOH sich der Zahl 1 näherte, war ein deutlicher Zuwachs des oxydierten Eisens wahrzunehmen. In der 9. Spalte wurden die wirklichen Zuwüchse des oxydierten Eisens(II) entsprechend der jeweiligen Zugabe von 80 mg NaOH aufgestellt. Es ist eine Regelmäßigkeit dieser Erscheinung sichtbar: außer 2 extremen Fällen sind die Differenzen sehr gering; der wahrscheinliche Fehler $f\,w = 1{,}25$ und $F_w = 0{,}36$.

Es ist zu bemerken, daß bei einem Verhältnis $FeSO_4$:NaOH = 1:1,01 die gesamte Menge des oxydierten Eisens sich nicht mehr änderte (vgl. Pkt. 18, Spalte 7), was nicht verwunderlich ist, da bei der vorherigen Zugabe von NaOH die Oxydation fast 100%ig war.

Der anfängliche praktisch konstante Überschuß an oxydiertem Eisen ist dem konstanten Zusatz von NaOH zwecks Neutralisierung der vorher zugesetzten H_2SO_4 zuzuschreiben.

Tabelle 1

Mengen des mit Luftsauerstoff im geschlossenen Belüftungssystem oxydierten Fe^{2+}

L	Menge NaOH mg	Äquivalenzverhältnis $FeSO_4$: NaOH	Entstandenes $Fe(OH)_2$ mg Fe/l *)	Menge des beim Oxydieren entstandenen Fe^{III} — mg Fe/l				Differenz zwischen der theor. Menge des gefällten Fe(II) und dem entstandenen Fe(III) (Spalte 7—3)	Zuwachs von Fe(III) je 80 mg NaOH (lt. Spalte 7)	f**)
				a_0	a_{01}	a_{20}	$a_0 + a_{01} + a_{20}$			
	1	2	3	4	5	6	7	8	9	10
1	80	1:0,06	55,84	30,72	—	58,64	89,36	+ 33,52	—	—
2	160	1:0,11	111,68	33,51	—	97,72	131,23	+ 19,55	(41,87)	—
3	240	1:0,17	167,52	36,30	19,55	134,00	189,85	+ 22,33	58,62	2,57
4	320	1:0,22	22,336	36,30	19,55	189,90	245,75	+ 22,39	55,90	0,15
5	400	1:0,28	279,20	33,51	19,55	248,50	301,56	+ 22,36	55,81	0,24
6	480	1:0,34	335,04	36,30	16,76	304,40	357,46	+ 22,42	55,90	0,15
7	560	1:0,39	390,88	47,46	27,93	340,70	416,09	+ 25,21	58,63	2,58
8	640	1:0,45	446,72	47,46	25,13	399,30	471,89	+ 25,17	55,80	0,25
9	720	1:0,50	502,56	41,89	19,55	463,50	524,94	+ 22,38	53,05	3,00
10	800	1:0,56	558,40	47,46	19,55	513,90	580,91	+ 22,51	55,97	0,08
11	880	1:0,61	614,24	39,09	30,72	569,70	639,51	25,27	58,60	2,55
12	960	1:0,67	670,08	36,30	30,72	631,10	698,12	28,04	58,61	2,56
13	1040	1:0,73	725,92	36,30	25,13	689,80	751,23	25,31	53,11	2,94
14	1120	1:0,78	781,76	25,13	30,72	748,40	804,25	22,49	53,02	3,03
15	1200	1:0,84	837,60	27,93	36,30	795,80	860.03	+ 22,43	55,78	0,27
16	1280	1:0,89	893,44	27,93	36,30	851,7	915,93	+ 22,49	55,90	0,15
17	1360	1:0,95	949,44	30,72	30,72	938,3	999,74	(+ 50,30)	(83,81)	
18	1440	1:1,01	(1005,12)	(36,30 (30,72)	(19,55) (36,30)	943,9) (932,6)	(999,75) (999,62)	(— 5,37)	(5,37)	
								23,99	56,05	

*) Menge des $Fe(OH)_2$ berechnet aus dem NaOH-Zusatz mit der Voraussetzung daß: $2\,OH^- + Fe^{2+} — Fe(OH)_2$.
**) Wahrscheinl. Fehler der Einzelmessung $w = 1,35$; wahrscheinl. Fehler des Mittelwertes $f\,w = 0,36$;
Endergebnis mit mittlerem Fehler $E\,m = 56,05 \pm 0,54$; Endergebnis mit wahrscheinl. Fehler $E\,w = 56,05 \pm 0,36$.

Tabelle 2

In Prozenten ausgedrückte Mengen von Fe, *das beim Belüften — im geschlossenen System — einer wässerigen Lösung von* $FeSO_4 + NaOH$ *in verschiedenen Äquivalenzverhältnissen oxydiert wurde*

Äquivalenzverhältnis $FeSO_4:NaOH$	Belüftungszeit in Minuten													
	a_0	a_0	a_1	a_2	a_3	a_4	a_5	a_6	a_7	a_8	a_9	a_{10}	a_{15}	a_{20}
1:0,00	0	0	0	0	0	0	0	0	0	0	0	0	0	0
1:0,06	0	—	6,0	6,0	6,0	6,0	6,0	6,0	6,0	6,0	6,0	6,0	6,0	6,0
1:0,11	0	—	6,5	9,1	10,0	10,0	10,0	10,0	10,0	10,0	10,0	10,0	10,0	10,0
1:0,17	0	2,0	8,3	11,1	14,0	15,7	15,7	15,7	15,7	15,7	15,7	15,7	15,7	15,7
1:0,22	0	2,0	8,8	12,8	15,7	18,5	21,4	21,4	21,4	21,4	21,4	21,4	21,4	21,4
1:0,28	0	2,0	9,7	15,3	18,8	23,0	26,7	27,3	27,3	27,3	27,3	27,3	27,3	27,3
1:0,34	0	1,7	11,1	15,1	19,7	24,2	28,8	32,8	32,8	32,8	32,8	32,8	32,8	32,8
1:0,39	0	2,9	12,1	15,9	20,2	24,5	29,1	33,7	37,5	38,1	38,1	38,1	38,1	38,1
1:0,45	0	2,6	11,2	16,1	21,0	25,9	30,6	34,9	39,5	43,2	43,8	43,8	43,8	43,8
1:0,50	0	2,0	10,6	15,8	19,8	24,6	29,5	34,4	38,4	42,4	47,3	49,6	49,6	49,6
1:0,56	0	2,0	11,5	16,1	20,8	24,9	29,2	33,8	38,1	43,0	47,9	52,4	54,7	54,7
1:0,61	0	3,1	12,9	19,1	22,6	27,7	33,1	38,3	43,7	47,4	52,6	57,1	61,4	61,4
1:0,67	0	3,1	15,4	21,4	26,8	32,2	36,8	40,5	46,2	50,7	55,6	61,0	67,5	67,5
1:0,73	0	2,6	13,4	20,5	25,9	31,1	35,9	40,7	45,6	50,4	55,0	60,1	72,9	72,9
1:0,78	0	3,1	10,0	16,1	20,6	25,4	30,1	35,2	40,3	45,1	50,1	55,2	78,6	78,6
1:0,84	0	3,7	11,0	16,7	22,9	28,0	33,9	39,6	45,5	50,3	56,8	61,9	84,2	84,2
1:0,89	0	3,7	12,1	17,2	22,6	29,7	34,2	39,6	45,2	50,6	56,2	61,6	87,3	89,8
1:0,95	0	3,1	12,2	17,8	23,8	30,0	34,6	40,8	47,3	53,6	58,1	64,0	91,8	98,3
1:1,01	0	2,0	12,3	20,8	25,4	29,9	34,8	42,5	48,2	55,3	60,4	66,7	94,0	98,3
1:1,06	0	3,7	11,3	17,3	23,5	28,9	34,3	40,2	45,6	51,0	57,2	63,2	93,2	98,3
1:1,12	0	2,8	12,4	18,0	23,4	28,5	34,7	38,9	45,4	51,8	59,8	65,4	93,8	98,3

In der Tabelle 2 wurden die Ergebnisse der Oxydation von Fe (II) innerhalb von 20 Minuten aufgestellt. Eine stärkere Linie kennzeichnet die maximalen Werte des NaOH-Zusatzes. Die Linie hat zwischen einem Zusatz von 0 und einem dem Verhältnis 1:0,50 entsprechenden Zusatz einen ziemlich regelmäßigen Verlauf. Von diesem Punkte an knickt diese Linie, was auf eine vollständige Oxydation der Hydrolysenprodukte des $FeSO_4$ nach 15 Minuten hinweist.

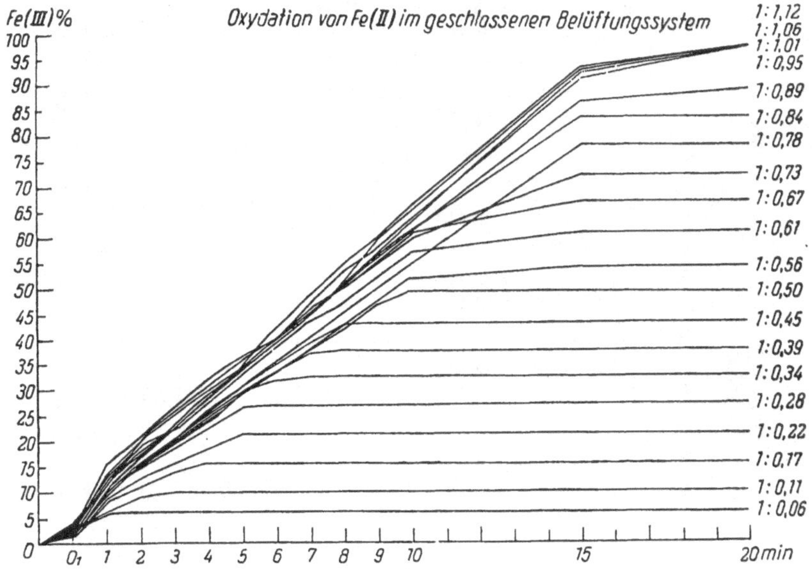

Abb. 2: Oxydation von Fe(II) im geschlossenen Belüftungssystem

In Abbildung 2 sind die Beziehungen der Menge des entstandenen Fe(III) zur Belüftungszeit bei verschiedenen NaOH-Zusätzen graphisch dargestellt. Das Bild ist eindeutig: nur ein dem NaOH-Zusatz proportionaler Teil des Fe(II) wird oxydiert, wobei im Falle größerer Zusätze die Oxydationszeit länger ist aber praktisch 20 Minuten nicht überschreitet und wo man eine Ergiebigkeit von 98,3% Fe(III) erlangte.

Oxydieren im offenen System

Einen ähnlichen Verlauf des Oxydationsprozesses von Fe(II) erhielt man im offenen Belüftungssystem. Jedoch war die Reaktionsgeschwindigkeit größer (siehe Tabelle 3). Dies ist zweifellos die Folge der Belüftungsmethode und der Menge des zugeführten Sauerstoffs. In beiden Belüftungssystemen war in der ersten Minute ein 10facher Überschuß an Luft (Sauerstoff) vorhanden. Im offenen Belüftungssystem wurde jede Minute ein 10facher Überschuß an Luft eingeführt, während im geschlossenen System praktisch dieselbe Luftmenge von Anfang bis zum Schluß des Oxydationsprozesses verblieb. Das Mischen der Lösung bzw. der mit Luft reagierenden Mischung verlief ausgesprochen verschieden: im geschlossenen System wurde die Berührungsfläche zwischen Wasser und Luft durch Bewegung des Behälters (Flasche) vergrößert, im offenen Belüftungssystem wurde die

Tabelle 3

In Prozenten ausgedrückte Mengen von Fe, *welches beim Belüften im offenen Belüftungssystem einer wässerigen Lösung von* $FeSO_4$ + NaOH *in verschiedenen Äquivalenzverhältnissen oxydiert wurde*

Lp.	Äquivalenz-verhältnis $FeSO_4$:NaOH	Belüftungszeit in Minuten												
		a_0	a_1	a_2	a_3	a_4	a_5	a_6	a_7	a_8	a_9	a_{10}	a_{15}	a_{20}
1	1:0,00	0	0	0	0	0	0	0	0	0	0	0	0	0
2	1:0,06	0	1,1	1,1	1.1	1,1	1,1	1,1	1,1	1.1	1,1	1,1	1,1	1,1
3	1:0,11	0	5,9	6,5	6,5	6,5	6,5	6,5	6,5	6,5	6,5	6,5	6,5	6,5
4	1:0,17	0	10,2	10,8	10,8	10,8	10,8	10,8	10,8	10,8	10,8	10,8	10,8	10,8
5	1:0,22	0	13,1	17,1	17,4	17,4	17,4	17,4	17,4	17,4	17,4	17,4	17,4	17,4
6	1:0,28	0	15,8	24,2	24,5	24,5	24,5	24,5	24,5	24,5	24,5	24,5	24,5	24,5
7	1:0,34	0	18,7	31,4	32,0	32,0	32,0	32,0	32,0	32,0	32,0	32,0	32,0	32,0
8	1:0,39	0	16,4	30,7	39,2	39,8	39.8	39,8	39,8	39,8	39,8	39,8	39,8	39,8
9	1:0,45	0	15,1	27,8	37,2	46,0	46,0	46,0	46,0	46,0	46,0	46,0	46,0	46,0
10	1:0,50	0	20,1	40,9	46.1	52,2	52,2	52,2	52,2	52,2	52,2	52,2	52,2	52,2
11	1:0,56	0	21,1	38,1	54,2	58,2	58,2	58,2	58,2	58,2	58,2	58,2	58,2	58,2
12	1:0,61	0	26,2	46,4	61,0	66,5	66,5	66,5	66,5	66,5	66,5	66,5	66,5	66,5
13	1:0,67	0	25,5	44,8	61,7	70,9	71,5	71,5	71,5	71,5	71,5	71,5	71,5	71,5
14	1:0,73	0	23,8	44,8	65,5	76,6	77,2	77,2	77,2	77,2	77,2	77,2	77,2	77,2
15	1:0,78	0	23,6	47,7	72,8	83,1	83,7	83,7	83,7	83,7	83,7	83,7	83,7	83,75
16	1:0,84	0	30,0	55,9	82,4	89,9	90,5	90,5	90,5	90,5	90,5	90,5	90,5	90,0
17	1:0,89	0	24,7	50,0	76,3	92,9	94,1	95,0	95,0	95,0	95,0	95,0	95,0	95,0
18	1:0,95	0	22,8	95,5	71,6	95,9	97,6	98,4	98,4	98,4	98,4	98,4	98,4	98,4
19	1:1,01	0	24,5	51,0	76,4	96,6	98,4	98,4	98,4	98,4	98,4	98,4	98,4	98,4
20	1:1,06	0	22,6	49,2	69,2	96,8	98,4	98,4	98,4	98,4	98,4	98,4	98,4	98,4
21	1:1,12	0	20,0	41,2	80,0	96,4	98,0	98,0	98,0	98,0	98,0	98,0	98,0	98,0

Luft in Form kleiner Bläschen eingeführt, wodurch der Behälterinhalt intensiv gemischt wurde; deshalb dauerte die Oxydation des Fe(II) viel kürzere Zeit. Dies läßt sich beim Vergleich der graphischen Darstellungen in den Abbildungen 2 und und 3 deutlich erkennen: die Oxydation der ganzen Menge des zu oxydierenden Fe(II) war in den gegebenen Verhältnissen für das Fe(II) im geschlossenen System in 5—15 Minuten, im offenen System schon nach 2—4 Minuten vollbracht.

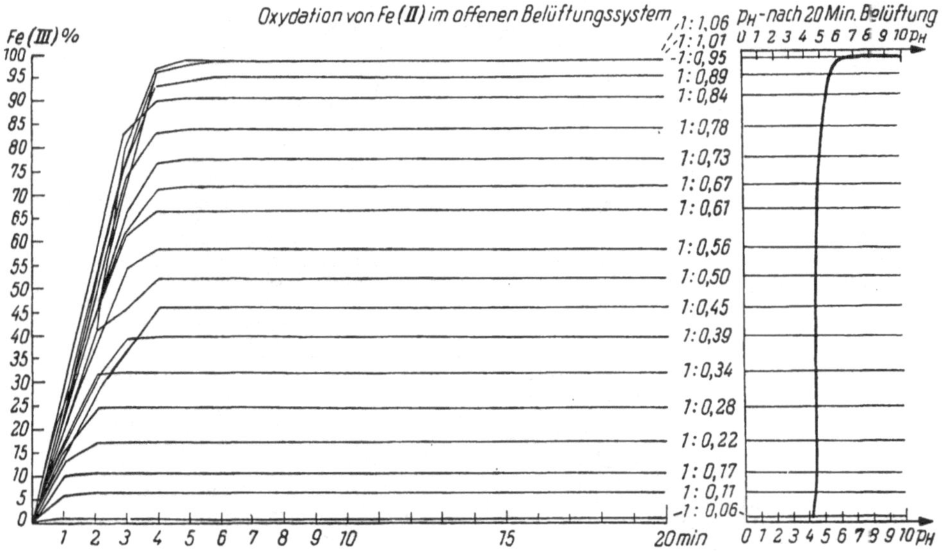

Abb. 3: Oxydation von Fe(II) im offenen Belüftungssystem

Tabelle 4

In Prozenten ausgedrückte Mengen von Fe(III), *welches während des Oxydierens von* $FeSO_4$ + NaOH *im Äquivalenzverhältnis I: 0,45 entstand*

Es wurde im Luftstrom oxydiert, wobei der Luftüberschuß bei
Probe *a* 10fach (unter Mischen),
Probe *b* 5fach (unter Mischen),
Probe *c* 5fach (ohne Mischen) war.

Belüftungszeit in Minuten	Probe *a*	Probe *b*	Probe *c*
0	0,0	0,0	0,0
1	9,35	9,8	6,9
2	19,0	18,9	12,5
3	28,6	26,6	18,4
4	38,0	33,7	24,2
5	45,5	41,0	29,4
6	45,5	45,0	35,0
7	45,5	45,5	41,7
8	45,8	45,5	44,3
9	45,8	45,5	45,0
10	45,8	45,5	45,2
15	45,8	45,5	45,5
20	45,8	45,5	45,5

Tabelle 5

Änderungen der pH-*Werte während des Oxydierens im Luftstrom von* $FeSO_4$ + NaOH *in verschiedenen Äquivalenz-Verhältnissen.*
Äquivalenz-Verhältnis $FeSO_4$

	1: 0,06	1: 0,11	1: 0,17	1: 0,22	1: 0,28	1: 0,34	1: 0,39	1: 0,45	1: 0,50	1: 0,56	1: 0,61	1: 0,67	1: 0,73	1: 0,78	1: 0,84	1: 0,89	1: 0,95	1: 1,01	1: 1,06	1: 1,12
a_0	5,0	5,5	5,6	5,8	5,9	6,0	6,0	6,2	6,2	6,4	6,6	6,6	6,7	6,8	6,9	7,0	7,2	9,9	9,9	10,0
a_{01}	5,4	5,6	5,8	6,2	6,0	6,2	6,4	6,4	6,6	6,8	6,8	6,8	7,0	7 0	7,0	7,2	7,6	10,0	10,0	10,0
a_1	5,6	5,8	6,0	6,4	6,4	6,6	6,8	6,8	6,8	6,9	7,2	7,2	7,4	7,4	7,6	7,8	8,0	10,2	10,2	10,0
a_2	4,8	5,4	5,8	5,8	5,9	5,8	5,6	5,8	6,6	6,9	7,0	7,2	7,2	7,4	7,4	7,4	7,4	8,8	10,2	10,0
a_3	4,6	4,8	5,0	5,4	5,0	5,0	5,4	5,6	5,6	5,7	5,8	5,9	5,9	5,9	5,9	6,0	7,1	7,2	10,0	10,2
a_4	4,4	4,6	4,6	4,8	5,0	4,6	5,0	5,4	5,4	5,4	5,4	5,4	5,4	5,6	5,6	5,8	6,9	7,2	9,6	10,2
a_5	4,4	4,4	4,6	4,6	4,6	4,6	5,0	5,2	5,4	5,2	5,4	5,4	5,4	5,6	5,6	5,8	6,8	7,2	9,4	10,2
a_6	4,2	4,4	4,6	4,6	4,6	4,6	5,0	5,2	5,4	5,2	5,4	5,4	5,2	5,4	5,6	5,8	6,8	7,2	9,4	10,1
a_7	4,2	4,4	4,6	4,6	4,6	4,6	5,0	4,8	5,4	5,2	5,4	5,4	5,2	5,4	5,6	5,8	6,4	7,1	9,2	10,0
a_8	4,2	4,4	4,6	4,6	4,5	4,6	4,6	4,8	4,8	5,2	5,2	5,4	5,2	5,4	5,6	5,8	6,4	7,1	9,2	10,0
a_9	4,2	4,4	4,4	4,4	4,5	4,6	4,6	4,6	4,8	5,2	5,2	4,9	5,0	5,2	5,4	5,6	6,2	7,1	8,8	10,0
a_{10}	4,2	4,4	4,4	4,4	4,5	4,6	4,6	4,6	4,6	4,8	4,9	4,7	4,8	5,0	5,4	5,5	6,2	7,1	8,8	9,9
a_{15}	4,2	4,4	4,4	4,4	4,5	4,6	4,6	4,6	4,6	4,6	4,7	4,7	4,8	5,0	5,4	5,5	6,0	7,0	7,2	9,9
a_{20}	4,2	4,4	4,4	4,4	4,5	4,6	4,6	4,6	4,6	4,6	4,7	4,7	4,8	5,0	5,4	5,5	6,0	7,0	7,2	9,9
a_{24}h	3,8	3,8	3,8	4,2	4,2	4,2	4,2	4,2	4,4	4,4	4,6	4,6	4,6	5,0	5,0	5,0	5,0	7,0	7,2	9,9

Um den Einfluß der Luftmenge und der Art des Mischens besser zu erfassen, wurden die in der Tabelle 4 aufgestellten Messungen durchgeführt. Aus der Tabelle ist zu ersehen, daß nach 15 Minuten die Menge des aus Fe(II) durch Oxydation entstandenen Fe(III) in allen Proben dieselbe ist, doch der Oxydationsverlauf war bei jedem der 3 durchgeführten Versuchen verschieden. In der Reihe *a* betrug die Zeit einer vollständigen Oxydation 5 Minuten, in der Reihe *b* 7 Minuten und in der Reihe *c* 15 Minuten.

Änderung der pH-Werte

Wie schon vorher erwähnt wurde, war die pH-Messung mittels Glas- und Kalomelelektrode sehr erschwert. Man bediente sich deshalb bei den Untersuchungen einer kolorimetrischen Methode. Die Messungsergebnisse sind in der Tabelle 5 aufgestellt.

Zu Anfang stieg der pH-Wert der gemessenen Flüssigkeit und erreichte sein Maximum nach 1—2 Minuten, dann fiel er ziemlich rasch während 3—4 Minuten, um schließlich langsam stabil zu werden, was durchschnittlich nach 5—8 Minuten erfolgte. Dies läßt sich sehr gut aus der graphischen Darstellung (siehe Abbil-

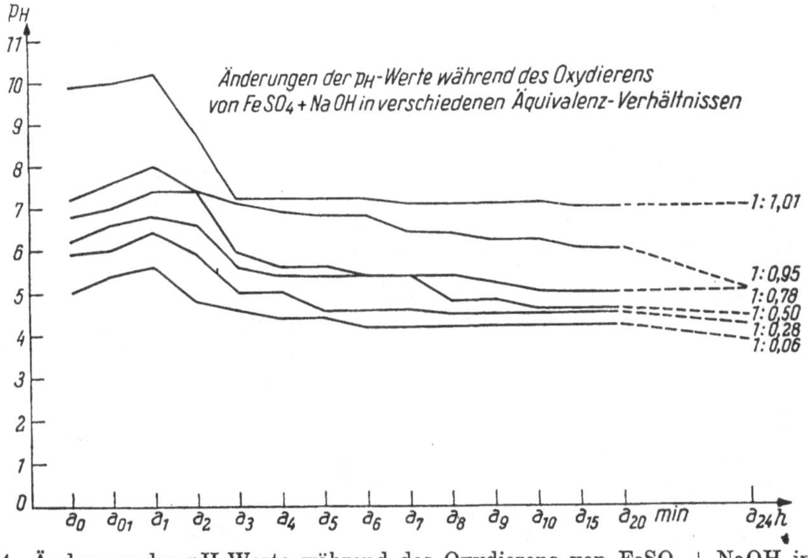

Abb. 4: Änderung der pH-Werte während des Oxydierens von $FeSO_4 + NaOH$ in verschiedenen Äquivalenzverhältnissen

dung 4) ablesen. Eine ergänzende pH-Messung nach 24 Stunden zeigte auch gewisse Differenzen, die aber in demselben Maße fielen, als der Anfangs-pH-Wert höher wurde.

Besprechung der Untersuchungsergebnisse

Der Verlauf der Oxydationsreaktion von Fe(II) in Form von $FeSO_4$ ist demnach von mehreren Faktoren abhängig.

Der wichtigste (neben Sauerstoff) ist zweifellos der NaOH-Zusatz, welcher das Entstehen von basischem Eisensulfat und Eisenhydroxyd bedingt. Die Menge des oxydierten Eisens ist genau proportional dem NaOH-Zusatz. Es kommt hier also eine topochemische Oxydation zustande, jedoch nicht Fe(II)-Ionen werden, wie W. FEITKNECHT angegeben hat, oxydiert, sondern Fe(II)-Hydroxydmoleküle.

Der zweite Faktor ist die Art der Sauerstoffzufuhr, genauer die Größe der Berührungsfläche zwischen Sauerstoff und Lösung, die sich in Übereinstimmung befindet mit der Beobachtung von S. MIYAMOTO [2, 15], welcher die Lösungsgeschwindigkeit von Sauerstoff in Wasser für einen die Oxydationsgeschwindigkeit von Fe(II)-Verbindungen beschränkenden Faktor hielt. Also weniger ein Sauerstoffüberschuß als die Lösungsgeschwindigkeit von Sauerstoff in Wasser können das Entstehen von Fe(III) (siehe Tabelle 4) beschleunigen.

Die während der Belüftungszeit beobachtete Erhöhung des pH-Wertes um 0,5 bis 0,8 bedarf einer besonderen Erklärung [19].

Es ist klar, daß infolge von NaOH-Zusatz zur $FeSO_4$-Lösung ihr pH-Wert höher wird, womit tatsächlich das Experiment in Übereinstimmung ist. In der gleichzeitig verlaufenden Oxydationsreaktion entsteht als Endprodukt Ferrihydroxyd, dessen basische Eigenschaften viel schwächer sind als die des $Fe(OH)_2$. Damit läßt sich das allmähliche Steigen des Säuregrades bzw. das Fallen der pH-Werte während der Reaktion erklären.

Literatur

[1] D'ANS, J.und E. LAX: Taschenbuch für Chemiker u. Physiker. J. Springer-Verlag, Berlin/Göttingen/Heidelberg, 1949, S. 934

[2] FEITKNECHT, W.: Ztschr. Elektrochem. Ber. Bunsenges. physik. chem. **63** (1959), 34

[3] FEITKNECHT, W. und G. KELLER: Ztschr. anorg. chem. **262** (1951), 61

[4] GLEMSER, O. und E. GWINNER: Ztschr. anorg. chem. **240** (1939), 163

[5] HÄGG, G.: Ztschr. phys. chem. Abt. B **29** (1935), 95

[6] HOLLUTA, J.: Vom Wasser **19** (1952), 259

[7] HOLLUTA, J.: Vom Wasser **24** (1957), 79

[8] KRATKY, O. und H. NOWOTNY: Ztschr. Kristallogr. Mineralog. Abt. **100** (1938), 356

[9] KRAUSE, A. u. Mitarbeiter: Berichte der Chemischen Gesellschaft der DDR in Ztschr. anorg. allg. Chemie, Ztschr. phys. Chemie

[10] KRAUSE, A.: Ztschr. Elektrochem. **64** (1960), 327

[11] KRAUSE, A. u. Mitarbeiter: Ztschr. anorg. allg. Chemie **216** (1934), 377; **219** (1934), 203

[12] KRAUSE, A. u. J. LEŻUCHOWSKA: Roczniki Chemii **32** (1958), 29

[13] KRAUSE, A.: Ztschr. anorg. allg. Chemie **148** (1925), 265

[14] KRAUSE, A. und Z. ERNST: Ber. dtsch. chem. Ges. **69** (1936), 656

[15] KRAUSE, A. und A. BORKOWSKA: Roczniki Chemii **29** (1955) 999,

[16] KRAUSE, A. und Mitarbeiter: Ztschr. anorg. allg. Chemie **234** (1937), 51

[17] KRAUSE, A. und A. LEWANDOWSKA: Bull. Soc. des amis, Scient. Lettres de Poznań Ser. B **13** (1956), 125

[18] KRAUSE, A. und H. TORNO: Ztschr. anorg. allg. Chemie **211** (1933), 98

[19] KRAUSE, A., S. KOŁACZKOWSKI u. B. ŻURAWSKI: „pH-Änderungen während der Oxydation von gefälltem $Fe(OH)_2$ mit Luftsauerstoff". Ztschr. für anorg. allg. Chemie, im Druck

[20] Poradnik Fizyko-chemiczny WNT Warszawa, 1962, S. 589

[21] SOSMAN, R. B. und E. POSNJAK: J. Washington Acad. Sc. **15** (1925), 331

[22] VERVEY, E. J. W.: Ztschr. Kristallogr. Mineralog. Abt. A **100** (1938), 356

[23] WEISER, H. B. und W. O. MILLIGAN: J. Amer. chem. Soc. **57** (1930), 238

M. Antonič
Forschungsanstalt für Wasserwirtschaft, Bratislava

Abhängigkeiten und Prognose von chemischen Veränderungen in Oberflächengewässern

Zusammenfassung: Die Hydrochemie, einst eine Hilfswissenschaft für verschiedene Wissenschaftszweige, hat in den letzten Jahren solche Erfolge erzielt und solche Verbreitung gefunden, daß sie in der Reihe der Wissenschaftszweige eine selbständige Stellung eingenommen hat und wir mit Berechtigung sie als wissenschaftliche Disziplin betrachten können. Sie umschließt verschiedene Zweige und verschiedene Arten der angewandten Hydrochemie. Eine von diesen ist die Hydrochemie der Oberflächengewässer, die wir noch einteilen können in die Hydrochemie der fließenden Gewässer (Flüsse) und in die Hydrochemie der stehenden Gewässer (Seen, Talsperren).

Der Gegenstand unserer Abhandlung soll die Hydrochemie der fließenden Gewässer sein. Auf Grund unserer bisherigen, etwa zehnjährigen Beobachtungen sind wir zur Auswertung der chemischen Untersuchungsergebnisse, zur Ableitung von Abhängigkeiten und deren Verallgemeinerung gekommen. Unsere Arbeiten stützen sich in erster Reihe auf die chemischen Untersuchungen von Flüssen aus dem Flysch und jungtertiärem Eruptivgestein; für einige Schlußfolgerungen haben wir weiteres Material, das bei Untersuchungen von slowakischen Flüssen gewonnen wurde, herangezogen.

Die Untersuchungsergebnisse deuten darauf hin, daß die chemische Zusammensetzung des Flußwassers und seine Veränderungen keine Zufallserscheinungen sind, sondern durch gewisse Gesetze geregelt werden, welche verhältnismäßig genau ausgedrückt werden können. Im allgemeinen können wir feststellen, daß die chemische Zusammensetzung des Flußwassers ein Ergebnis künstlicher und natürlicher Umgebungseinflüsse ist. Bei der Beurteilung der Eigenschaften des Wassers muß man diese zwei Faktorengruppen unterscheiden.

Zu den natürlichen Faktoren, welche einen dominanten Einfluß auf die Zusammensetzung des Wassers und auf die Bildungsprozesse ausüben, gehören geologische, beziehungsweise hydrogeologische Verhältnisse, Boden- und Bewuchsverhältnisse, klimatische, hydrologische, morphologische Verhältnisse.

Unserer Meinung nach ist der erste der erwähnten Faktoren für die Grundeigenschaften der Zusammensetzung des Wassers ausschlaggebend.

Die Veränderungen der Grundeigenschaften des Wassers werden wiederum im wesentlichen durch die hydrologischen Verhältnisse des Flusses — Abflußmenge Q — verursacht, die ihrerseits unter dem starken Einfluß der Niederschlagsverhältnisse stehen.

Tabelle 1

Chemische Zusammensetzung der Oberflächengewässer in Beziehung zur Geologie

Geologische Formation	Name des Flusses mit zugehöriger Entnahmestelle	Chemische Zusammensetzung des Wassers in mg/l										Bemerkungen
		Trockenrückstand	Gesamthärte in °dH	HCO_3'	SO_4''	Cl'	Ca··	Mg	Na·	K·	SiO_2	
Kristallinikum	Čierny Hron oberhalb	70,0	1,7	29,3	18,0	4,1	9,0	2,8	2,1	3,5	6,0	reiner Typus
mit Quarzit	Hronec, Rimavica	60,0	0,6	21,4	11,0	4,0	12,0	1,7	2,7	3,6	3,5	
Granitmassiv und quartäre	Poprad oberhalb Svit	60,0	1,3	40,3	4,1	3,3	16,4	1,1	6,2	3,4	—	reiner Typus
Terassen	Pribilina in Pribilina	60,0	2,0	48,8	9,8	1,3	11,8	1,2	2,0	2,2	4,0	reiner Typus
Jungtertiäre	Okna in Remetské	73,0	1,8	31,0	11,4	3,7	9,5	2,2	3,2	3,2	10,5	reiner Typus
Eruptivgesteine	Hamre Rika unterhalb Kamienka	77,0	1,5	37,0	8,5	3,8	8,4	2,3	3,7	4,4	15,2	reiner Typus
Triaskalksteine und Dolomite und oberer Trias bis untere Kreide	Revúca in Lipt. Osada I.	215,0	10,0	164,7	35,0	2,0	43,0	12,0	—	—	9,0	I. Von rechts wird das Wasser aus dem Gebiet von Granitmassiven abgeführt, führt auch das Wasser eines Teiles der Granitmassive ab.
	Nitrica in Bielice II.	414,0	12,2	225,7	7,8	25,3	5,4	—	—	—	—	II. Wie I. und des Kristallinikums
	Lupčiansky potok III.	230,6	9,3	219,6	65,0	4,1	70,0	19,0	1,9	1,8	—	III. Wie II.
Flysch mit häufigen Sandsteinen und Konglomeraten	Laborec in Koškovce	233,0	9,7	184,0	35,6	5,8	51,0	8,7	6,5	3,7	8,2	reiner Typus
	Topl'a in Hanušovce	263,0	11,0	238,0	32,6	6,9	59,0	13,6	8,3	4,2	7,2	reiner Typus
Alluvium	Malina in Jakubov	359,0	11,0	201,3	42,0	11,9	60,0	11,0	9,6	4,0	18,0	reiner Typus
Klippen	Sobranecký potok in Podhorod	279,0	10,7	246,0	18,3	3,9	54,1	13,5	4,0	3,8	14,1	reiner Typus
Werfener Schichten und Trias, Kalksteine und Dolomite	Vernár	484,0	16,2	263,5	110,9	2,5	—	—	—	—	—	gemischter Typus

Wir wollen nun an einigen konkreten Beispielen zeigen, wie die chemische Zusammensetzung des Flußwassers mit den geologischen Verhältnissen zusammenhängt. Aus Tabelle 1 geht hervor, daß die am wenigsten mineralisierten Gewässer aus dem Kristallinikum, aus Granitmassiven und aus jungtertiären Eruptivgesteinen kommen, die Gewässer mit der höchsten Mineralisation kommen aus dem Flysch, aus den Klippen und dem Alluvium.

Die höchste Mineralisation haben Gewässer aus dem Gebiet der Triaskalksteine, der Dolomite, des oberen Trias bis unteren Kreide und aus Werfener Schichten.

Der Einfluß des geologischen Untergrundes macht sich nicht nur im Gesamtgehalt an mineralischen Stoffen, sondern auch im Verhältnis der einzelnen überwiegenden Ionen bemerkbar.

In allen Fällen überwiegen bei den Anionen Hydrogenkarbonate, bei den Kationen Kalzium; ihr Verhältnis ist jedoch sehr verschieden, nicht nur im Rahmen des echten Hydrogenkarbonat-Kalzium-Gewässertyps mit einem Verhältniskoeffizient der überwiegenden Ionen über 1,9 ($\geqq 1{,}9$) sondern die Gewässer gehen in den Hydrogenkarbonat-Sulfat-Kalzium-Übergangstypus mit einem Koeffizient unter 1,9 über. Die Gewässer werden nach dem System von Filatov bewertet. Aus den Angaben geht also hervor, daß die chemische Zusammensetzung eng mit dem Muttergestein verbunden ist. Aus unseren Beobachtungen und Unterlagen ist nicht zu erkennen, daß die Boden- und Bewuchsverhältnisse einen ausschlaggebenden Einfluß auf die Grundeigenschaften des Wassers hätten, obwohl sie diese selbstverständlich in gewissem Maße beeinflussen. Es muß zugefügt werden, daß sich im Längsprofil des Flusses grundlegend verschiedene Bodentypen und Bewuchsverhältnisse abwechseln, daß aber die Veränderungen in der Zusammensetzung des Wassers praktisch nicht bemerkbar sind.

Die Veränderung der aus dem Flysch und aus jungtertiären Eruptivgesteinen stammenden Gewässer haben wir mathematisch und statistisch ausgewertet, wobei wir zu folgenden Erkenntnissen kamen: Die Veränderungen der Wasserführung weisen eine kurvenartige, hyperbolische Abhängigkeit aus (siehe Abbildung 1, 2). Auf den erwähnten Abbildungen sehen wir einesteils den Verlauf der Kurve, andererseits die Streuung der Punkte um diese. Für die Veränderungen der Gesamtmineralisation des Wassers ($\Sigma_i = y$) in Abhängigkeit von der Wasserführung des Flusses Laborec im Profil Michalovce (Flyschgebiet) gilt die Beziehung:

$$Y_{(\Sigma i)} = 358{,}3 \cdot X_{(Q)}^{-0{,}1394}$$

in dem Bereich $X_{(Q)}$ 0,96 m³/s $< X_{(Q)} <$ 181 m³/s.

Für die Veränderung des Hydrogenkarbonatgehaltes gilt folgende Beziehung:

$$Y_{(\mathrm{HCO}_3')} = 215{,}8 \cdot X_{(Q)}^{-0{,}1348} .$$

Die übrigen Komponenten haben wir wegen Zeitmangel nicht ausgewertet, wir setzen jedoch voraus, daß die Regressionskurven ähnlich wie bei den Hydrogenkarbonaten und bei der Gesamtmineralisation sein werden, da zwischen ihnen ebenfalls eine lineare Abhängigkeit besteht.

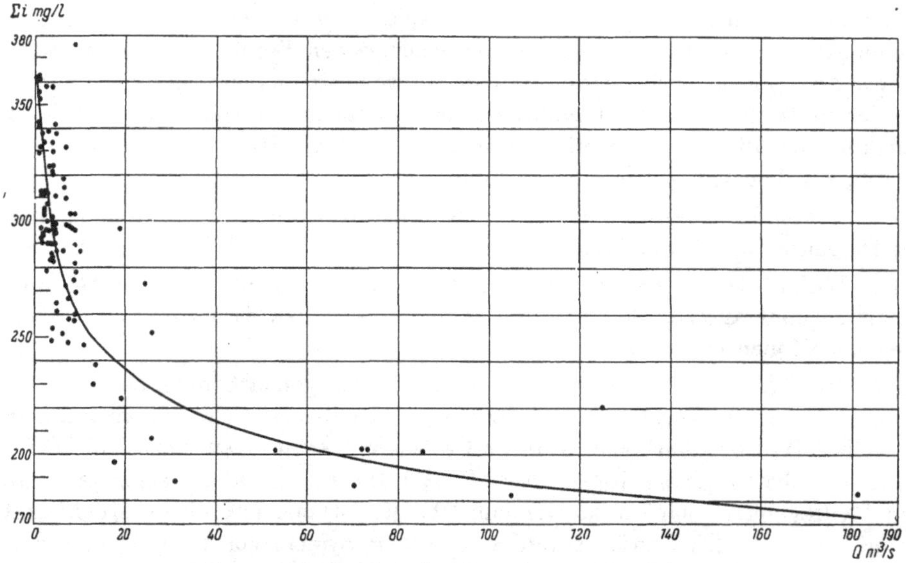

Abb. 1: Abhängigkeit der Veränderung von Σi von Q

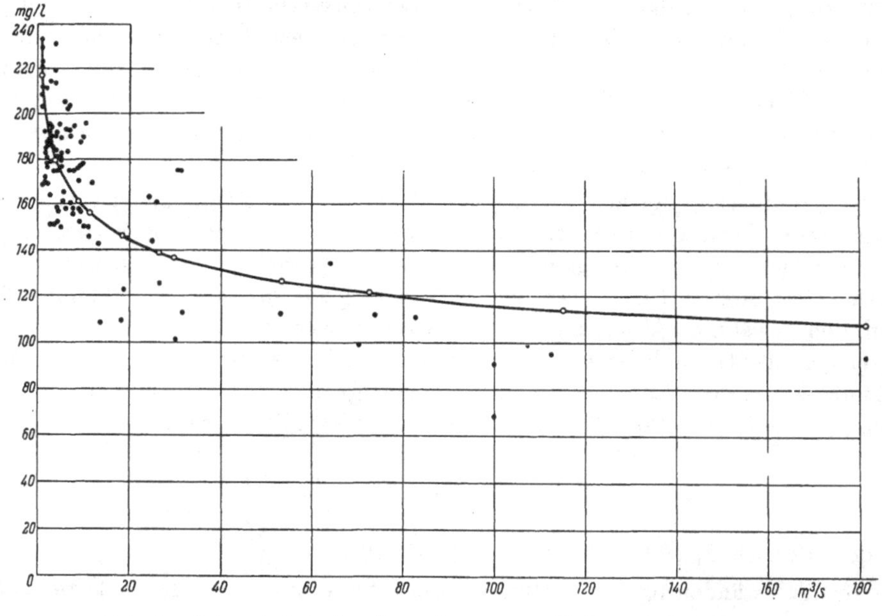

Abb. 2: Abhängigkeit der Veränderung von HCO_3 von Q (m^3/sec)

Für die Charakteristik der Beziehungen der gegenseitigen Veränderungen ist es wichtig, den Abhängigkeitsgrad (Korrelationskoeffizient) anzuführen:

$$r_{xy} = \frac{\sum (\log x_i - \overline{\log} x) \cdot (\log y_i - \overline{\log} y)}{\sqrt{\sum (\log x_i - \overline{\log} x)^2 \cdot \sum (\log y_i - \overline{\log} y)^2}}$$

wobei:

x_i — Wasserführung bei einzelnen Untersuchungen,

y_i — Gesamtmineralisation bei einzelnen Untersuchungen darstellt.

Der Korrelationskoeffizient ist sehr gut, und zwar wie für die Veränderungen von Σ_i in Abhängigkeit von Q so auch für die Veränderungen von HCO_3' in Abhängigkeit von Q.

Für die Veränderungen von Σ_i in Abhängigkeit von Q ist $r_{(Q,\, \Sigma_i)} = -0{,}84$, und für HCO_3' in Abhängigkeit von Q ist $r_{(Q,\, HCO_3')} = -0{,}82$.

Die wahrscheinlichen Fehler der Korrelationskoeffizienten, berechnet nach der Formel $E = 0{,}6745 \cdot \frac{l - r_{xy}^2}{\sqrt{n - l}}$ sind sehr gering und betragen für $r_{(Q,\, \Sigma_i)} = -0{,}019$ und für $r_{(Q,\, HCO_3')} = -0{,}020$. Da das Vierfache $4\,E \leqq r_{(x,\, y)}$ ist, betrachten wir Korrelationskoeffizienten als genügend.

In ähnlicher Weise haben wir die Regressionskurven und Abhängigkeitsstufen bei dem Fluß Rika (aus jungtertiären Eruptivgesteinen stammend) berechnet.

Für die Veränderung der Gesamtmineralisation (Σ_i) in Abhängigkeit von Q gilt bei der Rika folgende Beziehung:

$$y_{(\Sigma_i)} = 81{,}5 \cdot X_{(Q)}^{-0{,}1868}$$

im Bereich $X_{(Q)}$ $0{,}2 < X_{(Q)} < 5{,}0$ m³/sec.

Der Korrelationskoeffizient ist in diesem Falle bedeutend geringer $r_{xy} = -0{,}55$.

Der wahrscheinliche Fehler des Korrelationskoeffizienten beträgt bei

$$E = 0{,}033 \qquad \text{und} \qquad 4\,E = 0{,}132\,.$$

Die schlechtere Abhängigkeit ist dadurch verursacht, daß in der Zusammensetzung des Wassers in der Zeit nach dem Abgang der Schneeschmelzwässer (im Frühjahr und nach längerdauernden erhöhten Wasserständen), zu der die Mineralisation infolge der Auslaugung des Bodens geringer ist, und in der Zeit länger andauernder niederer Wasserstände und am Anfang der Erhöhung der Wasserführung verhältnismäßig große Unterschiede bestehen. Diese charakteristischen Veränderungen verringern bei einer gemeinsamen Bearbeitung die Abhängigkeitsstufe. Eine ähnliche Erscheinung beobachten wir auch an der Donau, hier ist jedoch die Ursache dieser Veränderungen der Zusammensetzung eine andere. Bei der Rika handelt es sich um ein kleines, mit Wald bestandenes, wenig kultiviertes Einzugsgebiet, die Bodenprozesse sind schwach, und so kann eine längere Einwirkung von Niederschlägen qualitative Veränderungen hervorrufen. An anderen Flüssen mit größeren Einzugsgebieten und größeren kultivierten Flächen haben wir solche Unterschiede nicht beobachtet.

An der Donau haben wir auch eine ähnliche Erscheinung von verschiedenen Mineralisationen festgestellt, seine Ursache ist jedoch eine andere und hängt mit den Wasserspendern der Donau- mit den Inlandgewässern und den Gletscher- und Schneeschmelzwässern in den Alpen zusammen.

Aus dem Angeführten geht klar hervor, daß zwischen der Veränderung der Wasserführung und der Zusammensetzung des Wassers im allgemeinen sehr gute Abhängigkeiten bestehen. Um diese Erkenntnisse zur Geltung gelangen zu lassen, wollen wir noch die Beziehungen ergänzen, welche für die Abhängigkeit der Veränderungen einzelner Komponenten von der Gesamtmineralisation gelten.

Bei einer graphischen Bearbeitung der Ergebnisse sehen wir bereits auf den ersten Blick, daß es sich um eine lineare Beziehung zwischen der Mineralisation (Σ_i) und den einzelnen Komponenten handelt, wobei die Streuung der Punkte verhältnismäßig gering ist. Bei den Sulfaten ist die Abhängigkeit schlechter, in einigen Fällen kann von einer Abhängigkeit gar keine Rede sein.

Die Abhängigkeitsstufe ist bei den übrigen Komponenten, die elektrische Leitfähigkeit mit eingerechnet, sehr gut. Die Korrelationskoeffizienten für Hydrogenkarbonate bewegen sich bei Gewässern des Flyschgebietes sowie im Gebiet der jungtertiären Eruptivgesteine um

$r_{\Sigma_i, \mathrm{HCO}_3'} = 0{,}96-0{,}98$; bei Kalzium $r_{\Sigma_i, \mathrm{Ca}^{\cdot\cdot}} = 0{,}86-0{,}97$;
bei Magnesium $r_{\Sigma_i, \mathrm{Mg}^{\cdot\cdot}} = 0{,}70-0{,}93$

und bei der elektrischen Leitfähigkeit $r_{\Sigma_i, \mathrm{el.\,Leitf.}} = 0{,}69$.

Die wahrscheinlichen Fehler sind gering, und deren vierfache Werte ($4\,E$) erfüllen die Bedingung $4\,E \leqq r_{x,y}$ mit Ausnahme der Sulfate.

Für die einzelnen Komponenten in verschiedenen Flüssen gelten folgende Gleichungen (Tabelle 2).

Aus diesen Gleichungen ist zu ersehen, daß die einzelnen Ionen verschiedene Regressionskoeffizienten haben, welche die Neigung der Geraden charakterisieren und uns gleichzeitig über das Verhältnis der Komponenten informieren, woraus wir auf Herkunft und Art des Wassers schließen können.

Bei der hydrochemischen Charakteristik der Gewässer aus dem Flysch und den jungtertiären Eruptivgesteinen möchte ich noch auf eine Besonderheit hinweisen und zwar auf die Beziehung zwischen der elektrischen Leitfähigkeit und Trockenrückstand. Im Flyschgebiet bewegt sich der Anteil des Trockenrückstandes und der elektrischen Leitfähigkeit um 0,75 bis 0,8, während im Gebiet der jungtertiären Eruptivgesteine dieser Anteil 1,2—1,3 beträgt. Ich führe diese aus dem Grunde an, da die elektrische Leitfähigkeit oft bei Berechnungen, bzw. Überprüfungen der chemischen Zusammensetzung des Wassers benutzt wird.

Aus dem angeführten kurzen Überblick geht hervor, daß die chemische Zusammensetzung des Wassers unter starkem Einfluß der Abflußverhältnisse in den Flüssen steht, und daß sie sich in einer durch Korrelation definierbaren Beziehung zu diesen befindet. Ähnliche Beziehungen bestehen auch in der Abhängigkeit der Veränderungen einzelner Komponenten von der Gesamtmineralisation, von dem Trockenrückstand und der elektrischen Leitfähigkeit sowie auch zwischen diesen gegenseitig. Wenn wir diese Beziehungen genau definieren können, können wir diese leicht z. B. zur Prognose der Zusammensetzung des Wassers in bestimmten charakteristischen Gebieten für bestimmte Flußtypen und zur Prognose der Zusammensetzung bei verschiedenen Wasserführungen, verschiedenen Zeitabschnitten usw. heranziehen. Die Ergebnisse können für eine Prognose der Zusammensetzung des Wassers in Talsperren benutzt werden, wobei die Akkumulationszeit eine wichtige Rolle spielt; weiter dann zusammen mit den Ergebnissen der Untersuchungen des Schwebestoffregimes usw.

Tabelle 2

Tabelle der Korrelationskoeffizienten und der Gleichungen der Regressionsgeraden einzelner Komponenten der Gesamtmineralisation

	Gesamt-minera-lisation $\sum i(x)$ in mg/l	Bikarbonate		Komponente [y] Kalzium		Magnesium		Bemerkungen
		Gleichung der Regressionsgeraden	Korrel.-Koeffiz.	Gleichung der Regressionsgeraden	Korrel.-Koeffiz.	Gleichung der Regressionsgeraden	Korrel.-Koeffiz.	
Laborec in Michalovce	286	$y = 0{,}678\ x - 17{,}3$	0,96	$y = 0{,}152\ x + 6{,}6$	0,86	$y = 0{,}0341\ x - 0{,}5$	0,71	Flyschgebiet
Topl'a in Hanušovce	365	$y = 0{,}805\ x - 56{,}4$	0,98	$y = 0{,}148\ x + 6{,}4$	0,97	$y = 0{,}0443\ x - 2{,}3$	0,9	
Ondava in Trepec	312	$y = 0{,}767\ x - 46{,}8$	0,96	$y = 0{,}155\ x + 6{,}6$	0,94	$y = 0{,}0316\ x - 0{,}7$	0,75	Flysch und
Bodrog inB Streda n. B.	223	$y = 0{,}667\ x - 9{,}4$	0,97	$y = 0{,}156\ x + 3{,}4$	0,96	$y = 0{,}043\ x - 2{,}5$	0,93	jungtertiäre Eruptivgest.
Rika in Kamenica	85	$y = 0{,}736\ x - 13{,}5$	0,07	$y = 0{,}142\ x$	0,88	$y = 0{,}040\ x - 0{,}4$	0,70	Jungtert.
Nitra in Aňata	432 238	$y = 0{,}489\ x + 23{,}5$	0,85	$y = 0{,}147\ x + 3{,}9$	0,96	$y = 0{,}045\ x + 0{,}6$	0,82	Eruptivgest. Gemischte
Hron in Kameínn		$y = 0{,}528\ x + 2{,}9$	0,98	$y = 0{,}131\ x + 0{,}4$	0,92	$y = 0{,}043\ x - 0{,}2$	0,83	Typen

Mit Vorteil können diese Ergebnisse zur Berechnung der Erosion benutzt werden und zwar nicht nur der Erosion im eigentlichen Sinne, sondern auch der sogenannten Chemoerosion, was für das Erkennen der Auswaschung von chemischen Stoffen aus dem Boden des ganzen Einzugsgebietes bzw. für bestimmte begrenzte Gebiete des Einzugsgebietes wichtig ist.

Auf Grund der abgeleiteten Beziehungen haben wir einige Kontrollberechnungen durchgeführt, wobei wir von der Annahme ausgingen, daß wir zur Berechnung nur diese Werte zur Verfügung haben:

1. Alkalität (Säurebindungsvermögen) des Wassers,
2. elektrische Leitfähigkeit,
3. Wasserführung des Flusses.

Alle anderen Komponenten berechnen wir nach den bereits bekannten Beziehungen.

Durch Berechnung erhielten wir ziemlich verläßliche Werte, wobei deren Fehler im Vergleich zu den direkt gemessenen Werten unbedeutend waren (siehe Tabelle 3), meistens bewegten sie sich unterhalb von 10%, am häufigsten um 5%. Nur bei Magnesium betragen die Unterschiede mehr als 10%.

Tabelle 3

Fehler der nach den abgeleiteten Beziehungen berechneten Werte

Berechnete Komponente	Fluß	Fehler bei der Berechnung nach		Wasserführung ± %
		Alkalität ± %	elektr. Leitfähigkeit ± %	
Gesamtmineralisation	Laborec	− 2,7	− 4,4	+ 3,3
Σi	Rika	+ 3,1	—	+ 7,7
	Nitra	− 3,9	—	− 10,0
Bikarbonate HCO_3'	Laborec	—	− 2,1	− 5,6
	Rika	—	—	+ 5,2
	Nitra	—	—	− 7,2
Kalzium $Ca^{\cdot\cdot}$	Laborec	− 2,5	− 2,8	+ 3,1
	Rika	+ 4,0	—	+ 2,9
	Nitra	+ 0,3	—	− 5,4
Magnesium $Mg^{\cdot\cdot}$	Laborec	− 2,1	− 3,2	− 1,2
	Rika	+ 72,0	—	+ 80
	Nitra	− 6,7	—	− 12,5

Zur Beachtung für die Autoren

Die Schriftleitung der „Fortschritte der Wasserchemie und ihrer Grenzgebiete" hat festgelegt, in ihrer Schriftenreihe folgende Veröffentlichungen aufzunehmen: Originalarbeiten, Fortschrittsberichte, Tagungsberichte und Referate, Originalmitteilungen.

Es wird gebeten, besondere Sorgfalt auf ein satzreifes Manuskript zu legen.

Das Lesen der Korrekturabzüge erfolgt durch Herausgeber und Fachredaktion des Verlages.

Das Manuskript wird in Maschinenschrift auf weißem, tintenfestem Papier, möglichst im Format DIN A 4 einseitig, weitzeilig geschrieben erbeten. Die Manuskriptblätter sollen fortlaufend ab „1" nummeriert werden. Um deutliche Kennzeichnung der Absätze im Manuskript wird gebeten. Das Manuskript kann in englischer, französischer oder russischer Sprache eingereicht werden.

Der Kopf des Manuskripts soll folgende Zeilen enthalten: Abgekürzte Vornamen und Familienname des Verfassers, genaue Bezeichnung der Arbeitsstelle des Verfassers, Überschrift der Arbeit. Ihr ist eine Zusammenfassung voranzustellen. So weit es den Autoren möglich ist, soll sie in die erwähnten Fremdsprachen übersetzt sein.

Formeln, Zeichen, Buchstaben usw., für die keine Schreibmaschinentypen vorhanden sind, müssen deutlich lesbar mit Tinte geschrieben sein. Die Autoren werden gebeten, sich der Nomenklatur der IUPAC zu bedienen.

Für Abbildungen sind gut reproduzierbare Vorlagen erforderlich, die auf Einzelblättern dem Manuskript beizulegen sind. Der Maßstab der Wiedergabe ist mit Bleistift auf der Rückseite anzugeben. Die Bildunterschriften sind auf einem gesonderten Blatt aufzuführen.

Personennamen werden in Kapitälchen gesetzt und sollen im Manuskript rot unterstrichen sein. Sollen Teile der Veröffentlichung in Kleindruck wiedergegeben werden, so ist auf dem Manuskriptrand ein entsprechender Vermerk anzubringen. Bei schwierig zu setzenden Texten ist eine besondere Anweisung für den Setzer erwünscht. Hervorhebungen im Text sind mit einer Wellenlinie zu unterstreichen. Sie werden im Kursivdruck erscheinen.

Die Literatur soll am Ende der Arbeit in alphabetischer Reihenfolge der Autorennamen aufgeführt werden (Bezifferung in eckigen Klammern [ ]).

Die Literaturzitate sollen folgende Angaben enthalten:
bei Büchern: Name, abgekürzte Vornamen des Autors, Titel der Arbeit, Verlag, Erscheinungsjahr, Seiten;
bei Zeitschriften: Name, abgekürzte Vornamen des Autors, Titel der Zeitschrift (Abkürzung nach „Periodica Chimica"), Bandzahl (unterstrichen), Erscheinungsjahr (in Klammern), Seiten.

Eine Voraussetzung für das schnelle Erscheinen der Arbeit ist eine einmalige sorgfältige und umgehende Korrektur durch den Autor.

Jeder Autor erhält kostenlos 30 Sonderdrucke seiner Arbeit und ein Freiexemplar. Die Bestellung weiterer Sonderdrucke ist der Redaktion unverzüglich bekanntzugeben. Sie werden dem Autor in Rechnung gestellt.

FSC
www.fsc.org
MIX
Papier | Fördert gute Waldnutzung
FSC® C083411

Kolibri 360 GmbH
Ferdinand-Jühlke-Straße 7
99095 Erfurt, Deutschland
produktsicherheit@kolibri360.de